"十四五"普通高等教育本科部委级规划教材

互换性与测量技术

郭飞飞　主编

王西珍　金守峰　张守京　副主编

中国纺织出版社有限公司

内 容 提 要

本书主要内容包括绪论、孔与轴的公差与配合、几何公差、表面粗糙度、典型零部件的互换性、几何量测量和尺寸链设计等。本书对各章的知识重点与难点均配置了二维码等数字资源，将抽象的内容立体化，将教材与线上资源有效融合。

本书可作为高等院校机械专业的教学用书，还可供从事机械设计的工程技术人员参考阅读。

图书在版编目（CIP）数据

互换性与测量技术 / 郭飞飞主编；王西珍，金守峰，张守京副主编 . --北京：中国纺织出版社有限公司，2023.1

"十四五"普通高等教育本科部委级规划教材

ISBN 978-7-5180-9573-5

Ⅰ．①互… Ⅱ．①郭… ②王… ③金… ④张… Ⅲ．①零部件－互换性－高等学校－教材②零部件－测量技术－高等学校－教材 Ⅳ．①TG801

中国版本图书馆 CIP 数据核字（2022）第 092361 号

责任编辑：范雨昕　责任校对：王蕙莹　责任印制：王艳丽

中国纺织出版社有限公司出版发行
地址：北京市朝阳区百子湾东里 A407 号楼　邮政编码：100124
销售电话：010—67004422　传真：010—87155801
http://www.c-textilep.com
中国纺织出版社天猫旗舰店
官方微博 http://weibo.com/2119887771
三河市宏盛印务有限公司印刷　各地新华书店经销
2023 年 1 月第 1 版第 1 次印刷
开本：787×1092　1/16　印张：14.25
字数：315 千字　定价：68.00 元

数字化、信息化、智能化是现代制造业面对新一轮工业革命所必须发展的核心技术，我国要实现高质量发展，需要用数字化、智能化制造技术产生新的动能，改造提升传统产业，推进传统制造业优化升级。随着现代制造业向智能制造的快速迈进以及全面质量管理在现代企业的逐步普及和深入，用户需求逐渐向微纳级尺度加工、高度柔性与高度集成的生产方式、先进测量技术等方向过渡，互换性与测量技术已经成为智能制造体系中不可或缺的核心技术。互换性与测量技术是机械类各专业的专业基础课，是联系机械设计基础与机械制造基础的纽带。互换性技术推动着产品的精度设计，而测量技术又完美地保障互换性技术的顺利实施。

本书基于智能制造业的基础技术，具有以下特点：

（1）本书旨在传授利用国家制定的《全球定位系统（GPS）测量规范》中关于尺寸公差、极限与配合、几何公差、公差要求、表面结构、典型零部件等多项标准系列进行公差设计和标注的方法。借助最新国家标准精炼教材内容，在保证知识体系完整的基础上重点突出互换性的基础知识，以实际工程项目案例为引导，着力培养学生应用互换性原理解决复杂工程问题的能力。针对尺寸、几何公差等章节知识概念性强的特点，增加了例题和习题，借此提升学生的学习效果。

（2）教材内容的立体呈现。充分利用互联网信息技术与专业教学深度融合，以嵌入二维码的纸质教材为载体，利用嵌入视频、音频等数字资源将孔轴配合、几何公差带、公差原则等抽象的内容立体化地呈现给读者，将教材、课堂教学及线上资源相融合。

通过本书的学习，读者可以正确理解现行产品几何技术规范的相关国家标准以及工程图样的表达意图和测量要求，通过规定公差合理解决机器使用要求与制造要求之间的矛盾及利用国家标准进行规范化设计和标注，从而具备综合成本、工艺、测量等因素合理评价设计方案的能力。本书将互联网、信息技术融入互换性原理，既可以作为普通高等院校机械类及其相关专业的教学用书，也可供从事机械设计的工程技术人员参考。

本书由西安工程大学郭飞飞担任主编，由王西珍、金守峰、张守京担任副主编。郭飞飞负责编写前言、第二至第四章，金守峰负责编写第一、第五章，王西珍负责编写第六、第七章。西安工程大学研究生任明基、苏慧明、王珂心在资料整理等方面做了大量工作。同时,编者还得到了西安工程大学等有关部门的大力支持,在此表示由衷的感谢。

由于编者水平有限,书中难免存在疏漏和不妥之处,敬请广大读者予以批评指正。

作　者
2021 年 8 月

第一章　绪论

第一节　互换性

一、互换性的概念

为什么灯泡坏了可以买新的产品进行更换，家用电器的固定螺丝松动可以迅速更换，自行车的零部件磨损可以换上相同规格的新零件？更换零部件之所以如此方便，是因为日常用品、家用电器、交通工具的零部件大多具有互换性。广义来讲，互换性是指一种产品、过程或服务，代替另一种产品、过程或服务，并且能满足同样要求的能力。

在机械工业生产中，经常要求产品的零部件具有互换性。在机械产品中，以最常见的机械传动装置——以减速器（图1-1）为例。减速器，主要由箱座、箱盖、输入轴（齿轮轴）、输出轴、带孔齿轮、轴承、端盖、键、密封圈、定位销等零部件组成。由电动机或其他动力

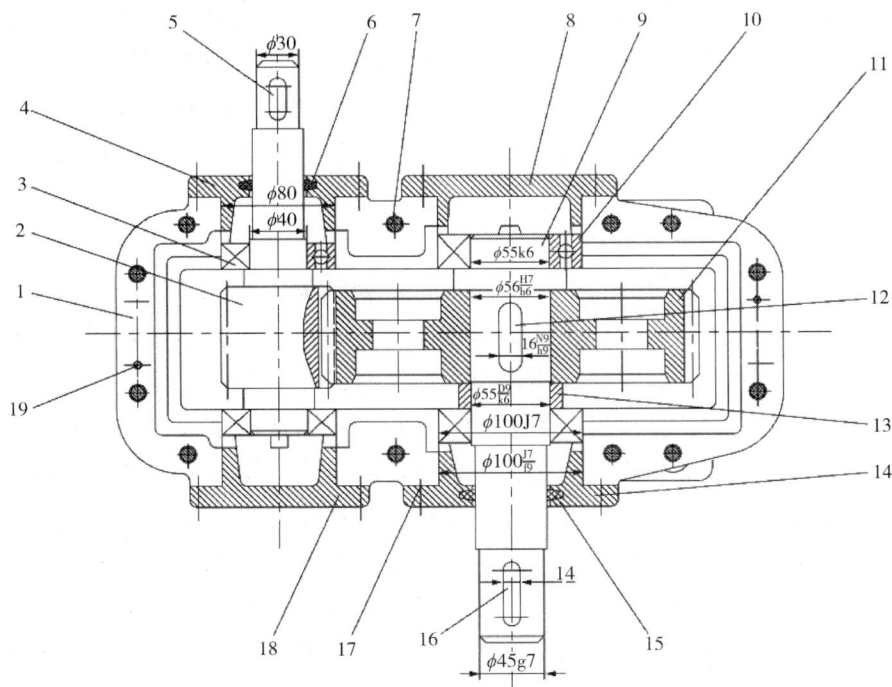

图 1-1　一级齿轮传动减速器装配示意图

1—箱座　2—输入轴　3，10—轴承　4，8，14，18—端盖　5，12，16—键　6，15—密封圈

7—螺钉　9—输出轴　11—带孔齿轮　13—轴套　17—螺栓垫片　19—定位销

源通过输入轴的轴端键 5 配合驱动减速器的输入轴 2 转动；输入轴 2 通过该轴的齿轮与输出轴 9 上带孔齿轮 11 啮合，将运动传递给齿轮 11；齿轮 11 再通过输出轴上的键 12 带动输出轴转动，从而实现一级减速的运动传递；再通过输出轴的轴端键 16 将运动和转矩传递给与之相连接的其他工作机械。

互换性的概念贯穿减速器的设计、加工、装配和使用过程，主要体现为以下几方面：

1. 减速器的设计过程

在减速器的各零部件图中，确定各处尺寸公差、几何公差、表面粗糙度要求、键与键槽的公差以及齿轮齿面公差要求等，并进行图样标注，标注相关技术要求。

在减速器的装配图样中，确定其各零部件之间配合部位的配合代号或其他技术要求，并进行图样标注，标注相关技术要求。

经过尺寸链计算，确定输入轴和输出轴上各零部件的轴向尺寸及其公差，以保证零部件在轴向上的定位要求。

2. 减速器的加工及装配过程

由图 1-1 可知，该减速器由近二十种零部件组成，有轴承、键、销、螺栓、垫片等标准部件或标准件，有箱座、箱盖、输入轴、输出轴、端盖和轴套等非标准件，还有密封圈、调整垫片等非金属标准件等。这些零部件由不同工厂、车间及工人生产，如轴承是由专业化的轴承制造厂家制造；键、销、螺栓、垫片、密封圈等由专业化的标准件厂生产；非标准件由一般机械制造厂家加工制造。当这些零部件加工合格后，都汇聚到减速器的装配车间。当装配一定批量的减速器时，为了提高装配效率，在装配车间的装配线上，各个装配工人按照一定的节拍进行装配。装配工人在一批相同规格的零部件中不经选择、修配或调整地任取其中一个零部件就能装配在减速器上，最后装配成一台满足预定使用功能要求的减速器。

3. 减速器的使用及修配过程

当减速器使用一段时间后，其中一些易损件，如轴承中的滚动体、密封圈等，齿轮齿面等容易磨损。当磨损到一定程度，就会影响减速器的使用功能。这时要求迅速更换易损件，使减速器尽快修复，从而保证减速器尽早可靠地正常工作。

由减速器的设计、加工、装配和使用过程可知，减速器的零部件需要具有相互更换的性能，才能满足加工、装配和修配的要求。零部件的这种在几何量上具有"相互更换"的性能称为几何量互换性，简称互换性。满足互换性的产品并不需要完全相同，只要足够相似即可。具体来讲，互换性是指机械产品中同一规格的一批零部件，任取其中一件，不需要做任何挑选、调整或附加加工（如钳工修配等）就能装在机器（或部件）上，并且达到预定使用性能要求的一种特性。对同一批零部件而言，当材料相同时，其互换性主要取决于几何参数（几何大小、几何形状、相互位置及表面粗糙度等）的要求，实现其可装配性，保证装配精度。

二、互换性的种类及意义

(一) 互换性的种类

1. 几何参数互换与力学性能互换

按照使用要求，互换性可分为几何参数互换性与力学性能互换性。

几何参数一般包含尺寸大小、几何形状以及相互位置关系。为了满足互换性，只要零部件的几何参数在规定的范围内变动，就能满足互换的目的。力学性能互换性往往着重于保证除尺寸配合要求以外的其他功能和性能要求。本课程仅研究几何参数的互换性。

2. 完全互换性 (绝对互换) 与不完全互换性 (有限互换)

按照互换程度，互换性可分为完全互换与不完全互换。

完全互换是指零部件在装配或更换时，不限定互换范围，以零部件装配或更换时不需要任何挑选或修配为条件，则其互换性为完全互换性。日常生活中使用的日光灯、滚动轴承的外圈外径与箱体座孔直径的配合尺寸、内圈内径与轴颈直径的配合尺寸等均采用完全互换。

不完全互换是指零部件在装配或更换时，可以根据实际尺寸大小进行分组，各组内零部件实际尺寸差别小，装配时按对应组进行。这种仅组内零部件可以互换，组与组之间不能互换的互换性，则称为不完全互换性。采用不完全互换是由于零部件精度越高，相配零部件精度要求就越高，加工困难，制造成本高，为此，生产中往往把零部件的精度适当降低，以便于制造，然后再根据实测尺寸的大小，将制成的相配零部件分成若干组，使每组内的尺寸差别比较小，再把相应的零部件进行装配。除此分组互换法外，还有修配法、调整法，主要适用于小批量和单件生产。轴承内、外圈滚道的直径与滚动体直径的结合尺寸，因其装配精度很高，则采用分组互换，即不完全互换。

3. 外互换和内互换

对于标准部件，互换性还可分为外互换和内互换。

外互换是指标准部件与机构之间配合的互换性。滚动轴承外圈外径与座孔直径、滚动轴承内圈内径和轴颈直径的配合尺寸属于外互换。

内互换是指标准部件内部各零部件之间的互换性。滚动轴承内、外圈滚道的直径与滚动体直径的结合尺寸为内互换。

(二) 互换性的作用与意义

1. 在设计方面

有利于最大限度地采用标准件和通用件，可以大大简化绘图和计算工作，缩短设计周期，并便于计算机辅助设计 (CAD)，这对发展系列产品十分重要。

2. 在制造方面

有利于组织专业化生产，采用先进工艺和高效率的专用设备和计算机辅助制造 (CAM) 技术，提高生产效率，提高产品质量，降低生产成本。

3. 在使用和维修方面

便于及时更换已经丧失使用功能的零部件，对于某些易损件可以提供备用件，缩短机器的维修时间和降低维修费用，保证机器能连续持久地运转，提高了机器的使用寿命。

总之，互换性在提高产品质量和可靠性、提高经济效益等方面具有重要意义。它已成为现代化机械制造业全球化、专业化、协作生产中一般都要遵循的原则，对我国的现代化建设起着重要作用。但应当注意，互换性原则不是在任何情况下都能适用，当只有采取单个配制才符合经济原则时，零件就不能互换。

第二节　实现互换性的条件

要保证产品的互换性，就要使该产品的几何参数及其物理、化学性能参数一致或在一定范围内相似，因而互换性的基本要求是同时满足装配互换和功能互换。具有互换性的零件，其几何参数是否必须制成绝对准确呢？这种理想情况在现实世界中既不可能实现也无必要。只要使同一规格零部件的有关参数变动控制在一定范围内，就能达到实现互换性并取得最佳经济效益的目的。因此，给有关参数规定合理的公差，是实现互换性的基本技术措施。

制造出来的零部件和产品是否满足设计要求，还要依靠准确有效的检测技术手段来验证，检测测量技术也是实现互换性的基础技术保证。

一、公差

机械产品的零部件具有互换性，即要求相互更换的两个相同规格的零部件的几何参数应一致。但是，在零部件的加工过程中，由于各种因素（机床误差、刀具误差、切削变形、切削热、刀具磨损等）的影响，导致零部件的几何参数不可避免地存在加工误差。加工误差分为以下几种：

（1）尺寸误差。它是指一批工件的尺寸变动量，即加工后零部件的实际尺寸和理想尺寸之差，包括直径误差、孔距误差等。

（2）几何误差。它是指加工后零部件的实际表面形状方向、位置对于其理想形状、方向、位置的偏离程度，包括直线、平面的形状误差以及同轴、相互位置等误差。

（3）表面粗糙度。它是指零部件加工表面具有的较小间距和峰谷所形成的微观几何形状误差。

由于加工误差的存在，将导致一批相同规格的零部件不能制成完全一致。从满足零部件的互换性要求和机械产品的使用性能出发，也不要求将零部件制造得绝对准确。只要求将零部件的几何参数误差控制在一定范围内，即制成的一批相同规格的零部件的几何参数具有一致性。允许零部件几何参数变动的范围称为公差，包括尺寸公差、几何公差、表面粗糙度要求以及典型表面（如键、圆锥、螺纹、齿轮等）公差。为了保证零件的互换性，有必要采用公差来控制误差。

公差是由设计人员根据产品使用性能要求给定的，表征使用要求和制造要求的矛盾，反映了一批工件对制造精度及经济性要求，并体现加工难易程度。可见：公差越小，允许的变动量越小，精度越高，互换性越好，制造加工难度增大；公差越大，允许的变动量越大，精度越低，互换性越差，制造加工难度减小。

为了满足互换性，设计者的任务就是要根据当前的制造、测量、使用、维修等技术条件，在满足功能和控制要求的前提下，正确合理地选用公差，利用标准的图形、文字、数字和符号准确描述零件几何特征（形状、大小、几何关系等），关键的功能关系，正常运行所允许的公差、材料、工艺等信息，并在图样上规范明确地表示出来，以便指导生产，获得最佳的经济效益。

二、测量技术

通过按照设计意图和控制要求测量比对误差是否在公差控制范围内来判断产品是否合格，是否具备互换性。最初的产品检验仅是借助量具等简单工具的人工测量，而现在结果测量、检测已经逐步转变成由一个综合性的庞大测量系统完成，人工参与的环节越来越少。立足最初产品检验的质量管理模式，对量具的考量主要是合格且满足精度要求，而对于现在的测量系统则需要系统的分析、评价，确定系统稳定性、可靠性，确定是否满足精度等方面要求，这些需要依靠系统的分析评价方法和工具作为支撑，通过计算、测定，确定系统是否可以使用。

机械产品测量手段（图 1-2）的选择需根据产品的批量、复杂度和成本来选择，可以用传统的量规量具测量，也可以用先进的机器视觉测量；可以人工实地操作，也可借助机器人、无人机等自动操作，但无论通过何种测量技术，只有当设计人员和测量人员都能正确地按照功能和控制意图去测量，数据才能用于判断互换性。另外，测量技术的选择还要从实际出发，满足低成本、高效率、高质量的生产需要。因此，在进行互换性设计时就要考虑测量环节，必须遵守设计规范和测量规范，即国家标准，保证测量的可行性、便捷性和先进性。

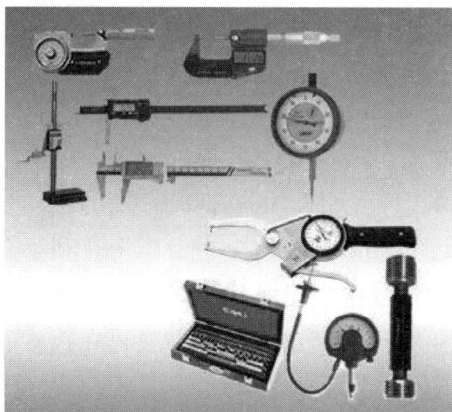

（a）传统测量   （b）视觉测量

图 1-2 产品测量手段

第三节　标准与优先数系

在现代生产中，标准化是一项重要的技术措施。任何机械产品的加工制造，往往涉及地区、国内诸多制造厂家和有关部门，甚至还要进行国际间协作。如果没有在一定范围内共同遵守的技术标准，就不能达到"互换性"要求。在汽车工业中，一辆汽车由成千上万个零部件组成，它们有轴承、螺钉、螺母、销等标准件，还有发动机中的连杆、曲轴、活塞及活塞销等非标准件，这些都是金属零部件；还有轮胎、密封圈、橡胶管等非金属件。这些零部件由不同厂家制造，若不按照统一的技术标准进行生产，就不可能装配成一辆满足使用要求的汽车。因此，在实现互换性的过程中需要对同一规格的零部件按统一的技术标准进行制造。

一、标准与标准化

（一）标准

现代工业生产的特点是规模大，协作单位多，互换性要求高，为了正确协调各生产部门和准确衔接各生产环节，必须有一种协调手段，使分散的局部的生产部门和生产环节保持必要的技术统一，成为一个有机的整体，以实现互换性生产。标准与标准化正是联系这种关系的主要途径和手段，是实现互换性的基础。

所谓标准是指为了取得国民经济的最佳效果，对需要协调统一的具有重复特征的物品和概念，在总结科学试验和生产实践的基础上，由有关方面协调制定，经主管部门批准后，在一定范围内作为活动的共同准则和依据。

按标准的使用范围可分为：国家标准（GB）、行业标准（HB）、地方标准（DB）和企业标准（QB）。

按标准的作用范围可分为：国际标准、区域标准、国家标准、地方标准和试行标准。

按标准化对象的特征可分为：基础标准、产品标准、方法标准和安全与环境保护标准、卫生标准。

按标准的性质可分为：技术标准、工作标准和管理标准。

互换性是在标准的前提下实现的，企业标准根据国家标准、行业标准制定，国家标准根据 ISO 国际标准制定。当今世界发展极为迅速，谁掌握了标准，谁就拥有发展的主动权。标准是国际上经济合作和技术交流的重要平台和评判工具，掌握了这个平台，将有利于在国际上开展经济合作与技术交流。我国在实现战略转型的过程中，应深刻地认识"三流企业卖劳力、二流企业卖技术、一流企业卖专利、超一流企业卖标准"的内涵。不应只在技术、专利上下工夫，应更加重视标准的战略意义，力求实现将"国际标准本地化"转变为"国家标准国际化"的目标。

（二）标准化

所谓标准化是指制定、发布和贯彻标准的全过程，包括调查标准化对象开始，经试验、分析和综合归纳，进而制定和贯彻标准，以后还要修订标准等。标准化是以标准的形式体现的，也是一个不断循环、不断提高的过程。标准化也是组织现代化生产的重要手段，是国家现代化水平的重要标志之一。标准化早在人类开始创造工具时代就已出现，它是社会生产劳动的产物。随着生产的发展，国际间的交流越来越频繁，出现了地区性和国际性的标准化组织。1926 年成立了国际标准化协会（ISA）；1947 年更名为国际标准化组织（ISO）；ISO9000系列标准的颁布，是世界各国的质量管理及质量保证的原则、方法和程序，都统一在国际标准的基础之上。

互换性与测量技术都必须在产品几何技术规范（GPS）标准的指导下进行。互换性属于标准化范畴，研究如何通过合理采用国家标准规定的产品几何技术规范解决机器使用要求、制造工艺和生产成本之间的矛盾。测量技术属于计量学范畴，涵盖有关测量的理论与实践的各个方面，研究如何运用合理的测量技术手段和国家标准 GPS 规定的几何参数检测与器具标准系列，保证国家产品尺寸与几何技术规范标准的贯彻实施，实现互换性目标。

GPS 标准分为三类，即 GPS 基础标准、GPS 通用标准和 GPS 补充标准。GPS 基础标准是适用于所有类别（几何特征类别和其他类别）和 GPS 矩阵中所有规则和原则的标准，它定义GPS 矩阵模型是一个 9 行 7 列的矩阵，见表 1-1。其中，九行分别为：尺寸、距离、形状、方向、位置、跳动、轮廓表面结构、区域表面结构和表面缺陷九个几何特征类别，它们均可以进一步细分为 A~G 七列，即符号和标注、要素要求、要素特征、符合与不符合、测量、测量设备和校准七个标准链。例如，GB/T 4249—2018《产品几何技术规范（GPS）基础概念、原则和规则》属于 GPS 基础标准。

表 1-1　GPS 矩阵模型

链环 几何特征	A 符号和标注	B 要素要求	C 要素特征	D 符合与不符合	E 测量	F 测量设备	G 校准
1　尺寸							
2　距离							
3　形状	GB/T 1182	GB/T 1182					
4　方向	GB/T 1182	GB/T 1182					
5　位置	GB/T 1182	GB/T 1182					
6　跳动	GB/T 1182	GB/T 1182					
7　轮廓表面结构							
8　区域表面结构							
9　表面缺陷							

GPS 通用标准是适用于一个或多个几何特征类别和一个或多个链环的 GPS 标准。如 GB/T 1182—2018《产品几何技术规范（GPS）几何公差形状、方向、位置和跳动公差标注》所涉及的相应几何特征的链环见表 1-1。GPS 补充标准是适用于特定的制造工艺或特定的机械

元件的 GPS 标准。如螺纹、轴承等特定元件标准，另外还包括两个非几何特征类别，制造过程和加工单元。

二、优先数和优先数系

你知道粗糙度为什么是 0.8，1.6，3.2，6.3，12.5 吗？

你知道油缸缸径为什么是 63，80，100，125 吗？

你知道油缸压力为什么是 6.3，16，25，31.5 吗？

你知道螺纹规格为什么是 6，8，10，12，14，16 吗？

钢板厚度，型钢型号，齿轮模数，一切标准件，一切工业品样本上的功能参数、尺寸参数等，都是如何而来的？

工程上各种技术参数的协调、简化和统一，是标准化的重要内容。在设计和制定标准时，各种产品的功能参数和几何参数均用数值表示，即要涉及各种技术参数，而这些参数值不仅与自身的技术特性有关，还直接或间接地影响与其配套系列产品的参数值。螺母直径的数值，影响并决定螺钉直径数值以及丝锥、螺纹量规、钻头等系列产品的直径数值。由于技术参数在数值间的关联产生的扩散称为"数值扩散"。为满足不同的需求，产品必然出现不同的规格，形成系列产品。产品数值的杂乱无章会给组织生产、协作配套、使用维修带来困难。因此，工程技术中的各种技术参数必须是标准的，并且是简化的、协调的、统一的数或数系。

（一）概念

优先数及优先数系是一种科学的数值制度，也是国际上统一的数值分级制度，不仅适用于标准的制定，也适用于标准制定前的规划、设计，从而把产品品种的发展引向科学的标准化的轨道。因此，优先数系是国际上统一的一个重要的基础标准。国家标准 GB/T 321—2005《优先数和优先数系》规定优先数系是一种十进制的等比数列，并规定了 5 个系列，按优先顺序分别为 R5、R10、R20、R40、R80 表示，称为 Rr 系列，r 为项数。其中，R5、R10、R20、R40 为基本系列，R80 为补充系列。

R5 系列 $q_5 = \sqrt[5]{10} \approx 1.5849 \approx 1.60$

R10 系列 $q_{10} = \sqrt[10]{10} \approx 1.2589 \approx 1.25$

R20 系列 $q_{20} = \sqrt[20]{10} \approx 1.1220 \approx 1.12$

R40 系列 $q_{40} = \sqrt[40]{10} \approx 1.0593 \approx 1.06$

R80 系列 $q_{80} = \sqrt[80]{10} \approx 1.0292 \approx 1.03$

优先数系中的每个数值称为优先数，理论值为无理数，在实践中不能直接应用，实际应用的均为经过圆整后的近似值。

（二）优先数系的基本系列

优先数系的基本系列在 1~10 范围内的常用值见表 1-2。

表 1-2　优先数系基本系列的常用数值（摘自 GB/T 321—2005）

基本系列	1~10 的常用值										
R5	1.00		1.60		2.50		4.00		6.30		10.00
R10	1.00	1.25	1.60	2.00	2.50	3.15	4.00	5.00	6.30	8.00	10.00
R20	1.00	1.12	1.25	1.40	1.60	1.80	2.00	2.24	2.50	2.80	
	3.15	3.55	4.00	4.50	5.00	5.60	6.30	7.10	8.00	9.00	10.00
R40	1.00	1.06	1.12	1.18	1.25	1.32	1.40	1.50	1.60	1.70	1.80
	1.90	2.00	2.12	2.24	2.36	2.50	2.65	2.80	3.00	3.15	3.35
	3.55	3.75	4.00	4.25	4.50	4.75	5.00	5.30	5.60	6.00	6.30
	6.70	7.10	7.50	8.00	5.50	9.00	9.50	10.00			

（三）优先数与优先数系的特点

优先数与优先数系具有如下特点：

（1）各段数值间按 10^N 或 $1/10^N$（N 为正整数）来划分，可以向两端扩展。

例：R5（0.1~100）= 0.1　0.16　0.25　0.4　0.63　1　1.6　2.5　4.0　6.3　10　16　25　40　63　100

第一个数为 10，按 R5 系列确定后 5 项优先数 R5 = 10　16　25　40　63

（2）随项数 r 的增大，数值间隔变密集；随项数的减小，数值间隔变稀疏。

（3）大公比的优先数系包含于小公比的优先数系，即 R5 系列包含在 R10 系列中，R10 系列包含在 R20 系列中，R20 系列包含在 R40 系列中，R40 系列包含在 R80 系列中。

（4）派生优先数系。为了使优先数系列有更大的适应性，可以从 Rr 系列中，每逢 p 项选取一个优先数组成新的系列，称为派生优先数系，用符号 Rr/p 表示。

【例 1-1】首项为 1，按派生系列 R5/2 系列确定后五项优先数。

首项为 1 的派生系列 R5/2 就是从基本系列 R5 中，每逢两项取一个优先数组成的，即 1.00、2.50、6.30、16.00、40.00。

【例 1-2】确定派生系列 R10/3 在 10~100 区间的优先数。

派生系列 R10/3 就是从基本系列 R10 中，每逢三项取一个优先数组成的，即 10.00、20.0、40.0、80.00。

为了满足技术与经济的要求，优先数系的选用原则为按 R5、R10、R20、R40 的顺序，优先选用公比较大的基本系列，而且允许采用补充系列（R80）。在确定零部件的尺寸时，应尽量地采用优先数系的常用值，对图 1-1 中减速器输入轴直径的最小尺寸通过计算为 40.15mm，则输入轴直径的公称尺寸按优先数系取值为 40mm。

第四节　面向智能制造的机械产品互换性

智能制造是制造业发展的重大趋势，是构建新型制造体系的必然选择，也是促进制造业向中高端迈进、建设制造强国的重要举措。为了与制造体系数字化、智能化的趋势相适应，智能化、数字化机械产品的互换性设计必须基于 GPS 开展。GPS 提供了用于全面实现产品全生命周期数字化管理的统一标准，是基于大数据的智能制造的基础标准。

GPS 包括的机械产品设计、制造与检验的几何规范模型如图 1-3 所示。

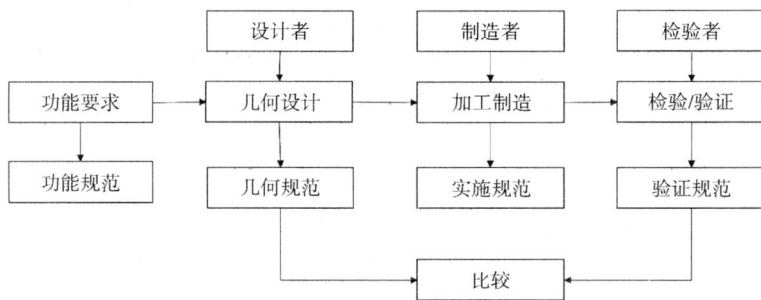

图 1-3　产品设计、制造与检验的几何规范模型

（1）功能要求。根据市场调研、客户需求，基于企业制造和测量能力，对产品功能和控制需求分析和描述，进行产品概念设计。

（2）几何设计。根据性能要求，基于 CAD/CAE 进行产品基本结构、运动和强度设计与优化，决定各个零件的合理公称尺寸和材料，使其在工作时能承受规定的载荷。并建立相应的三维 CAD 模型及其相关信息。

（3）加工制造过程。根据产品功能和控制需求，结合加工、装配、测量能力，按照互换性、经济性、匹配性和最优化原则，方便经济合理加工、装配及检测，进行几何精度的分析与计算。

（4）检验及验证过程。根据图纸所表达的设计意图，基于 GPS 测量相关标准，进行测量方法的确定，根据批量、精度、效率、重复精度和成本效益选择合适的测量手段和方法。

通过 GPS 标准，能够将功能描述、规范设计、检验认证三个阶段统一起来，实现了其从功能要求、规范设计到计量认证的有机统一。

针对设计、制造、测量等的技术而言，GPS 标准涉及几何特征轮廓面（实际组成要素）、几何要素拟合、评定基准建立以及尺寸误差和几何误差评定等方面的设计制造信息。设计制造信息化集成技术的应用将有效提高质量控制管理的效率，在保障工件质量的同时，还为工件品质的提高和成本控制提供了条件与手段，其集成流程如图 1-4 所示。

从设计到生产的整个流程，国内部分企业实现了办公自动化（Office Automation，OA）、

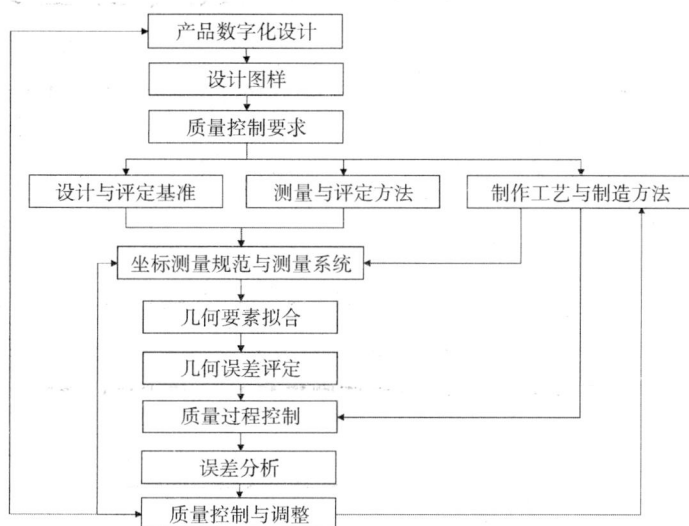

图 1-4 设计制造信息化集成流程图

产品数据管理（Product Data Management，PDM）、计算机辅助工艺过程设计（Computer Aided Process Planning，CAPP）、企业资源计划（Enterprise Resource Planning，ERP）等信息集成化。然而在实现数字化、智能化的过程中，第一步就是要将表达的模型数字化。表面模型是为实现数字化而提出的，指的是工件与外部环境物理分界面的几何模型，是实现 GPS 系统各阶段规范表达的基础。产品由零件组成，而零件由若干个表面组成。按照 GPS "功能描述—规范设计—认证/检验评定"的不同阶段，将表面模型分为公称表面模型、规范表面模型和认证表面模型。表面模型的组成是要素，要素或要素特征值得获取通过一系列操作的可重复有序组合完成。

在智能制造的浪潮中，GPS 标准与现代技术的结合是对传统几何精度设计和控制思想的一次革命性的重大变革。它涉及产品设计、制造、检验的各个环节以及技术人员观念的更新、管理方式方法的改变，新体系将对我国制造业产生重大影响。

思考题

1. 什么是互换性？互换性分哪几类？
2. 互换性的优越性有哪些？实现互换性的条件是什么？
3. 优先数系形成的规律是什么？
4. 写出下列派生数系 R10/2，R10/5，R5/3，R20/3。
5. 第一个数为 20，按 R5 系列确定后五项优先数。

第二章 孔与轴的公差与配合

通过减速器的装配图及其使用要求可知，各零部件之间的结合关系在广义的程度上均体现为孔与轴的结合，这种结合关系可以用于相对运动副（如轴承与轴颈的结合、导轨与滑块的结合）、可拆连接（键与键槽的结合）或者固定连接（如齿轮轴上齿轮与对应轴的结合），进而发挥相对转动（移动）、定位或者传递扭矩等作用。

孔与轴的结合是在机械制造中最广泛的一种结合，这种结合的极限是机械工程中重要的基础标准，是广泛组织协作和专业化生产的重要依据。因此，合理设计孔和轴的结合尺寸及其精度成为约束零部件机械性能的前提条件。为了保证互换性，便于进行设计、制造、使用和维修，国家技术监督局批准并颁布了一系列国家标准，用以规范孔和轴尺寸的精度设计。典型标准如下：

GB/T 1800.1—2020《产品几何技术规范（GPS）　线性尺寸公差 ISO 代号体系　第 1 部分：公差、偏差和配合的基础》。

GB/T 1800.2—2020《产品几何技术规范（GPS）　线性尺寸公差 ISO 代号体系　第 2 部分：标准公差带代号和孔、轴的极限偏差表》。

GB/T 1801—2009《产品几何技术规范（GPS）　极限与配合公差带和配合的选择》

GB/T 1804—2000《一般公差　未注公差的线性和角度尺寸的公差》。

GB/T 16671—2018《产品几何技术规范（GPS）　几何公差　最大实体要求（MMR）、最小实体要求（LMR）和可逆要求（RPR）》。

GB/T 1182—2018《产品几何技术规范（GPS）　几何公差　形状、方向、位置和跳动公差标注》。

第一节 基本术语和定义

一、基本术语

（一）孔与轴的定义

孔是指工件的内尺寸要素，包括非圆柱面形的内尺寸要素。如图 2-1 所示，在圆柱与孔、键与键槽的结合中，圆柱和键均为轴，圆孔与键槽均为孔，孔的直径尺寸用 D 表示。在图 2-2 中，D_1，D_2，…，D_6 所确定的部分均为孔。

轴是指工件的外尺寸要素，包括非圆柱形的外尺寸要素。轴的直径尺寸用 d 表示。如图 2-2 所示，由 d_1，d_2，…，d_6 所确定的部分均为轴。

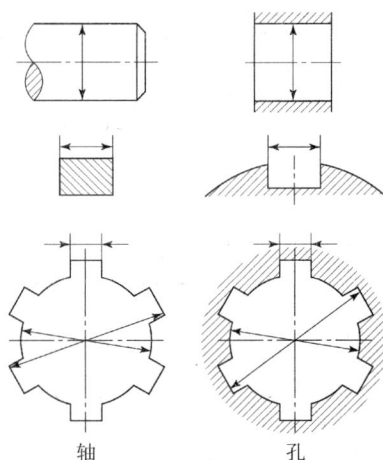

图 2-1　孔与轴

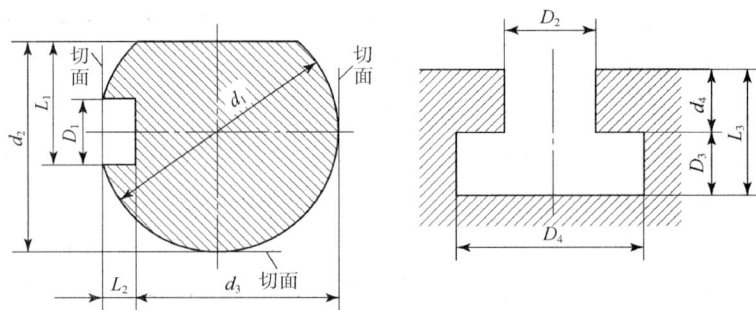

图 2-2　孔与轴的尺寸

从装配关系看，孔是包容面，轴是被包容面；从广义方面看，孔和轴既可以是圆柱形的，也可以是非圆柱形的；从加工过程看，随着加工余量的切除，孔的尺寸由小变大，轴的尺寸由大变小。

（二）公称组成要素

公称要素是由设计者在产品技术文件中定义的理想要素。组成要素属于工件的实际表面或表面模型的几何要素，它们是工件不同物理部位的模型。

（三）尺寸

尺寸是指用特定单位表示的线性尺寸数值，如直径、长度、宽度、高度、深度等均为尺寸。尺寸必须带有单位，工程上规定，图样上的尺寸数值的标准单位为 mm。

1. 尺寸要素

包含线性尺寸要素或者角度尺寸要素。尺寸要素可以是一个球体、一个圆、两条直线、两个相对平行面、一个圆柱体、一个圆环等。

具有线性尺寸的尺寸要素称为线性尺寸要素；角度尺寸要素是指属于回转恒定类别的几何要素，其母线名义上倾斜一个不等于 0 或 90°的角度或属于棱柱面恒定类别，两个方位要素之间的角度由具有相同形状的两个表面组成。

2. 公称尺寸

由图样规范定义的理想形状要素的尺寸。设计者根据使用要求，通过刚度、强度等计算或按照空间尺寸、结构位置通过试验和类比方法确定后，从国标中查取的标准数值，可以为整数或小数。

3. 实际尺寸

拟合组成要素的尺寸，实际尺寸通过测量得到。由于存在测量误差，实际尺寸并非尺寸真值。由于形状误差等影响，零件同一表面不同部位的实际尺寸往往是不相等的，造成尺寸的不确定性，影响孔、轴的实际状态。孔和轴的实际尺寸分别用 Da 和 da 表示。

4. 极限尺寸

极限尺寸是指尺寸要素的尺寸所允许的极限值，有上极限尺寸和下极限尺寸。

上极限尺寸是尺寸要素允许的最大尺寸，是指两个极限尺寸中较大的一个。孔和轴的上极限尺寸分别用 D_{max} 和 d_{max} 表示。

下极限尺寸是尺寸要素允许的最小尺寸，是指两个极限尺寸中较小的一个。孔和轴的下极限尺寸分别用 D_{min} 和 d_{min} 表示。

实际尺寸应位于极限尺寸之间，也可以等于极限尺寸。

(四) 偏差

偏差是指某值与其参考值之差。对于尺寸偏差，参考值是公称尺寸，某值是实际尺寸。偏差的数值可以为正、零、负，在计算和标注时，偏差除零以外必须带有正号或负号。

实际偏差是指局部尺寸减去公称尺寸所得的代数差，对于单个零件，只能测出尺寸的实际偏差。

极限偏差是指相对于公称尺寸的上极限偏差和下极限偏差。极限偏差可以用于限制实际偏差。

1. 上极限偏差

上极限尺寸减其公称尺寸所得的代数差称为上极限偏差（简称上偏差）。孔的上极限偏差用 ES 表示，轴的上极限偏差用 es 表示，计算公式为：

$$ES = D_{max} - D \qquad (2-1)$$

$$es = d_{max} - d \qquad (2-2)$$

2. 下极限偏差

下极限尺寸减其公称尺寸所得的代数差称为下极限偏差（简称下偏差）。孔的下极限偏差用 EI 表示，轴的下极限偏差用 ei 表示，计算公式为：

$$EI = D_{min} - D \qquad (2-3)$$

$$ei = d_{min} - d \qquad (2-4)$$

极限偏差取决于加工机床的调整，不反映加工的难易程度。

(五) 公差

公差为上极限尺寸与下极限尺寸之差，也等于上极限偏差与下极限偏差之差。公差是一个没有符号的绝对值。公差用于限制误差，表征制造精度，反映加工的难易程度。

孔和轴的公差分别用 T_h 和 T_s 表示。公差、极限尺寸及极限偏差的关系为：

$$T_h = |D_{max} - D_{min}| = |ES - EI| \tag{2-5}$$

$$T_s = |d_{max} - d_{min}| = |es - ei| \tag{2-6}$$

经标准化的公差与偏差制度称为极限制。

孔、轴极限尺寸、公差与偏差之间的关系如图 2-3 所示。

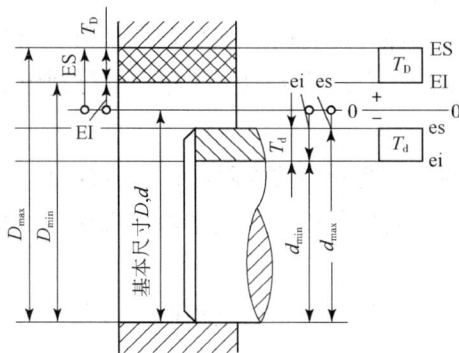

图 2-3　极限尺寸、公差与偏差　　　　　　码 2-1　孔、轴极限尺寸

【例 2-1】 已知孔 $\phi 40^{+0.025}_{0}$ mm，轴 $\phi 40^{-0.009}_{-0.025}$ mm，求孔与轴的极限偏差与公差。

孔的上极限偏差 $ES = D_{max} - D =$（40.025−40）mm = +0.025mm

孔的下极限偏差 $EI = D_{min} - D =$（40−40）mm = 0

轴的上极限偏差 $es = d_{max} - d =$（39.991−40）mm = −0.009mm

轴的下极限偏差 $ei = d_{min} - D =$（39.975−40）mm = −0.025mm

孔的公差 $T_h = |D_{max} - D_{min}| = 0.025$mm

轴的公差 $T_s = |d_{max} - d_{min}| = 0.016$mm

（六）公差带

公差带是指公差极限之间（包括公差极限）的尺寸变动值。其中，公差极限是确定允许值上界限和/或下界限的特定值。公差带包括公差带大小与公差带位置两个基本参数。

（七）尺寸公差带图

尺寸公差带图是表示公差尺寸、极限偏差、公差以及孔、轴配合关系的图解，如图 2-4 所示。图中公称尺寸的单位为 mm，偏差与公差的单位为 μm。

尺寸公差带图由零线和孔、轴公差带两部分组成。

1. 零线

在公差带图中，表示公称尺寸的一条直线称为零线，以其为基准确定偏差和公差，正偏差位于零线的上方，负偏差位于零线的下方。画公差带图时，零线沿水平方向绘制，应标注零线、公称尺寸数值和+、0、−的符号。

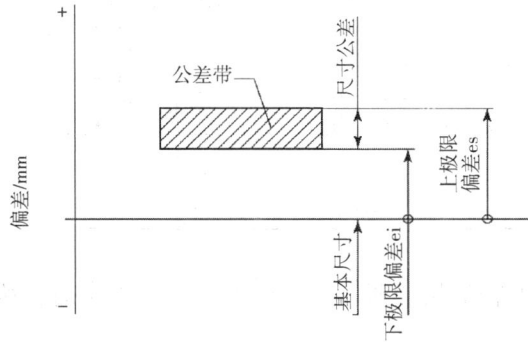

图 2-4 公差带图

码 2-2 公差带图画法

2. 基本偏差

确定公差带相对公称尺寸位置的那个极限偏差称为基本偏差，一般为靠近零线或位于零线的那个极限偏差。当尺寸公差带相对于零线对称时，基本偏差为其上极限偏差或者下极限偏差，如图 2-5 所示。

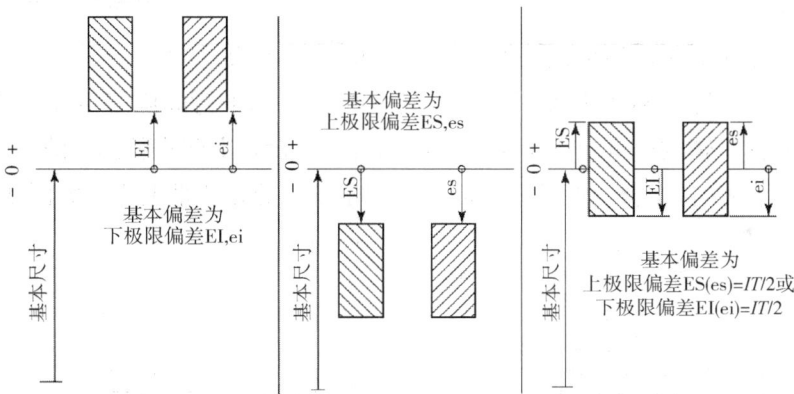

图 2-5 基本偏差示意图

公差带大小由标准公差确定，标准公差为国家标准中规定的，用以确定公差带大小的任一公差，公差反映公差带大小，影响配合精度。

公差带位置由基本偏差确定，影响配合的松紧程度。

在绘制公差带图时，由垂直零线方向的高度代表公差值，水平方向的长度可适当截取。

二、配合的相关术语

(一) 配合与配合公差

1. 配合

配合是指类型相同且待装配的外尺寸要素（轴）和内尺寸要素（孔）之间的关系，如图 2-6 所示。根据配合的定义，配合代表一批孔和轴的装配关系，而不是单个孔和轴的相配合。

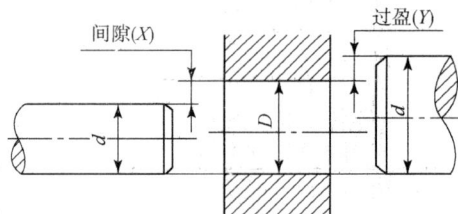

图 2-6 间隙与过盈

孔的尺寸减去相配合的轴的尺寸所得的代数差。差值为正时，称为间隙，用 X 表示；差值为负时，称为过盈，用 Y 表示。

2. 配合公差

配合公差是指允许间隙或过盈的变动量，等于组成配合的两个尺寸要素的尺寸公差之和。配合公差表征装配后的配合精度，是评价配合质量的一个重要指标。

（二）配合种类

根据孔和轴公差带的相对位置关系，可将配合分为间隙配合、过盈配合和过渡配合三类。

码 2-3 孔和轴公差带配合

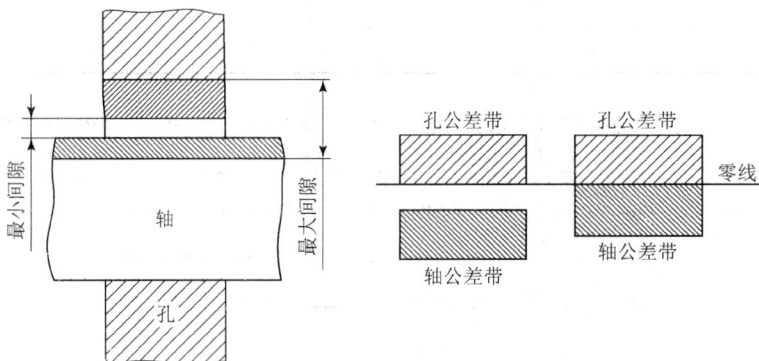

1. 间隙配合

孔和轴装配时总是存在间隙的配合。此时，孔的下极限尺寸大于或在极端情况下等于轴的上极限尺寸。间隙配合可用于对间隙量要求较大的转动（移动）支撑，如滑轮与轴的配合、密封盖与轴的配合；也可用于对配合间隙要求较小的转动（移动）支撑或定心定位配合。此时，孔的公差带位于轴的公差带上方，如图 2-7 所示。

图 2-7 间隙配合

孔的上极限尺寸减去下极限尺寸所得的代数差称为最大间隙，用 X_{max} 表示，即：

$$X_{max} = D_{max} - d_{min} = ES - ei \tag{2-7}$$

孔的下极限尺寸减去轴的上极限尺寸所得的代数差称为最小间隙，用 X_{min} 表示，即：

$$X_{min} = D_{min} - d_{max} = EI - es \tag{2-8}$$

配合公差（或间隙公差）是指允许间隙的变动量，等于最大间隙与最小间隙之代数差的绝对值，也等于相互配合的孔公差与轴公差之和。配合公差用 T_f 表示，即：

$$T_f = |X_{max} - X_{min}| = T_h + T_s \tag{2-9}$$

【例 2-2】已知孔 $\phi 50^{+0.039}_0$ mm，轴 $\phi 50^{-0.025}_{-0.050}$ mm，求 X_{max}、X_{min} 和 T_f。

$X_{max} = D_{max} - d_{min} = （50.039-49.950）mm = 0.089mm$

$X_{min} = D_{min} - d_{max} = （50-49.975）mm = 0.025mm$

$T_f = |X_{max} - X_{min}| = 0.064mm$

2. 过盈配合

孔和轴装配时总是存在过盈的配合。此时，孔的上极限尺寸小于或在极端情况下等于轴的下极限尺寸。过盈配合可用于对过盈量要求较大的牢固连接，如火车的铸钢车轮与轮箍的配合，通常采用热套或冷轴法装配；也可用于对过盈量要求较小的永久或半永久结合，如铸铁轮与轴的装配，柱、销、轴、套等压入孔中的配合，一般采用压力法装配。此时，孔的公差带位于轴的公差带下方，如图 2-8 所示。

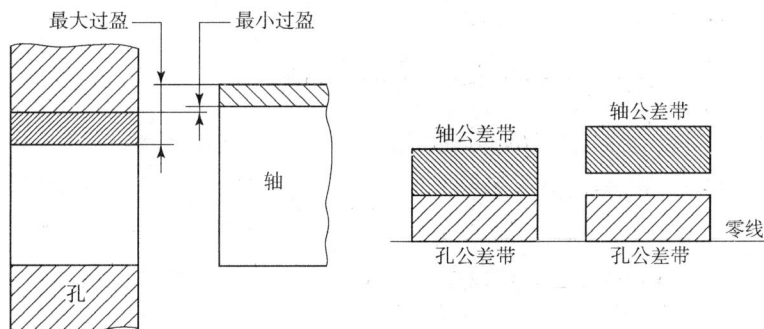

图 2-8 过盈配合

孔的下极限尺寸减去轴的上极限尺寸所得的代数差称为最大过盈，用 Y_{max} 表示，即：

$$Y_{max} = D_{min} - d_{max} = EI - es \tag{2-10}$$

孔的上极限尺寸减去轴的下极限尺寸所得的代数差称为最小过盈，用 Y_{min} 表示。

$$Y_{min} = D_{max} - d_{min} = ES - ei \tag{2-11}$$

配合公差（或过盈公差）是指允许过盈的变动量，等于最小过盈与最大过盈之代数差的绝对值，也等于相互配合的孔公差与轴公差之和。配合公差用 T_f 表示，即：

$$T_f = |Y_{min} - Y_{max}| = T_h + T_s \tag{2-12}$$

【例 2-3】已知孔 $\phi 50^{+0.039}_0$ mm，轴 $\phi 50^{+0.079}_{+0.054}$ mm，求 Y_{max}、Y_{min} 和 T_f。

$Y_{max} = D_{min} - d_{max} = （50-50.079）mm = -0.079mm$

$Y_{min} = D_{max} - d_{min} = （50.039-50.054）mm = -0.015mm$

$T_f = |X_{max} - X_{min}| = 0.064mm$

3. 过渡配合

孔和轴装配时可能具有间隙或过盈的配合。可用于要求产生间隙或者过盈,但间隙或过盈的量相对较小的配合,如联轴节、齿圈与钢制轮毂的配合或者滚动轴承与箱体的配合等。此时,孔的公差带与轴的公差带相互交叠,如图 2-9 所示。

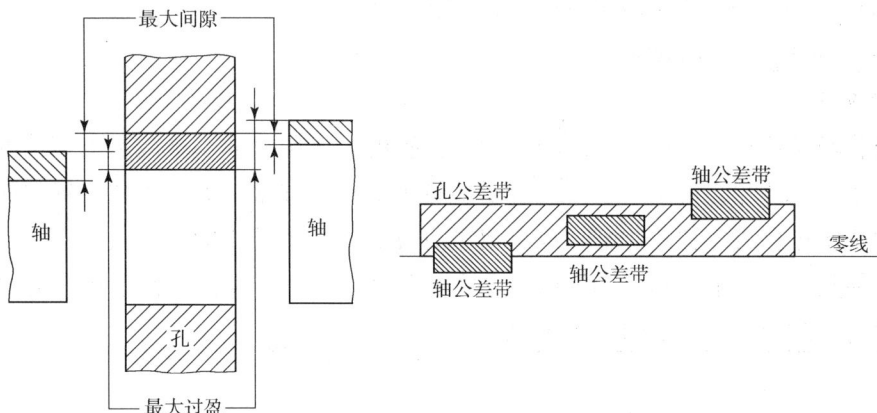

图 2-9 过渡配合

在过渡配合中,其配合的极限情况是最大间隙与最大过盈。

最大间隙与最大过盈的平均值为平均间隙或平均过盈,即:

$$X_{av}(Y_{av}) = (X_{max} + Y_{max})/2 \qquad (2-13)$$

配合公差等于最大间隙与最大过盈之代数差的绝对值,也等于相互配合的孔与轴公差之和,配合公差用 T_f 表示,即:

$$T_f = |X_{max} - Y_{max}| = T_h + T_s \qquad (2-14)$$

【例 2-4】已知孔 $\phi 50_0^{+0.039}$ mm,轴 $\phi 50_{+0.009}^{+0.034}$ mm,求 X_{max}、Y_{max} 和 T_f。

$X_{max} = D_{max} - d_{min} = (50.039-50.009)$ mm $= 0.030$mm

$Y_{max} = D_{min} - d_{max} = (50.039-50.054)$ mm $= -0.034$mm

$T_f = |X_{max} - X_{min}| = 0.064$mm

(三)配合制

码 2-4 配合制

相互配合的孔、轴的公差带位置可有各种不同的方案,均可实现相同的配合要求。由线性尺寸公差 ISO 代号体系确定公差的孔和轴组成的一种配合制度,称为配合制,前提条件是孔和轴的公称尺寸相同。为了简化和有利于标准化,以尽量少的公差带形成尽量多的配合,国家标准 GB/T 1800.1—2020 规定了两种等效的配合制,即基孔制配合和基轴制配合。

1. 基孔制配合

基孔制配合是指将孔的公差带位置固定,与不同基本偏差的轴的公差带形成各种配合的一种制度。基孔制配合的孔为基准孔,代号为 H,它是配合的基准件,与其配合的轴为非基准件。基准孔的下偏差 EI 为基本偏差,且 EI=0,如图 2-10(a)所示。

2. 基轴制配合

基轴制配合是指将轴的公差带位置固定，与不同基本偏差的孔的公差带形成各种配合的一种制度。基轴制配合的轴为基准轴，代号为 h，它是配合的基准件，与其配合的孔为非基准件。基准轴的上偏差 es 为基本偏差，且 es＝0，如图 2-10 （b） 所示。

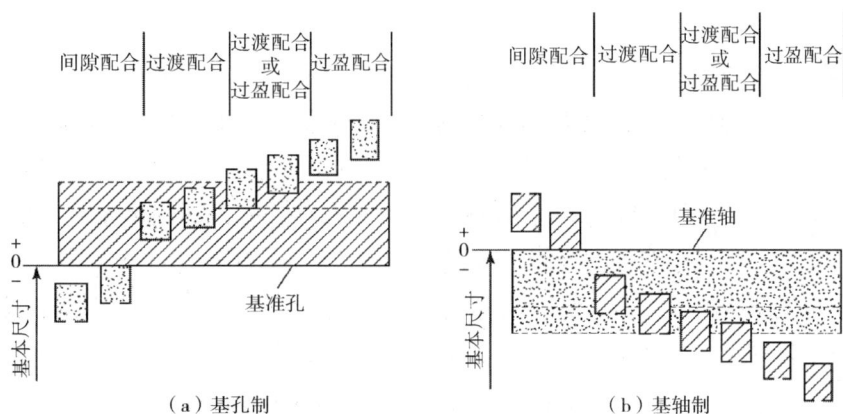

图 2-10　基轴制配合

基孔制配合和基轴制配合构成了两种等效的配合系列，即基孔制配合具有的配合类型在基轴制配合中也有相应的同名配合。

第二节　极限与配合国家标准

极限与配合的相关国家标准的主要特点就是对公差带的两个要素——公差带大小和位置分别进行标准化，形成标准公差系列（确定公差带大小）和基本偏差系列（确定公差带位置）。

一、标准公差系列

标准公差是国家标准规定的用以确定公差带大小的任一公差值，它是按以下原则制定的。

（一）标准公差因子

生产实践和试验统计表明，对于公称尺寸相同的零件，可按公差大小评定其尺寸制造精度的高低；但是对于公称尺寸不同的零件，其公差大小就不能评定其尺寸制造精度。因此，为了评定尺寸精度等级或公差等级的高低，合理规定公差数值，就需要建立标准公差因子。

标准公差因子是计算标准公差的基本单位，是制定标准公差系列的基础，标准公差因子与公称尺寸之间具有一定的关系。

当公称尺寸≤500mm 时，标准公差因子 i （单位：μm）的计算公式为：

$$i = 0.45\sqrt[3]{D} + 0.001D \tag{2-15}$$

式中：D——公称尺寸分段的计算尺寸，mm。

式（2-15）的第一项反映了加工误差随公称尺寸的变化关系，第二项反映了测量误差随公称尺寸的变化关系。

当公称尺寸>500～3150mm 范围时，标准公差因子 I（单位：μm）的计算公式为：

$$I = 0.004D + 2.1 \tag{2-16}$$

式（2-16）表明，对于大尺寸零件而言，测量误差主要受温度变化的影响，且随公称尺寸变化呈线性关系。

（二）标准公差等级

在公称尺寸一定的情况下，公差等级系数是决定标准公差大小的唯一参数。

在公称尺寸≤500mm 的常用尺寸范围内规定了 20 个标准公差等级，以 IT 后加阿拉伯数字表示，即 IT01，IT0，IT1，IT2，…，IT18。IT 表示标准公差，即国标公差（ISO Tolerance）的编写代号。如 IT8 表示标准公差 8 级或 8 级标准公差。从 IT01 到 IT18，等级依次降低，而相应的标准公差值依次增大。属于同一等级的公差，对所有公称尺寸虽然公差值不同，但应看作精度等同。公称尺寸≤500mm 的标准公差的计算公式见表 2-1。

表 2-1 公称尺寸≤500mm 的标准公差的计算公式

公差等级	公式	公差等级	公式	公差等级	公式
IT01	$0.3+0.008D$	IT5	$7i$	IT12	$160i$
IT0	$0.5+0.012D$	IT6	$10i$	IT13	$250i$
IT1	$0.8+0.020D$	IT7	$16i$	IT14	$400i$
IT2	$(\text{IT1})\left(\dfrac{\text{IT5}}{\text{IT1}}\right)^{\frac{1}{4}}$	IT8	$25i$	IT15	$640i$
		IT9	$40i$	IT16	$1000i$
IT3	$(\text{IT1})\left(\dfrac{\text{IT5}}{\text{IT1}}\right)^{\frac{1}{2}}$	IT10	$64i$	IT17	$1600i$
IT4	$(\text{IT1})\left(\dfrac{\text{IT5}}{\text{IT1}}\right)^{\frac{3}{4}}$	IT11	$100i$	IT18	$2500i$

GB/T 1800.1—2009 规定了公称尺寸在 500～3150mm 的大尺寸范围内的标准公差等级为 18 个，各级公差值的计算公式见表 2-2。

表 2-2 公称尺寸在 500～3150mm 的各级标准公差计算公式

公差等级	公式	公差等级	公式	公差等级	公式
IT01	—	IT5	$7I$	IT12	$160I$
IT0	—	IT6	$10I$	IT13	$250I$
IT1	$2I$	IT7	$16I$	IT14	$400I$
IT2	$2.7I$	IT8	$25I$	IT15	$640I$
		IT9	$40I$	IT16	$1000I$
IT3	$3.7I$	IT10	$64I$	IT17	$1600I$
IT4	$5I$	IT11	$100I$	IT18	$2500I$

（三）公称尺寸分段

根据表2-1中标准公差计算公式，每个公称尺寸都对应一个公差值。但是在实际生产实践中，公称尺寸很多，结果导致一个庞大的标准公差数值表，尤其在公称尺寸变化不大时，其公差值很接近，同样会给设计、生产带来不便。为了减少标准公差的数量，以便于生产实际应用，国家标准对公称尺寸进行了分段，统一标准公差值，简化公差表格，具体分段情况见表2-3。在公差表格中，一般使用主段落，对过盈或间隙比较敏感的一些配合，使用分段比较密的中间段落。

表 2-3　公称尺寸分段

主段落		中间段落		主段落		中间段落	
大于	至	大于	至	大于	至	大于	至
—	3	无细分段		250	315	250	280
						280	315
3	6			315	400	315	355
						355	400
6	10			400	500	400	450
						450	500
10	18	10	14				
		14	18				
18	30	18	24	500	530	500	560
		24	30			560	630
30	50	30	40	530	800	630	710
		40	50			710	800
50	80	50	65	800	1000	800	900
		65	80			900	1000
80	120	80	100	1000	1250	1000	1120
		100	120			1120	1250
120	180	120	140	1250	1600	1250	1400
		140	160			1400	1600
		160	180	1600	2000	1600	1800
						1800	2000
180	250	180	200	2000	2500	2000	2240
		200	225			2240	2500
		225	250	2500	3150	2500	2800
						2800	3150

公称尺寸分段后，相同公差等级的同一公称尺寸分段内的所有公称尺寸的标准公差值均相同。

在标准公差的计算公式中，公称尺寸均以所属尺寸分段（$>D_1-D_2$）内首、尾两项的几何平均值 $D = \sqrt{D_1 D_n}$ 进行计算。按几何平均值计算出的公差数值，再经尾数化整，即得出标准公差数值。由标准公差数值构成的表格为标准公差数值表，见表2-4。

表2-4 标准公差数值表（GB/T 1800.1—2020）

公称尺寸/mm		标准公差等级																			
		IT01	IT0	IT1	IT2	IT3	IT4	IT5	IT6	IT7	IT8	IT9	IT10	IT11	IT12	IT13	IT14	IT15	IT16	IT17	IT18
		标准公差数值																			
大于	至	μm													mm						
—	3	0.3	0.5	0.8	1.2	2	3	4	6	10	14	25	40	60	0.1	0.14	0.25	0.4	0.6	1	1.4
3	6	0.4	0.6	1	1.5	2.5	4	5	8	12	18	30	48	75	0.12	0.18	0.3	0.48	0.75	1.2	1.8
6	10	0.4	0.6	1	1.5	2.5	4	6	9	15	22	36	58	90	0.15	0.22	0.36	0.58	0.9	1.5	2.2
10	18	0.5	0.8	1.2	2	3	5	8	11	18	27	43	70	110	0.18	0.27	0.43	0.7	1.1	1.8	2.7
18	30	0.6	1	1.5	2.5	4	6	9	13	21	33	52	84	130	0.21	0.33	0.52	0.84	1.3	2.1	3.3
30	50	0.6	1	1.5	2.5	4	7	11	16	25	39	62	100	160	0.25	0.39	0.62	1	1.6	2.5	3.9
50	80	0.8	1.2	2	3	5	8	13	19	30	46	74	120	190	0.3	0.46	0.74	1.2	1.9	3	4.6
80	120	1	1.5	2.5	4	6	10	15	22	35	54	87	140	220	0.35	0.54	0.87	1.4	2.2	3.5	5.4
120	180	1.2	2	3.5	5	8	12	18	25	40	63	100	160	250	0.4	0.63	1	1.6	2.5	4	6.3
180	250	2	2.5	4.5	7	10	14	20	29	46	72	115	185	290	0.46	0.72	1.15	1.85	2.9	4.6	7.2
250	315	2.5	3	6	8	12	16	23	32	52	81	130	210	320	0.52	0.81	1.3	2.1	3.2	5.2	8.1
315	400	3	5	7	9	13	18	25	36	57	89	140	230	360	0.57	0.89	1.4	2.3	3.6	5.7	8.9
400	500	4	6	8	10	15	20	27	40	63	97	155	250	400	0.63	0.97	1.55	2.5	4	6.3	9.7
500	630			9	11	16	22	32	44	70	110	175	280	440	0.7	1.1	1.75	2.8	4.4	7	11
630	800			10	13	18	25	36	50	80	125	200	320	500	0.8	1.25	2	3.2	5	8	12.5
800	1000			11	15	21	28	40	56	90	140	230	360	560	0.9	1.4	2.3	3.6	5.6	9	14
1000	1250			13	18	24	33	47	66	105	165	260	420	660	1.05	1.65	2.6	4.2	6.6	10.5	16.5
1250	1600			15	21	29	39	55	78	125	195	310	500	780	1.25	1.95	3.1	5	7.8	12.5	19.5
1600	2000			18	25	35	46	65	92	150	230	370	600	920	1.5	2.3	3.7	6	9.2	15	23
2000	2500			22	30	41	55	78	110	175	280	440	700	1100	1.75	2.8	4.4	7	11	17.5	28
2500	3150			26	36	50	68	96	135	210	330	540	860	1350	2.1	3.3	5.4	5.6	13.5	21	33

由表2-4可知，相同的公称尺寸，其公差值的大小能够反映公差等级的高低。这时公差数值越大，则公差等级越低；相反，公差数值越小，则公差等级越高。对于不同的公称尺寸，公差数值不能反映公差等级的高低。公差等级越高，加工越难；公差等级越低，加工越容易。

二、基本偏差系列

基本偏差是 GB/T 1800.1—2020 中确定公差带相对公称尺寸位置的那个上极限偏差或下极限偏差，它是公差带位置标准化的唯一指标。除 JS 和 js 以外，基本偏差均指靠近零线的偏差，它与公差等级无关。而 JS 和 js 的公差带对称于零件分布，其基本偏差是上极限偏差或下极限偏差，它与公差等级有关。

（一）基本偏差的代号与数值

1. 基本偏差代号

不同基本偏差决定了公差带相对零线的位置，各种位置的公差带与基准形成不同的配合，因此配合的数量取决于基本偏差的数量。为了满足各种松紧程度的配合需求，同时尽量减少配合种类，国家标准对孔和轴分别规定了用拉丁字母表示的 28 个基本偏差的代号（表 2-5），其中大写字母代表孔，小写字母代表轴。在 26 个字母中，除去易与其他混淆的五个字母：I、L、O、Q、W（i、l、o、q、w），再加上七个双字母表示的代号（CD、EF、JS、ZA、ZB、ZC 和 cd、ef、fg、js、za、zb、zc），共有 28 个代号，即孔和轴各有 28 种基本偏差位置，如图 2-11 所示。在国家标准中，孔仅保留 J6、J7 和 J8，轴仅保留 j5、j6、j7 和 j8。

表 2-5 基本偏差代号

孔或轴	基本偏差		备注
孔	下偏差	A、B、C、CD、E、EF、FG、G、H	H 为基准孔，它的下偏差为零
	上偏差或下偏差	JS = ±IT/2	
	上偏差	J、K、M、N、P、R、S、T、U、V、X、Y、Z、ZA、ZB、ZC	
轴	下偏差	a、b、c、cd、d、e、ef、fg、g、h	h 为基准轴，它的上偏差为零
	上偏差或下偏差	js = ±IT/2	
	上偏差	j、k、m、n、p、r、s、t、u、v、x、y、z、za、zb、zc	

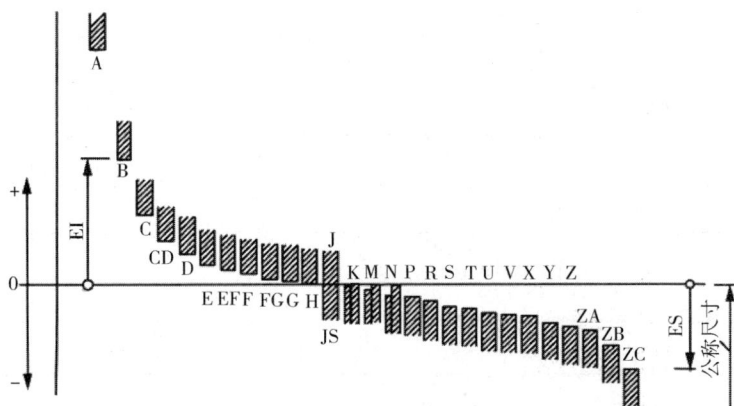

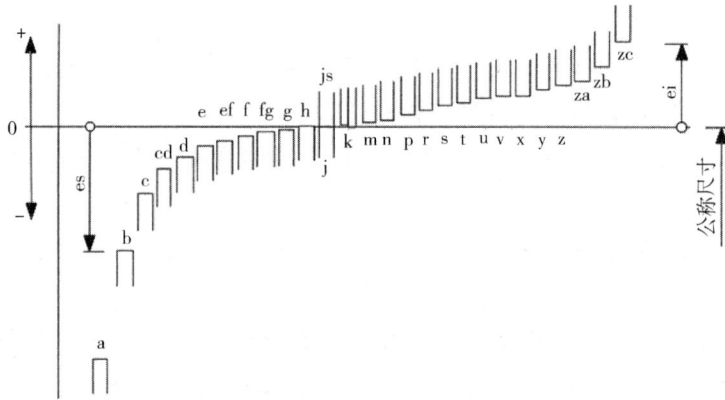

图 2-11 基本偏差系列

对于轴：a~h 的基本偏差为上极限偏差 es，其绝对值依次减小；j~za 的基本偏差为下极限偏差 ei，其绝对值逐渐增大。

对于孔：A~H 的基本偏差为下极限偏差 EI，其绝对值依次减小；J~ZC 的基本偏差为上极限偏差 ES，其绝对值依次增大。

H 和 h 的基本偏差为零。

在图 2-11 中，基本偏差系列各公差带只画出一端，另一端未画出，因为它取决于公差带的大小。

2. 轴的基本偏差数值

轴的基本偏差是在基孔制的基础上制订的，根据科学试验和生产实践，轴的各种基本偏差的计算公式见表 2-6。

表 2-6　轴的基本偏差计算公式

公称尺寸/mm		轴			公式
大于	至	基本偏差	符号	极限偏差	
1	120	a	—	es	$265+1.3D$
120	500				$3.5D$
1	160	b	—	es	$\approx 140+0.85D$
160	500				$\approx 1.8D$
0	40	c	—	es	$52D^{0.2}$
40	500				$95+0.8D$
0	10	cd	—	es	C、c 和 D、d 值的几何平均值
0	3150	d	—	es	$16D^{0.44}$
0	3150	e	—	es	$11D^{0.41}$

公称尺寸/mm		轴			公式
大于	至	基本偏差	符号	极限偏差	
0	10	ef	—	es	E、e 和 F、f 值的几何平均值
0	3150	f	—	es	$5.5D^{0.41}$
0	10	fg	—	es	F、f 和 G、g 值的几何平均值
0	3150	g	—	es	$2.5D^{0.34}$
0	3150	h	无符号	es	偏差 = 0
0	500	J			无公式
0	3150	JS	+	es	$0.5IT_n$
			−	ei	
0	500	k	+	ei	$0.6\sqrt[3]{D}$
500	3150		无符号		偏差 = 0
0	500	m	+	ei	IT7 − IT6
500	3150				$0.024D + 12.6$
0	500	n	+	ei	$5D^{0.34}$
500	3150				$0.04D + 21$
0	500	p	+	ei	IT7 + 0~5
500	3150				$0.072D + 37.8$
0	3150	r	+	ei	P、p 和 S、s 值的几何平均值
0	50	S	+	ei	IT8 + 1~4
50	3150				IT7 + 0.4D
24	3150	t	+	ei	IT7 + 0.63D
0	3150	u	+	ei	IT7 + D
14	500	v	+	ei	IT7 + 1.25D
0	500	x	+	ei	IT7 + 1.6D
18	500	y	+	ei	IT7 + 2D
0	500	z	+	ei	IT7 + 2.5D
0	500	za	+	ei	IT8 + 3.15D
0	500	zb	+	ei	IT9 + 4D
0	500	zc	+	ei	IT10 + 5D

　　a~h 用于间隙配合，当与基准孔配合时，这些轴的基本偏差的绝对值正好等于最小间隙的绝对值（图 2-12）。基本偏差 a、b、c 用于大间隙或热动配合，考虑发热膨胀的影响，采用与直径成正比的关系（其中 c 适用于直径>40mm 时）。基本偏差 d、e、f 主要用于旋转运动，为保证良好的液体摩擦，从理论上讲，最小间隙应按直径的平方根关系，但考虑到表面粗糙度的影响，将间隙适当减小。G 主要用于滑动或半液体摩擦及要求定心的配合，间隙要小，故直径的指数要小。cd、ef、fg 的绝对值，分别按 c 与 d、e 与 f、f 与 g 的绝对值的几何平均值确定，适用于尺寸较小的旋转运动件。

　　js、j、k、m、n 五种为过渡配合。其中 js 与 H 形成的配合较松，获得间隙的概率较大，此后，配合依次变紧，n 与 H 形成的配合较紧，获得过盈的概率较大。而标准公差等级很高的 n 与 H 形成的配合则为过盈配合。这是五种轴的基本偏差与基准孔基本偏差 H 相配合的情况。

　　p~zc 按过盈配合来规定，从保证配合的主要特征——最小过盈来考虑（图 2-11），而且大多数按它们与最常用的基准孔 H7 相配合为基础来考虑。P 比 IT7 大 n 个微米，故 p 轴与 H7 孔配合时，有 n 个微米的最小过盈，这是最早使用的过盈配合之一。r 按 p 与 s 的几何平均值确定。对于 s，当 $D \leq 50mm$ 时，要求与 H8 配合时有 n 个微米的最小过盈，故 $ei = +IT8 + (1\sim4)$。从 s（当 $D>50mm$ 时）起，包括 t、u、v、x、y、z 等，当与 H7 配合时，最小过盈依次为 $0.4D$、$0.63D$、D、$1.25D$、$1.6D$、$2D$、$2.5D$，而 za、zb、zc 分别与 H8、H9、H10 配合时，最小过盈依次为 $3.15D$、$4D$、$5D$。最小过盈的系列符合优先数系 R10，规律性较好，便于选用。

　　按表 2-6 中轴的基本偏差计算公式，国标列出的轴的基本偏差数值如附录一所示。

　　轴的另一个偏差（上极限偏差或下极限偏差）根据轴的基本偏差和标准公差，按下列公式计算，即：

$$ei = es - IT \tag{2-17}$$

或

$$es = ei + IT \tag{2-18}$$

3. 孔的基本偏差数值

　　由于基孔制和基轴制是两种等效的配合制，因此以基轴制为基础的孔的基本偏差可由轴的基本偏差换算得到。换算过程中遵循以下两种规则：

　　（1）通用规则。用同一字母表示的孔、轴的基本偏差的绝对值相等，符号相反。孔的基本偏差是轴的基本偏差相对于零线的倒影，因此又称倒影规则，即：

$$ES = -ei \tag{2-19}$$

$$EI = -es \tag{2-20}$$

　　通用规则适用于：对于 A~H，因其基本偏差 EI 和对应轴的基本偏差 es 的绝对值都等于最小间隙，故不论孔与轴是否采用同级配合，均按通用规则确定，即 $EI = -es$；对于 K~ZC，因标准公差大于 IT8 的 K、M、N 和大于 IT7 的 P~ZC，一般孔轴采用同级配合，故按通用规则确定，即 ES＝－ei；但标准公差大于 IT8、公称尺寸大于 3mm 的 N 例外，其基本偏差 ES 等于零，即 ES＝0。

（2）特殊规则。用同一字母表示孔、轴基本偏差时，孔的基本偏差 ES 和轴的基本偏差 ei 符号相反，而绝对值相差一个 Δ 值。

因为在较高级的公差等级中，同一公差等级的孔比轴加工困难，因而常采用比轴低一级的孔相配合，即异级配合，并要求两种配合制所形成的配合性质相同。

则孔的基本偏差为：

$$ES＝－ei＋\Delta \tag{2-21}$$

$$\Delta = IT_n - IT_{n-1} \tag{2-22}$$

式中为 IT_n 为某一级孔的标准公差；IT_{n-1} 为比某一级孔高一级的轴的标准公差。

特殊规则适用于以下情况：

公称尺寸≤500mm 时，标准公差≤IT8 的 J、K、M、N 和标准公差≤IT7 的 P～ZC，孔轴采用异级配合，按特殊规则确定，即 ES＝－ei＋Δ。

这样规定孔的基本偏差换算规则，主要是考虑以下两点：

①标准的基孔制与基轴制配合中，应保证孔和轴的工艺等价。在高精度配合时，由于孔比同级的轴加工困难，故一般孔的公差比轴低一级，而在精度较低的配合中，孔、轴同级。

②同名配合，配合性质相同。所谓"同名配合"是指公差等级和非基准件的基本偏差代号都相同，只是基准制不同的配合（例如，H9/d9 与 D9/h9、H7/f6 与 F7/h6）。所谓"配合性质相同"是指配合的极限间隙、极限过盈相同。

按孔的基本偏差换算规则，国标列出的孔的基本偏差数值如附录二所示。

孔的另一个偏差（上极限偏差或下极限偏差），根据孔的基本偏差和标准公差计算，即：

$$EI＝ES－IT \tag{2-23}$$

$$ES＝EI＋IT \tag{2-24}$$

【例 2-5】 确定 $\phi25H7/f6$、$\phi25F7/h6$ 孔与轴的配合性质。

解： 由表 2-4 查得：IT6＝13μm，IT7＝21μm。

基准孔 H7 的下极限偏差 EI＝0，H7 的上极限偏差为：

$$ES＝EI＋IT7＝+21μm$$

轴 f6 的基本偏差为上极限偏差，由附录一查得：

$$es＝-20μm$$

轴 f6 的下极限偏差为：

$$ei＝es－IT6＝-33μm$$

由此得 $25H7＝\phi25_0^{+0.021}$，$25f6＝\phi25_{-0.033}^{-0.020}$。

孔、轴公差带图如图 2-12 所示。

因此，$\phi25H7/f6$ 为间隙配合。

基准轴 h6 的上极限偏差 es＝0，h6 的下极限偏

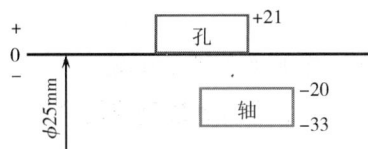

图 2-12　孔、轴公差带图

差为：

$$ei = es-IT6 = -13\mu m$$

孔 F7 的基本偏差为下极限偏差，由附录二查得：

$$EI = +20\mu m$$

孔 F7 的上极限偏差为：

$$ES = EI+IT7 = +41\mu m$$

由此得 $\phi 25F7 = \phi 25^{+0.041}_{+0.020}$，$25h6 = \phi 25^{0}_{-0.013}$。

孔、轴公差带图如图 2-13 所示。

因此，$\phi 25F7/h6$ 为间隙配合。

从图 2-12 和图 2-13 中可以看出，本例中的两对孔、轴的配合性质相同。

【例 2-6】 将基孔制配合 25H7/p6 改换成基轴制配合，查表确定改换前后的极限偏差。

解： 查表 2-4 可知，IT6 = 13μm，IT7 = 21μm。

基准孔 H7 的下极限偏差 EI = 0，H7 的上极限偏差为：

$$ES = EI+IT7 = +21\mu m$$

轴 p6 的基准偏差为下极限偏差，由附录一查得：

$$ei = +22\mu m$$

轴 p6 的上极限偏差为：

$$es = ei+IT6 = +35\mu m$$

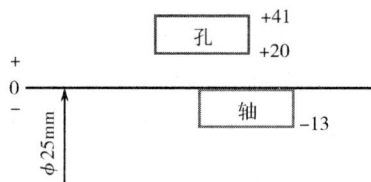

图 2-13 孔、轴公差带图

由此得 $25H7 = \phi 25^{+0.021}_{0}$ mm，$25p6 = \phi 25^{+0.035}_{+0.022}$ mm。

按照同名配合的转换原则，由基孔制配合改换的基轴制配合代号为 25P7/h6。

基准轴 h6 的上极限偏差 es = 0，h6 的下极限偏差为：

$$ei = es-IT6 = -13\mu m$$

孔 P7 的基本偏差为上极限偏差，由附录二查得：

$$ES = -14\mu m$$

孔 P7 的下极限偏差为：

$$EI = ES-IT7 = -35\mu m$$

由此得 $25P7 = \phi 25^{-0.014}_{-0.035}$ mm，$25h6 = \phi 25^{0}_{-0.013}$ mm。

由改换前后的极限偏差数值可知，改换前后的配合性质没有发生变化。

三、极限与配合的标注

（一）零件图上公差带代号的标注

公差带的代号用基本偏差字母和公差等级系数表示，如 G8、g9 等。在零件图上尺寸精度标注时，在孔、轴公称尺寸后加所要求的公差带或极限偏差数值，如图 2-14 所示。

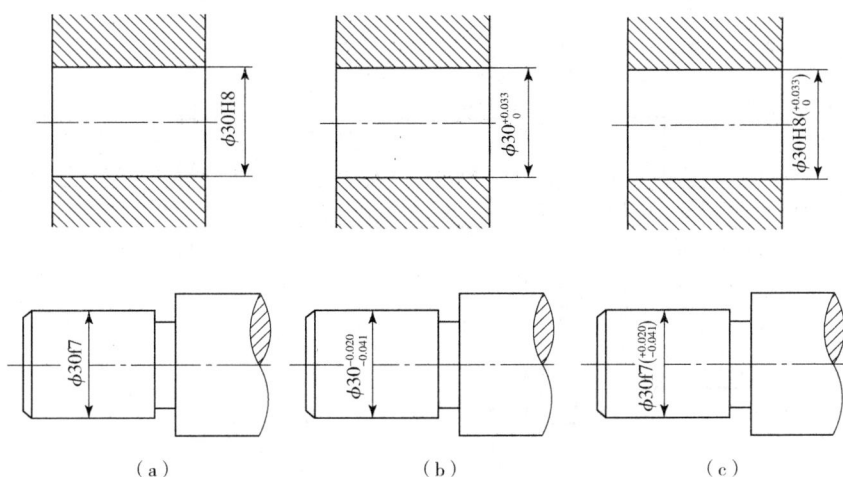

（a）　　　　　　　　（b）　　　　　　　　（c）

图 2-14　零件图中尺寸公差的标注

（二）装配图上配合代号的标注

配合代号用公称尺寸与孔、轴公差带代号以分式表达，如 H8/f7、H9/u9 等，分子项为轴的公差带，分母项为孔的公差带，在装配图上标注的配合代号如图 2-15 所示。

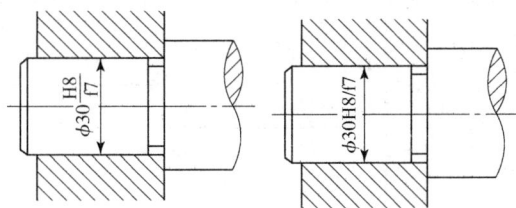

图 2-15　装配图中配合代号的标注

四、常用公差带与配合

根据国家标准提供的 20 个等级的标准公差及 28 种基本偏差代号，可组成 543 种孔的公差带、544 种轴的公差带，由孔和轴的公差带又可组成大量的配合。如此多的公差带与配合全部使用显然是不经济的，且实际生产中有些公差带无法使用（如 a1、z15 等）。因此，为了减少定值刀具、量具和工艺装备的品种及规格，对公差带和配合选用应加以限制。

根据生产实践情况，国家标准对常用尺寸段推荐了孔、轴的一般常用和优先用公差带。

国家标准规定了轴的一般、常用和优先用公差带共 116 种，如图 2-16 所示。其中方框内的 59 种为常用公差带，圆圈内的 13 种为优先用公差带。

国家标准规定了孔的一般、常用和优先用公差带共 105 种，如图 2-17 所示。其中方框内的 44 种为常用公差带，圆圈内的 13 种为优先用公差带。

```
                                    h1        js1
                                    h2        js2
                                    h3        js3
                        g4   h4     js4  k4  m4  n4  p4  r4  s4
            f5   g5   h5   j5    js5  k5  m5  n5  p5  r5  s5  t5   u5  v5  x5
       e6  f6  (g6) (h6)  j6    js6 (k6) m6 (n6)(p6) r6 (s6) t6  (u6) v6  x6  y6  z6
   d7  e7 (f7)  g7  (h7)  j7    js7  k7  m7  n7  p7  r7  s7  t7   u7  v7  x7  y7  z7
c8 d8  e8  f8   g8   h8   j8    js8  k8  m8  n8  p8  r8  s8  t8   u8  v8  x8  y8  z8
a9 b9 c9 (d9) e9  f9       h9    js9
a10 b10 c10 d10 e10        h10   js10
a11 b11 (c11) d11         (h11)  js11
a12 b12 c12               h12   js12
a13 b13                   h13   js13
```

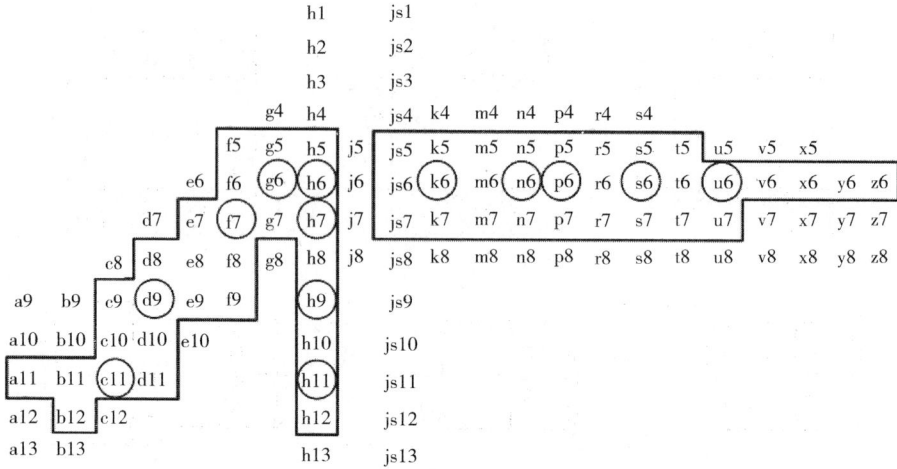

图 2-16　尺寸≤500mm 的轴的一般、常用和优先用公差带

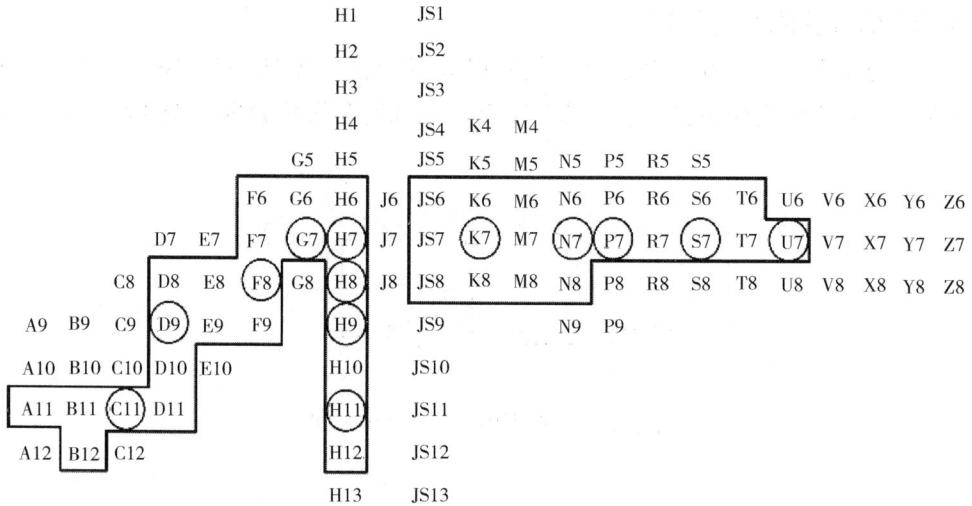

```
                                    H1        JS1
                                    H2        JS2
                                    H3        JS3
                                    H4        JS4  K4  M4
                        G5   H5     JS5  K5  M5  N5  P5  R5  S5
            F6   G6   H6   J6    JS6  K6  M6  N6  P6  R6  S6  T6   U6  V6  X6  Y6  Z6
   D7  E7  F7  (G7) (H7)  J7    JS7 (K7) M7 (N7)(P7) R7 (S7) T7  (U7) V7  X7  Y7  Z7
C8 D8  E8 (F8)  G8   H8   J8    JS8  K8  M8  N8  P8  R8  S8  T8   U8  V8  X8  Y8  Z8
A9 B9 C9 (D9) E9  F9      (H9)   JS9           N9  P9
A10 B10 C10 D10 E10       (H10)  JS10
A11 B11 (C11) D11         (H11)  JS11
A12 B12 C12               (H12)  JS12
                          (H13)  JS13
```

图 2-17　尺寸≤500mm 的孔的一般、常用和优先用公差带

　　国家标准在规定孔、轴公差带选用的基础上，还规定了孔、轴公差带的配合。基孔制配合中常用配合 59 种，见表 2-7，其中注有黑▼符号的 13 种为优先配合。基轴制配合中常用配合 47 种，见表 2-8，其中注有黑▼符号的 13 种为优先配合。

表 2-7　基孔制常用及优先配合

基准孔	轴																		
	a	b	c	d	e	f	g	h	js	k	m	n	p	r	s	t	u	v	x	y	z
	间隙配合								过渡配合				过盈配合								
H6						$\frac{H6}{f5}$	$\frac{H6}{g5}$	$\frac{H6}{h5}$	$\frac{H6}{js5}$	$\frac{H6}{k5}$	$\frac{H6}{m5}$	$\frac{H6}{n5}$	$\frac{H6}{p5}$	$\frac{H6}{r5}$	$\frac{H6}{s5}$	$\frac{H6}{t5}$					

续表

基准孔	轴																				
	a	b	c	d	e	f	g	h	js	k	m	n	p	r	s	t	u	v	x	y	z
	间隙配合								过渡配合				过盈配合								
H7						H7/f6	▼H7/g6	▼H7/h6	H7/js6	▼H7/k6	H7/m6	▼H7/n6	▼H7/p6	H7/r6	▼H7/s6	H7/t6	▼H7/u6	H7/v6	H7/x6	H7/y6	
H8					H8/e7	▼H8/f7	H8/g7	▼H8/h7	H8/js7	H8/k7	H8/m7	H8/n7	H8/p7	H8/r7	H8/s7	H8/t7	H8/u7				
				H8/d8	H8/e8	H8/f8															
H9			H9/c9	▼H9/d9	H9/e9	H9/f9		▼H9/h9													
H10			H10/c10	H10/d10				H10/h10													
H11	H11/a11	H11/b11	▼H11/c11	H11/d11				▼H11/h11													
H12		H12/b12						H12/h12													

注　① $\dfrac{H6}{n5}$、$\dfrac{H7}{p6}$ 在基本尺寸≤3mm 和 $\dfrac{H8}{r7}$ 在基本尺寸≤100mm 时，为过渡配合。

　　② 标注▼的配合为优先配合。常用59，优先13。

表2-7 中，当轴的公差≤IT7 时，与低一级的基准孔相配合；≥IT8 时，与同级基准孔相配合。

表 2-8　基轴制常用及优先配合

基准轴	孔																				
	A	B	C	D	E	F	G	H	JS	K	M	N	P	R	S	T	U	V	X	Y	Z
	间隙配合								过渡配合				过盈配合								
h5						F6/h5	G6/h5	H6/h5	JS6/h5	K6/h5	M6/h5	N6/h5	P6/h5	R6/h5	S6/h5	T6/h5					
h6						F7/h6	▼G7/h6	▼H7/h6	JS7/h6	▼K7/h6	M7/h6	▼N7/h6	▼P7/h6	R7/h6	▼S7/h6	T7/h6	▼U7/h6				
h7					E8/h7	▼F8/h7		▼H8/h7	JS8/h7	K8/h7	M8/h7	N8/h7									

基准孔	轴																				
	A	B	C	D	E	F	G	H	JS	K	M	N	P	R	S	T	U	V	X	Y	Z
	间隙配合								过渡配合			过盈配合									
H8				$\dfrac{D8}{h8}$	$\dfrac{E8}{h8}$	$\dfrac{F8}{h8}$		$\dfrac{H8}{h8}$												
h9				▼$\dfrac{D9}{h9}$	$\dfrac{E9}{h9}$	$\dfrac{F9}{h9}$		▼$\dfrac{H9}{h9}$												
h10			$\dfrac{D10}{h10}$					$\dfrac{H10}{h10}$												
h11	$\dfrac{A11}{h11}$	$\dfrac{B11}{h11}$	▼$\dfrac{C11}{h11}$	$\dfrac{D11}{h11}$				▼$\dfrac{H11}{h11}$												
h12		$\dfrac{B12}{h12}$						$\dfrac{H12}{h12}$												

注 ①标注▼的配合为优先配合。常用47，优先13。

表 2-8 中，当孔的标准公差<IT8 或少数等于 IT8 时，与高一级的基准轴相配合，其余则与同级基准轴相配合。

第三节　一般公差

国家标准 GB/T 1804—2000《一般公差　未注公差的线性和角度尺寸的公差》是代替旧国标 GB/T 1804—1992 的新国标，它采用了国际标准 ISO 2768—1：1989《一般公差　第 1 部分：未标出公差的线性和角度尺寸的公差》。

（一）线性尺寸的一般公差的概念

线性尺寸的一般公差是指在车间普通工艺条件下，机床设备一般加工能力可保证的公差。在正常维护和操作情况下，它代表经济加工精度。

采用一般公差的尺寸在正常车间精度保证的条件下，一般可不检验。

未注尺寸公差标注如图 2-18 所示，一般公差可简化制图，使图样清晰易读；节省了图样设计时间，设计人员只要熟悉和应用一般公差的规定，可不必逐一考虑其公差值；突出了图样上注出公差的尺寸，以

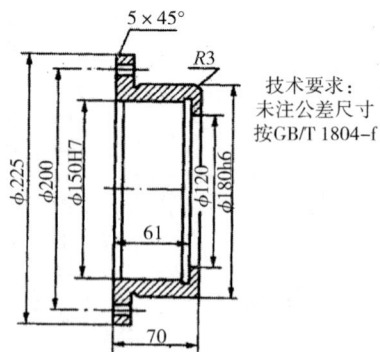

图 2-18　未注尺寸公差标注

便在加工和检验时引起重视。

（二）有关国标规定

线性尺寸的一般公差规定了四个公差等级。其公差等级从高到低依次为：精密级（f）、中等级（m）、粗糙级（c）、最粗级（v）。公差等级越低，公差数值越大。线性尺寸的极限偏差数值见表2-9，倒圆半径和倒角高度尺寸的极限偏差数值见表2-10，角度尺寸的极限偏差数值见表2-11。

表2-9 线性尺寸的极限偏差数值

公差等级	基本尺寸分段						
	0.5~3	>3~6	>30~120	>120~400	>400~1000	>1000~2000	>2000~4000
精密 f	±0.05	±0.05	±0.15	±0.2	±0.3	±0.5	—
中等 m	±0.1	±0.1	±0.3	±0.5	±0.8	±1.2	±2
粗糙 e	±0.2	±0.3	±0.8	±1.2	±2	±3	±4
最粗 v	—	±0.5	±1.5	±2.5	±4	±6	±8

表2-10 倒圆半径和倒角高度尺寸的极限偏差数值

公差等级	基本尺寸分段			
	0.5~3	>3~6	>6~30	>30
精密 f	±0.2	±0.5	±1	±2
中等 m				
粗糙 e	±0.4	±1	±2	±4
最粗 v				

表2-11 角度尺寸的极限偏差数值

公差等级	长度分段/mm				
	~10	>10~50	>50~120	>120~400	>400
精密 f	±1°	±30′	±20′	±10′	±5′
中等 m					
粗糙 e	±1°30′	±1°	±30′	±15′	±10′
最粗 v	±3°	±2°	±1°	±30′	±20′

第四节 常用尺寸公差与配合的选用原则与方法

公差与配合的选择是机械设计与制造中至关重要的一个环节，而公差与配合的选择实质上是尺寸的精度设计。尺寸精度设计包括配合制、公差等级及配合种类。尺寸精度设计是否恰当，对机械产品的使用性能、质量、互换性、制造成本等有很大影响。设计的原则是在满足使用要求的前提下尽可能获得最佳的技术经济效益。

一、配合制的选用

国家标准规定了基孔制和基轴制两种基准制，一般情况下，不论基孔制还是基轴制配合均可满足同样的使用要求。因此，在选用配合制时，应综合考虑和分析机械零部件的结构、工艺性、经济性等几方面。

（一）优先选用基孔制

在机械加工过程中，一般情况下，孔比轴难加工，设计时应优先选用基孔制配合。这是因为孔通常采用钻头、铰刀、拉刀等定值刀具加工，并且用极限量规（塞规）检验，当孔的公称尺寸和公差等级相同而基本偏差改变时，需要更换刀具、量具，而加工不同尺寸的轴可以采用一把刀具，用通用量具进行检验。所以，采用基孔制配合可减少孔公差带的数量，大大减少所用定值刀具和极限量规的规格和数量，从而获得显著的经济效益，同时有利于刀具、量具的标准化和系列化。如图 2-19（a）所示为连杆小头孔和衬套的配合，为使相配合两零件为一个整体，又不至于安装时压坏衬套，采用基孔制的过盈配合；如图 2-19（b）所示为滑轮和心轴的配合，为使滑轮在轴上自由转动，采用基孔制的间隙配合。

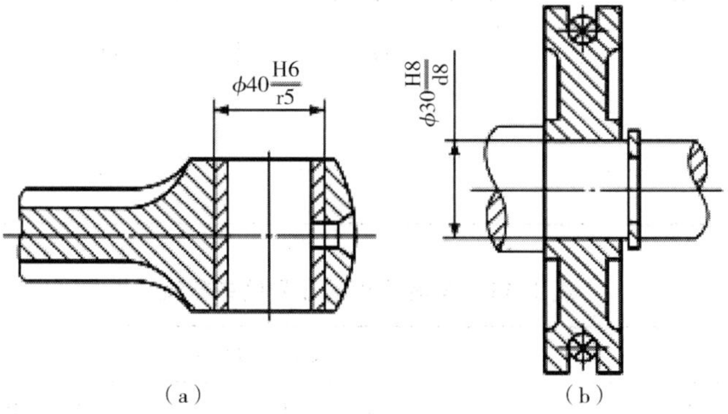

$$\phi 40 \frac{H6}{r5}$$

$$\phi 30 \frac{H8}{d8}$$

（a）　　　　　　　　（b）

图 2-19　优先选用基孔制

（二）其次选用基轴制

在有些特殊的情况下采用基轴制配合比较合理。

1. 冷拉棒料无须切削加工而直接制造的零件

在纺织、农业等机械零部件制造中常采用公差等级为 IT7～IT9 的冷拉棒料，其外径无须加工，可直接做成轴。在此情况下，应选用基轴制配合，可以减少冷拉棒料的尺寸规格。

2. 同一公称尺寸的轴上需装配几个具有不同配合性质的零件

在结构上，当同一公称尺寸的轴上需要装配几个具有不同配合性质的零件时，应选用基轴制配合。

图 2-20 所示为活塞销 1 与连杆 3 及活塞 2 的配合。根据要求，活塞销与活塞应为过渡配合，而活塞销与连杆之间有相对运动，应为间隙配合。如果三段配合均选基孔制配合，则应为 φ30H6/m5、φ30H6/h5 和 φ30H6/m5，公差带如图 2-20（b）所示。此时必须将轴做成台阶轴才能满足各部分配合要求，这样做既不便于加工，又不利于装配。如果改用基轴制配合，则三段的配合可改为 φ30M6/h5、φ30H6/h5 和 φ30M6/h5，其公差带如图 2-20（c）所示，将活塞销做成光轴，既方便加工，又利于装配。

码 2-5 基准制选用

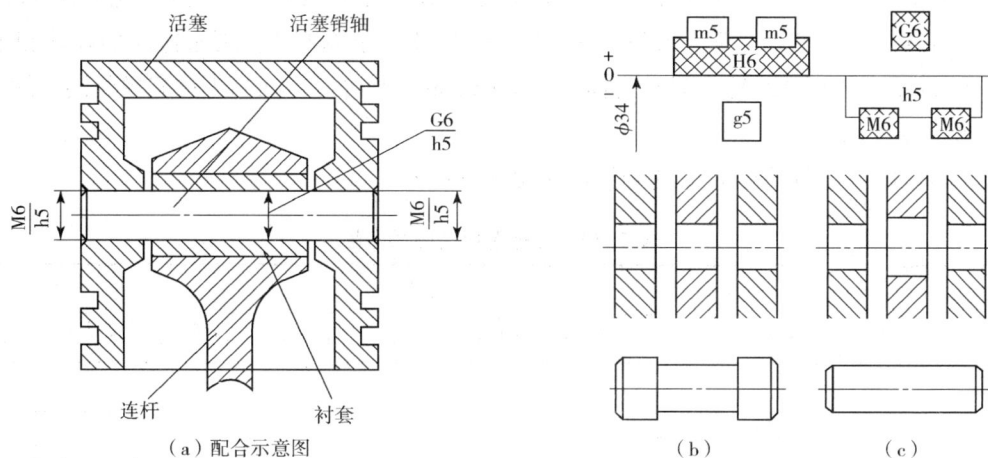

（a）配合示意图

（b）　　　　（c）

图 2-20 活塞装配

3. 与标准件相配合的孔或轴应以标准件为基准件来确定配合制

如图 2-21 所示，滚动轴承为标准件，滚动轴承的外圈与壳体孔的配合应选用基轴制配合，其公差带为 φ110J7；滚动轴承内圈与轴颈的配合应选用基孔制配合，其公差带为 φ50k6。

（三）特殊情况选用非配合制

为了满足特殊的配合要求，允许任一孔、轴公差带组成非基准制配合，即配合代号中不包含基本偏差为 H 与 h 的任一孔、轴公差带组成配合。如图 2-21 所示，轴承盖与轴承座内孔之间的配合，为了便于拆卸，采用了 φ110J7/f9 的间隙配合。

二、公差等级的选用

公差等级的选用是确定零件尺寸的加工精度，公差等级的高低直接影响产品使用性能和加工成本。因此，选用公差等级时，要正确处

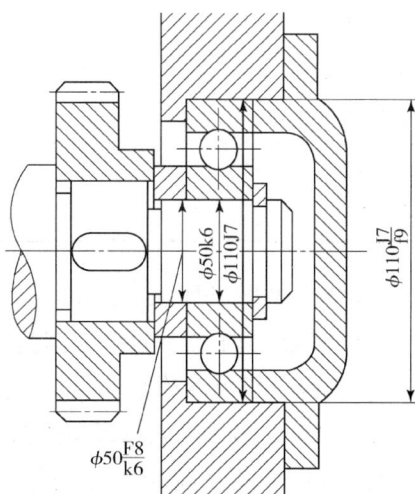

图 2-21 滚动轴承装配

理使用要求、制造工艺和成本之间的关系。公差等级选用的基本原则为：在满足使用要求的前提下，尽量选取低的公差等级。

（一）类比法选用公差等级

确定公差等级时常采用类比法，即从生产实践中总结、积累的经验资料为参考，并依据实际设计要求对其进行必要、适当的调整，形成最后的设计结果。在采用类比法选用公差等级时应考虑以下几个方面。

1. 孔、轴加工的工艺等价性

工艺等价性是指孔和轴的加工难易程度应基本相同，对于公称尺寸≤500mm 的较高等级的配合，由于孔比同级轴加工困难，当公差等级≤IT8 时，国家标准推荐孔比轴低一级的不同级配合，如 H8/m7、H7/u6 等；当公差等级等于 IT8 或大于 IT9 时，国家标准推荐孔和轴同级配合，如 H8/f8、H10/d10 等；对于公称尺寸≥500mm 的配合，一般采用孔和轴的同级配合。

2. 加工能力

国家标准推荐的各公差等级的应用范围见表 2-12。

表 2-12　公差等级的应用范围

应用		公差等级（IT）																		
		01	0	1	2	3	4	5	6	7	8	9	10	11	12	13	14	15	16	17	18
量块		—	—	—																	
量规	高精度				—	—	—	—													
	低精度						—	—	—	—											
孔与轴配合	特别精密配合 轴				—	—	—	—													
	特别精密配合 孔					—	—	—	—												
	特别精密配合 轴					—	—	—	—	—											
	特别精密配合 孔						—	—	—	—											
	中等精度 轴									—	—	—	—								
	中等精度 孔										—	—	—								
	低精度													—	—	—	—				
非配合尺寸 原材料公差											—	—	—	—	—	—	—	—	—	—	—

（1）公差等级的选用原则。

① IT01、IT0、IT1 级一般用于高精度量块和其他精密尺寸标准块的公差，它们大致相当于量块的 1、2、3 级精度的公差。

② IT2~IT5 级用于特别精密零件的配合。

③ IT5~IT12 级用于配合尺寸公差。其中 IT5（孔到 IT6）级用于高精度和重要的配合。例如精密机床主轴的轴颈、主轴箱体孔与精密滚动轴承的配合，车床尾座孔和顶尖套筒的配

合，内燃机中活塞销与活塞销孔的配合等。

④IT6（孔到 IT7）级用于要求精密配合的情况。例如机床中一般传动轴和轴承的配合，齿轮、带轮和轴的配合，内燃机中曲轴和轴套的配合。这个公差等级在机械制造中应用较广，国标推荐的常用公差带用于较重要的场合。

⑤IT7～IT8 级用于一般精度要求的配合。例如一般机械中速度不高的轴与轴承的配合，在重型机械中用于精度要求稍高的配合，在农业机械中则用于较重要的配合。

⑥IT9～IT10 级常用于一般要求的地方，或精度要求较高的槽宽的配合。

⑦IT11～IT12 级用于不重要的配合。

⑧IT12～IT18 级用于未标注尺寸公差的尺寸精度，包括冲压件、铸锻件及其他非配合尺寸的公差等。

（2）选用公差等级时，除了还要考虑其他因素。

①相配合零部件的精度要匹配，如齿轮孔和轴的配合，它们的公差等级取决于齿轮的精度等级，与滚动轴承相配合的外壳孔和轴颈的公差等级取决于滚动轴承的精度等级。

②加工零件的经济性，图 2-21 中滚动轴承盖和轴承座内孔的配合，允许选用较大间隙配合，且配合公差很大。由于轴承座内孔的公差等级由轴承的精度等级决定，因此，满足这样的使用要求，轴承盖的公差等级可以分别比轴承座内孔低 2～3 级，以利于降低加工成本。

各种加工方法可以达到的精度等级见表 2-13。

表 2-13　各种加工方法可以达到的精度等级

加工方法	公差等级（IT）																			
	01	0	1	2	3	4	5	6	7	8	9	10	11	12	13	14	15	16	17	18
研磨	━	━	━	━	━	━	━													
珩磨						━	━	━	━											
圆磨							━	━	━	━										
平磨							━	━	━	━										
金刚石车							━	━	━											
金刚石镗削							━	━	━											
铰孔								━	━	━	━									
车									━	━	━	━	━							
镗									━	━	━	━	━							
铣										━	━	━	━							
刨、插												━	━							
钻孔												━	━	━						
液压、挤压												━	━							

加工方法	公差等级 (IT)																			
	01	0	1	2	3	4	5	6	7	8	9	10	11	12	13	14	15	16	17	18
冲压												—	—	—	—	—				
压铸													—	—	—	—				
粉末冶金成型								—	—	—										
粉末冶金烧结									—	—	—									
砂型铸造、气割、锻造																		—	—	

（二）计算法选用公差等级

在工程实践中，某些配合根据使用要求，可以确定配合的极限间隙或极限过盈的允许变化范围，计算得到配合公差的允许值，通过查表法，将配合公差合理分配，并确定孔、轴的公差。

【例 2-7】 基本尺寸为 $\phi80\text{mm}$，要求配合的最大间隙为 $+140\mu\text{m}$，最小间隙为 $+60\mu\text{m}$。试查表确定孔、轴的公差等级。

解： 由 $T_f = X_{max} - X_{min} = T_h + T_s$

得：$T_f = +140 - (+60) = 80\mu\text{m}$

查表：$IT8 = 46\mu\text{m}$，$IT7 = 30\mu\text{m}$，故取孔为 IT8 级，轴为 IT7 级。

三、配合的选用

配合的选用主要是为了解决结合零件孔与轴在工作时的相互关系，以保证机器正常工作。在设计中，确定了配合制之后，根据使用要求所允许的配合性质来确定与基准件相配合的孔、轴的基本偏差代号或公差带。选用时应尽可能选用优先配合和常用配合，如果优先配合与常用配合不能满足要求时，可选标准推荐的一般用途的孔、轴公差带，按使用要求组成需要的配合。若仍不能满足使用要求，还可从国际标准所提供的 544 种轴公差带和 543 种孔公差带中选取合适的公差带，组成所需的配合。

（一）配合的类别

根据配合部位的功能要求，确定配合的类别。功能要求及对应的配合类别见表 2-14，可按表中的情况选择。

1. 配合类型的选用

（1）间隙配合。当孔、轴有相对运动要求时，一般应选用间隙配合。要求精度定位且便于拆卸的静连接，结合件之间有缓慢移动或转动的动连接可选用间隙小的间隙配合。当配合精度要求不高，需要拆卸时，可选用间隙较大的间隙配合。间隙配合的性能特征见表 2-15。基孔制的间隙配合，轴的基本偏差代号为 a~h；基轴制的间隙配合，孔的基本偏差代号为 A~H。

表 2-14　功能要求及对应的配合类别

功能要求			配合类别
无相对运动	要传递转矩	要精确同轴	永久结合	过盈配合
		可拆结合	过渡配合或基本偏差为 H（h）[1]的间隙配合加紧固件[2]
		不要精确同轴	间隙配合加紧固件
	不需要传递转矩		过渡配合或轻的过盈配合
有相对运动	只有移动		基本偏差为 H（h）、G（g）等间隙配合
	转动或转动和移动形成的复合运动		基本偏差为 A～F（a～f）等间隙配合

[1]指非基准件的基本偏差代号。

[2]紧固件指键、销钉和螺钉等。

表 2-15　各种间隙配合的性能特征

基本偏差代号	a、b（A、B）	c（C）	d（D）	e（E）	f（F）	g（G）	h（H）
间隙大小	特大间隙	很大间隙	大间隙	中等间隙	小间隙	较小间隙	很小间隙 $X_{min}=0$
配合松紧程度	松 ————————————————————————→ 紧						
定心要求	无对中、定心要求					略有定心功能	有一定定心功能
摩擦类型	紊流液体摩擦		层流液体摩擦				半液体摩擦
润滑性能	差 ————————→ 好 ←———————————————— 差						
相对运动速度		慢速转动	高速转动		中速转动	低速转动或移动（或手动移动）	

（2）过渡配合。孔轴之间有同轴精确定位，结合件之间无相对运动，可拆卸的静连接，可选用过渡配合。过渡配合的性能特征见表 2-16。基孔制的过渡配合，轴的基本偏差代号为 js～m（n、p）；基轴制的过渡配合，孔的基本偏差代号为 JS～M（N）。

表 2-16　各种过渡配合的性能特征

基本偏差	js（JS）	k（K）	m（M）	n（N）
间隙或过盈量	过盈率很小，稍有平均间隙	过盈率中等，平均间隙（过盈）接近零	过盈率较大，平均过盈较小	过盈率大，平均过盈稍大

基本偏差	js（JS）	k（K）	m（M）	n（N）
定心要求	可达较好的定心精度	可达较高的定心精度	可达精密的定心精度	可达极精密的定心精度
装配和拆卸性能	木槌装配，拆卸方便	木槌装配，拆卸比较方便	最大过盈时需要相当的压入力，可以拆卸	用锤或压力机装配，拆卸困难

（3）过盈配合。孔与轴之间需要传递扭矩，又不需要拆卸的静连接，可选用过盈配合。过盈配合的性能特征见表2-17。基孔制的过盈配合，轴的基本偏差代号为（n、p）r~zc；基轴制的过盈配合，孔的基本偏差代号为（N）P~ZC。

表2-17　各种过盈配合的性能特征

基本偏差	p、r （P、R）	s、t （S、T）	u、v （U、V）	x、y、z （X、Y、Z）
过盈量	较小与小的过盈	中等与大的过盈	很大的过盈	特大的过盈
传递扭矩的大小	加紧固件传递一定的扭矩与轴向力，属轻型过盈配合；不加紧固件可用于准确定心，仅传递小扭矩，需轴向定位部位	不加紧固件传递较小的扭矩与轴向力，属中型过盈配合	不加紧固件可传递大的扭矩与动荷载，属重型过盈配合	需传递特大扭矩和动荷载，属特重型过盈配合
装配和拆卸性能	装配时使用吨位小的压力机，用于需要拆卸的配合	用于很少拆卸的配合	用于不拆卸（永久结合）的配合	

注　（1）p（P）与r（R）在特殊情况下可能为过渡配合，如当基本尺寸<3mm时，H7/p6为过渡配合，当基本尺寸<100mm时，H8/r7为过渡配合。

（2）x（X）、y（Y）、z（Z）一般不推荐，选用时需经试验后可应用。

根据不同工作情况对选择的间隙量和过盈量可按表2-18进行调整。

表2-18　不同工作情况对选择的间隙量和过盈量的调整

具体工作情况		间隙量	过盈量	具体工作情况		间隙量	过盈量
工作温度	孔高于轴时	减小	增大	生产类型	单件小批量	增大	减小
	轴高于孔时	增大	减小		大批大量		减小
表面粗糙度较粗		减小	增大	材料的线膨胀系数	孔大于轴	减小	增大
配合面形位误差较大		增大	减小		孔小于轴	增大	减小
润滑油黏度较大		增大		两支承距离较大或多支承		增大	
经常拆卸			减小	工作中有冲击		减小	增大
旋转速度较高		增大	增大	有轴向运动		增大	
定心精度或配合精度较高		减小	增大	配合长度较大		增大	减小

（二）非基准件级基本偏差代号的选用

对于间隙配合，由于基本偏差的绝对值等于最小间隙，故可按最小间隙确定基本偏差代号；对于过盈配合，在确定基准件的公差等级后，即可按最小过盈确定基本偏差代号，并根据配合公差的要求确定孔、轴公差等级。优先配合选用说明参见表 2-19。

表 2-19　优先配合选用说明

优先配合		说　明
基孔制	基轴制	
H11/c11	C11/h11	间隙非常大，用于很松的、转动很慢的动配合，要求大公差与大间隙的外露组件，要求装配方便、很松的配合
H9/d9	D9/h9	间隙很大的自由转动配合，用于非主要配合，或有大的温度变化、高转速或有大的轴颈压力的配合部位
H8/f7	F8/h7	间隙不大的转动配合，用于中等转速与中等轴颈压力的精确转动，也用于装配较容易的中等精度的定位配合
H7/g6	G7/h6	间隙很小的滑动配合，用于不希望自由转动，但可自由移动和滑动，并且有精密定位要求的配合部位；也可用于要求明确的定位配合
H7/h6、H8/h7 H9/h9、H11/h11		均为间隙定位配合，零件可自由拆装，而工作时一般相对静止不动 在最大实体条件下的间隙为零；在最小实体条件下的间隙由公差等级及形状精度决定
H7/k6	K7/h6	过渡配合，用于精密定位
H7/n6	N7/h6	过渡配合，允许有较大过盈的更精密定位
H7/p6	P7/h6	过盈定位配合，即轻型过盈配合，用于定位精度高的配合部位，能以最好的定位精度达到部件的刚性及对中的性能要求。而对内孔承受压力无特殊要求，不依靠配合的紧固性传递摩擦负荷
H7/s6	S7/h6	中等压入配合，适用于一般钢件，或用于薄壁件的冷缩配合，用于铸铁件可得到最紧的配合
H7/u6	U7/h6	压入配合，适用于可以承受高压力的零件或不宜承受大压入力的冷缩配合

【例 2-8】基本尺寸为 $\phi 80$ mm，要求配合的最大间隙为 $+140\mu$m，最小间隙为 $+60\mu$m。若采用基孔制，试确定孔和轴的配合代号。

解：（1）选择公差等级：

由

$$T_f = X_{max} - X_{min} = T_h + T_s$$

得：$T_f = +140 - (+60) = 80\mu$m

查表：IT8 $= 46\mu$m，IT7 $= 30\mu$m，取孔为 IT8 级，轴为 IT7 级。

（2）选用基孔制，则孔的公差带代号为 $\phi 80$H8。

（3）选择配合种类：轴的基本偏差为上偏差，由 $| X_{min} | = | EI - es |$。

得：es = −60μm

查取附录一选取轴的基本偏差代号为 e，故轴的公差带代号为 $\phi80e7$，所选配合为 $\phi80H8/e7$。

（4）验算：$X_{max} = +0.136mm$，$X_{min} = 0.060mm$。

符合要求。

【例 2-9】公称尺寸为 $\phi25mm$，要求配合的最大间隙为 $+13μm$，最大过盈为 $-21μm$。若采用基孔制，试确定孔、轴的配合代号。

解：（1）选择公差等级

由 $T_f = |X_{max} - Y_{min}| = T_h + T_s$

得：$T_h + T_s = |13 - (-21)| = 34μm$

查表：IT7 = 21μm，IT6 = 13μm，取孔为 IT7 级，轴为 IT6 级。

（2）选用基孔制，则孔的公差带代号为：$\phi25H7_0^{+0.021}$。

（3）选择配合种类：轴的基本偏差为下偏差，由 $X_{max} = ES - ei$

得：$ei = ES - X_{max} = 21 - 13 = +8μm$

查取附录一选取轴的基本偏差代号为 m，故轴的公差带代号为 $\phi25m6_{+0.008}^{+0.021}$，所选配合为 $\phi25H7/m6$。

（4）验算：$X_{max} = ES - ei = 21 - 8 = +13μm$

$Y_{min} = EI - es = 0 - 21 = -21μm$

在 $+0.013mm \sim -0.021mm$ 之间，故所选符合要求。

【例 2-10】已知基本尺寸为 $\phi80mm$ 的一对孔、轴配合，要求过盈在 $-0.110 \sim -0.025mm$ 之间，试确定孔、轴的配合代号。

解：（1）选择公差等级：该配合性质为过盈配合，要求的配合公差为：

$$T_f = -0.025 - (-0.110) = 0.085mm$$

查公差数值表 2-4，取孔为 8 级，轴为 7 级：

$$IT8 = 0.046mm$$
$$IT7 = 0.030mm$$

$T_h + T_s = 0.076 < 0.085mm$，满足要求。

（2）优先选用基孔制，故孔的公差带代号为 $\phi80H8_0^{+0.046}$。

（3）选择配合种类：根据 $Y_{min} = ES - ei = -0.025mm$，

故 $ei = ES - Y_{min} = +0.046 - (-0.025) = +0.071mm$

由于配合性质为过盈配合，轴的下偏差即为基本偏差，查附录一，可得轴的基本偏差为 t，即公差带代号为 $\phi80t7_{+0.075}^{+0.105}$，所选配合为 $\phi80H8/t7$。

（4）验算：$Y_{min} = 0 - 0.105 = -0.105mm$，$Y_{max} = 0.046 - 0.075 = -0.029mm$。

符合要求。

☞ **思考题**

1. 尺寸公差、极限偏差和实际偏差之间有什么区别与联系?

2. 各种配合中孔、轴公差带的相对位置分别有什么特点? 各种配合类型主要应用于哪些工作场合?

3. 试验确定活塞与气缸壁之间在工作时的间隙应在 0.04~0.097mm 范围内, 假设在工作时活塞的温度 $t=150℃$, 气缸的温度 $t=100℃$, 装配温度 $t=20℃$, 气缸的线胀系数为 $\alpha_h=12\times 10^{-6}/℃$, 活塞的线胀系数为 $\alpha_s=22\times10^{-6}/℃$, 活塞与气缸的公称尺寸为 95mm。试求活塞与气缸的装配间隙, 并根据装配间隙确定合适的配合类型。

第三章 几何公差

零件在加工过程中，由于机床、刀具和加工工艺等因素的不完善以及加工中受力、受热产生变形、振动和磨损等的影响，使得被加工零件产生形状和位置误差（简称几何误差），如图 3-1 所示。

形状和位置误差对零件的使用性能产生诸多影响：

（1）零件的功能要求。如齿轮副的轴线平行度误差将影响齿轮工作齿面的接触不均匀性和载荷分布的不均匀性；蜗杆和蜗轮轴线的垂直度将影响其啮合质量，导致齿面过度磨损。

（2）零件的可装配性。如螺栓连接孔的位置误差将影响装配的难易程度。

（3）配合性质。如具有形状误差的轴和孔的配合，会因间隙不均匀而影响配合性能，过盈配合不均会影响连接强度，并造成局部磨损使寿命降低。

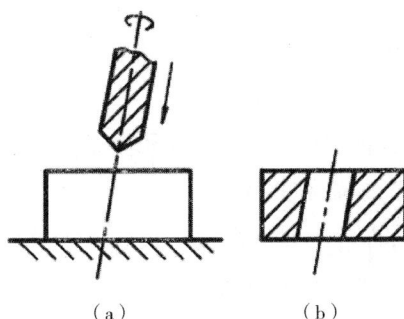

（a） （b）

图 3-1 形状和位置误差

形位误差越大，零件的几何参数的精度越低，其质量也越差。为了保证零件的互换性和使用要求，有必要规定零件的几何公差，用于限制几何误差。

根据国际标准，我国制定了有关几何公差的国家标准：

GB/T 1182—2018《产品几何技术规范（GPS）几何公差 形状、方向、位置和跳动公差标注》、GB/T 4249—2018《产品几何技术规范（GPS）基础概念、原则和规则》、GB/T 16671—2018《产品几何技术规范（GPS）几何公差 最大实体要求（MMR）、最小实体要求（LMR）和可逆要求（RPR）》、GB/T 17851—2010《产品几何技术规范（GPS）几何公差 基准和基准体系》、GB/T 1958—2017《产品几何技术规范（GPS）几何公差 检测与验证》等。此外，作为贯彻上述标准的技术保证，还发布了圆度、直线度、平面度、同轴度误差检验标准以及位置量规标准等。

第一节 基本术语和定义

构成机械零件几何特征的点、线、面统称为几何要素，如图 3-2 所示的零件就是由多种几何要素构成，其中构成几何体的面或面上的线为组成要素，如球面、圆锥面等；由一个或几个组成要素得到的中心点、中心线、中心面为导出因素，图 3-2 中球心、中心线等。

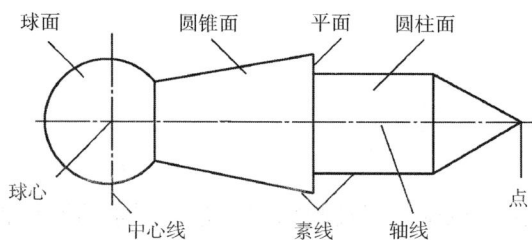

图 3-2　零件几何要素

一、几何要素的定义

1. 公称组成要素

公称组成要素是具有几何意义的要素，由技术制图或其他方法确定的理论正确组成要素。

2. 公称导出要素

公称导出要素是由一个或多个公称组成要素导出的中心点、轴线或中心平面。

3. 实际组成要素

实际组成要素是由接近实际（组成）要素所限定的工件实际表面的组成要素部分。由于存在加工误差，实际组成要素总是偏离公称组成要素。

4. 提取组成要素

按规定方法，提取组成要素是由实际组成要素提取有限数目的点所形成的实际组成要素的近似替代。测量时，由提取的值替代实际要素，由于测量误差的客观存在，因此提取组成要素并非该要素的真实状态。

5. 提取导出要素

提取导出要素是由一个或几个提取组成要素得到的中心点、中心线或中心面。提取圆柱面的导出中心线称为提取中心线；提取量相对平面的导出中心面称为提取中心面。

6. 拟合组成要素

按规定方法，拟合组成要素是由提取组成要素形成的并具有理想形状的组成要素。以最小二乘法拟合得到的圆柱体横截面、圆柱面称为最小二乘圆和最小二乘圆柱面。

7. 拟合导出要素

拟合导出要素是由一个或几个拟合组成要素得到的中心点、轴线或中心平面。圆柱面任意横截面上的导出中心点为拟合圆的圆心，圆柱面的导出中心线为拟合圆柱面的中心线。

由设计所给定的要素为公称要素，通过制造加工后客观存在的为实际要素，在检测过程中通过对工件测量得到的为提取要素，在评定过程中通过数据处理得到的为拟合要素。

几何要素定义间相互关系的结构框图如图 3-3 所示，其图解如图 3-4 所示。

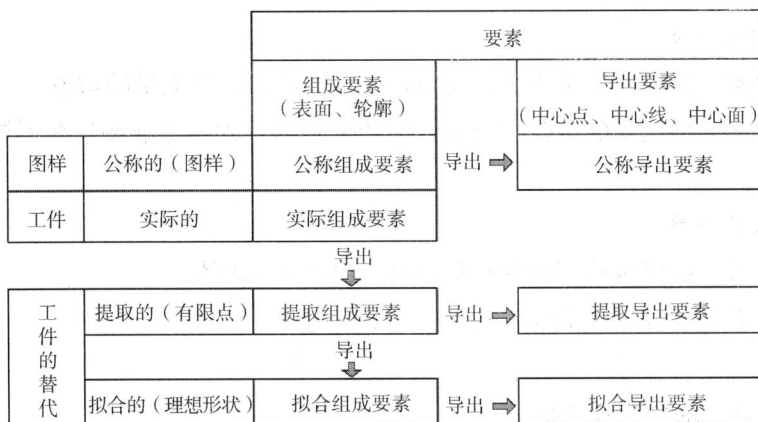

		要素		
		组成要素 （表面、轮廓）	导出要素 （中心点、中心线、中心面）	
图样	公称的（图样）	公称组成要素	导出 ⇒	公称导出要素
工件	实际的	实际组成要素		
工件的替代	提取的（有限点）	提取组成要素	导出 ⇒	提取导出要素
	拟合的（理想形状）	拟合组成要素	导出 ⇒	拟合导出要素

图 3-3　几何要素定义间相互关系的结构框图

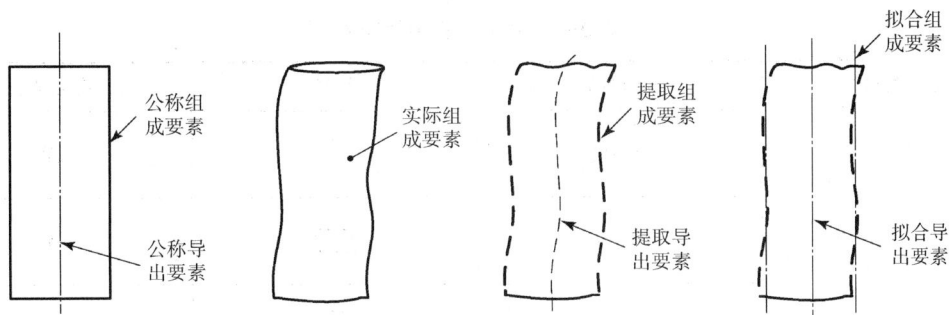

图 3-4　几何要素定义间的相互关系

二、几何要素的分类

1. 按结构特征分类

（1）组成要素（轮廓要素）。即构成零件外形为人们直接感觉到的点、线、面。

（2）导出要素（中心要素）。即轮廓要素对称中心所表示的点、线、面。其特点是不能被人们直接感觉到，而是通过相应的轮廓要素才能体现出来，如零件上的中心面、中心线、中心点等。

2. 按存在状态分类

（1）实际要素。即零件上实际存在的要素，可以通过测量反映出来的要素代替。

（2）理想要素。即具有几何意义的要素，是按设计要求，由图样给定的点、线、面的理想形

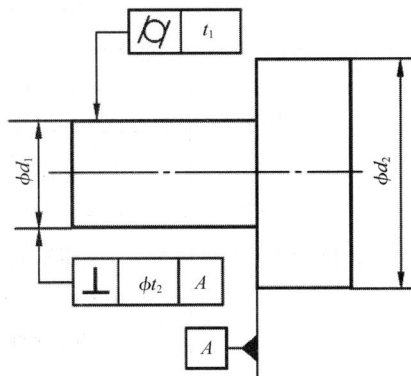

图 3-5　几何要素的分类

态；它不存在任何误差，是绝对正确的几何要素。理想要素是评定实际要素的依据，在生产中是不可能得到的。

3. 按所处部位分类

（1）被测要素。即图样中给出了几何公差要求的要素，是测量的对象。

（2）基准要素。即用来确定被测要素方向和位置的要素。基准要素在图样上都标有基准符号。

4. 按功能关系分类

（1）单一要素。即仅对被测要素本身给出形状公差的要素。

（2）关联要素。即与零件基准要素有功能要求的要素。

三、几何公差的项目及其符号

国家标准将几何公差分为 14 个项目，它们的名称和符号见表 3-1。

表 3-1　几何公差项目符号

公差类型	几何特征	符号	有无基准
形状公差	直线度	—	无
	平面度	▱	无
	圆度	○	无
	圆柱度	⌭	无
	线轮廓度	⌒	无
	面轮廓度	⌓	无
方向公差	平行度	//	有
	垂直度	⊥	有
	倾斜度	∠	有
	线轮廓度	⌒	有
	面轮廓度	⌓	有

公差类型	几何特征	符号	有无基准
位置公差	位置度	⊕	有或无
	同心度（用于中心点）	◎	有
	同轴度（用于轴线）	◎	有
	对称度	═	有
	线轮廓度	⌒	有
	面轮廓度	⌓	有
跳动公差	圆跳动	↗	有
	全跳动	↗↗	有

附加符号见表3-2。

表3-2　附加符号

说明	符号	说明	符号
被测要求	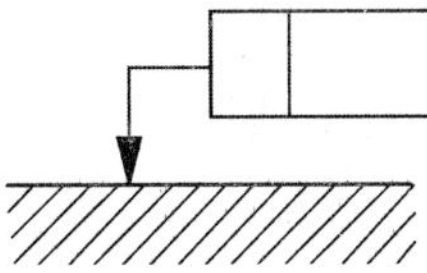	最小实体要求	Ⓛ
		自由状态条件（非刚性零件）	Ⓕ
		全周（轮廓）		
基准要素	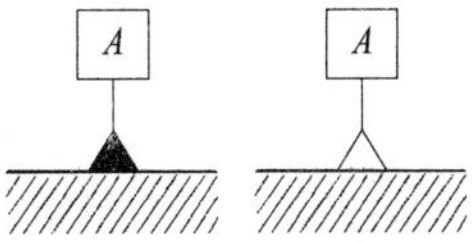 A　　　A	包容要求	Ⓔ
		公共公差带	CZ
		小径	LD
基准目标	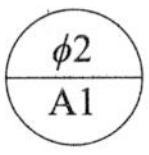 φ2/A1	大径	MD
		中径、节径	PD
理论正确尺寸	50	线索	LE
延伸公差带	Ⓟ	不凸起	NC
最大实体要求	Ⓜ	任意横截面	ACS

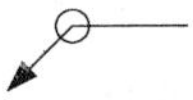

注　（1）GB/T 1182—1966中规定的基准符号为 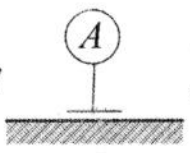 　，此符号已不再使用。

（2）如需标注可逆要求，可用符号Ⓡ见GB/T 16671—2018。

第二节　几何公差代号

根据国家标准 GB/T 1182—2018 规定，几何公差在技术图样上的标注一般采用几何公差代号进行标注，几何公差代号包括几何公差框格和指引线。

一、几何公差框格

几何公差标注时，公差要求写在两个或多个矩形框格内，如图 3-6 所示，各格自左至右顺序书写以下内容。

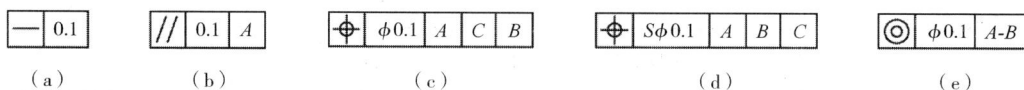

| — | 0.1 | | // | 0.1 | A | | ⊕ | φ0.1 | A | C | B | | ⊕ | Sφ0.1 | A | B | C | | ◎ | φ0.1 | A-B |

图 3-6　几何公差框格

1. 几何公差特征项目符号

根据被测要素的几何特征、功能要求及特征项目本身的特点综合考虑，在几何公差的 14 个项目中选取。

2. 公差值

公差值为线性尺寸（mm），如果公差带形状为圆形或圆柱形时，公差值前应加注符号 ϕ，如图 3-6（c）、（e）所示；如果是球形则加注 $S\phi$，如图 3-6（d）所示。

3. 基准

在方向公差、位置公差和跳动公差中被测要素的方向或（和）位置要求由基准确定，基准符号由标注在基准方框内的大写字母用细实线与一个三角形相连而成，如图 3-7 所示，方框内的大写字母必须竖直（水平）书写，表达基准，且不能采用如下字母 E、I、J、M、O、P、L、R、F。

图 3-7　基准符号

由一个要素建立的基准称为单一基准，如图 3-6（b）所示。

两个要素建立公共基准时，用中间加连字符的两个大写字母表示，如图 3-6（e）所示。

两个或三个基准建立基准体系时，表示基准的大写字母按基准的优先顺序自左至右填写在各框格内，如图 3-6（c）、（d）所示。

4. 其他符号

当某项公差应用几个相同要素时，符号应在公差格的上方被测要素的尺寸之前注明要素的个数，并在两者间加×，如图 3-8（a）、（c）所示。

当需要对某个要素给出几种几何特征的公差时，可将一个公差框格放在另一个框格的下方，如图 3-8（b）所示。

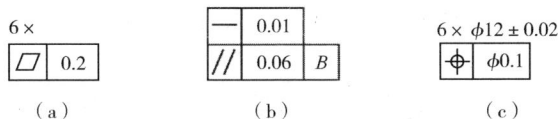

图 3-8　其他符号

二、指引线

指引线为终端带一箭头的细实线，如图 3-9 所示，由公差框格任意一侧引出，指向被测要素（不能同时引出），箭头的方向与公差带的宽度方向或直径方向一致，该方向为几何误差的测量方向或误差值评定方向。

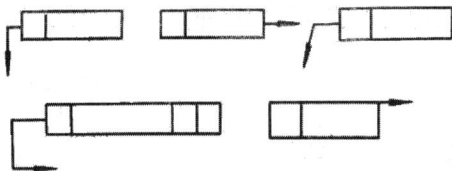

图 3-9　指引线

第三节　几何公差的标注

一、被测要素的标注

被测要素用指引线与公差框格相连。指引线引至框格的任意一侧，终端带一箭头。

1. 组成要素作为被测要素

当公差涉及轮廓线或轮廓面的组成要素时，箭头指向该组成要素的轮廓线或其延长线（应与尺寸线明显错开），如图 3-10（a）所示，箭头也可指向引出线的水平线，引出线引自被测面，如图 3-10（b）、（c）所示。

2. 导出要素作为被测要素

当公差涉及中心线、中心面或中心点等导出要素时，指引线的箭头应位于相应尺寸线的延长线上，如图 3-11 所示。

（a）　　（b）　　（c）

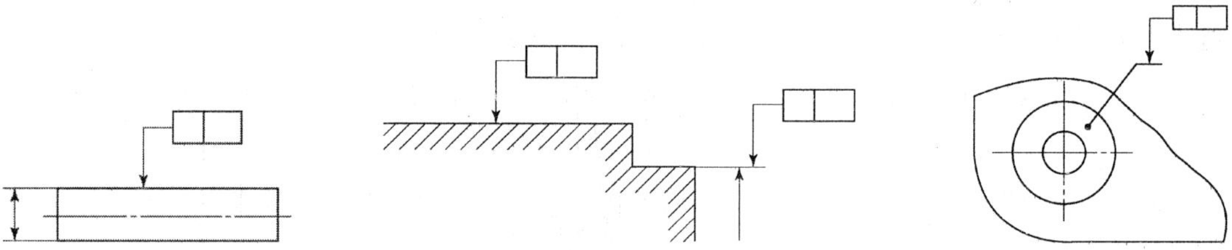

图 3-10　组成要素作为被测要素

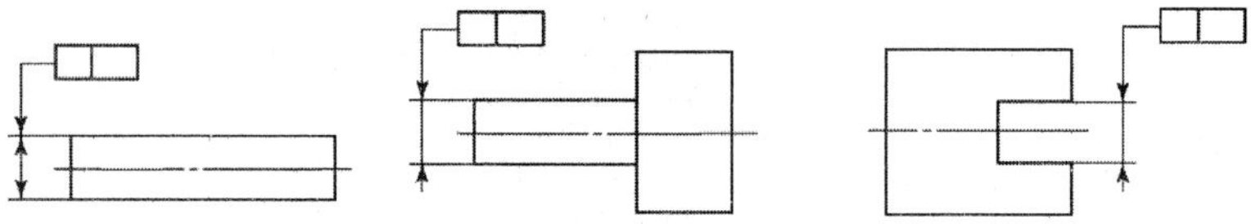

图 3-11　导出要素作为被测要素

二、基准要素的标注

1. 组成要素作为基准要素

当基准要素是轮廓线或轮廓面时，基准三角形放置在要素的轮廓线或延长线上，与尺寸线明显错开，如图 3-12（a）所示；也可放置在该轮廓面引出线的水平线上，如图 3-12（b）所示。

（a）　　（b）

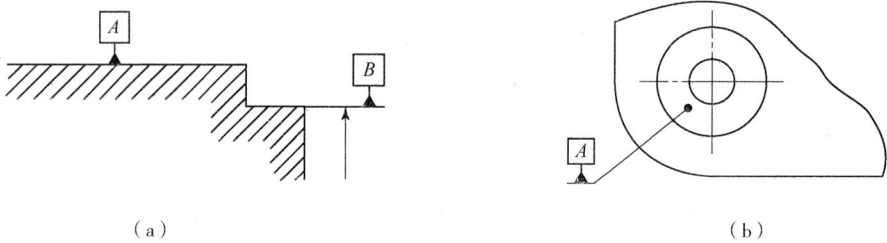

图 3-12　组成要素作为基准要素

2. 导出要素作为基准要素

当基准是尺寸要素确定的轴线、中心面或中心点等导出要素时，基准三角形放置在该尺寸线的延长线上，如图 3-13（a）～（c）所示。如果没有足够的空间，可用基准三角形代替基准要素尺寸的一个箭头，如图 3-13（c）所示。

（a）　　（b）　　（c）

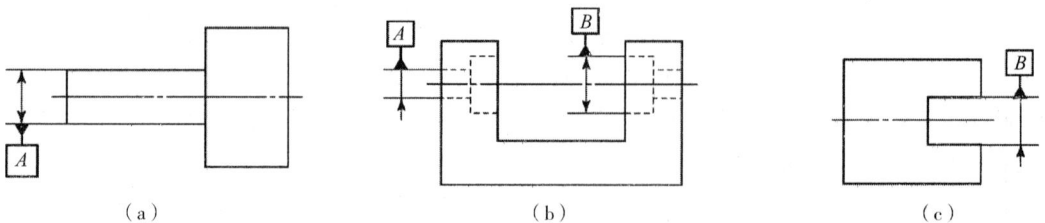

图 3-13　导出要素作为基准要素

如果只以要素的某一局部作为基准，则应用粗点画线表示出该部分并加注尺寸，如图 3-14 所示。

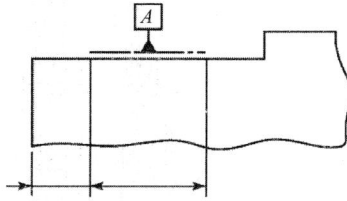

图 3-14　局部作为基准

三、附加规定的标注

（1）导出要素在一个方向上给定公差的标注。

①位置公差公差带的宽度方向为理论正确尺寸图框的方向，并按指引线箭头所指互呈 0 或 90°，如图 3-15（a）所示。

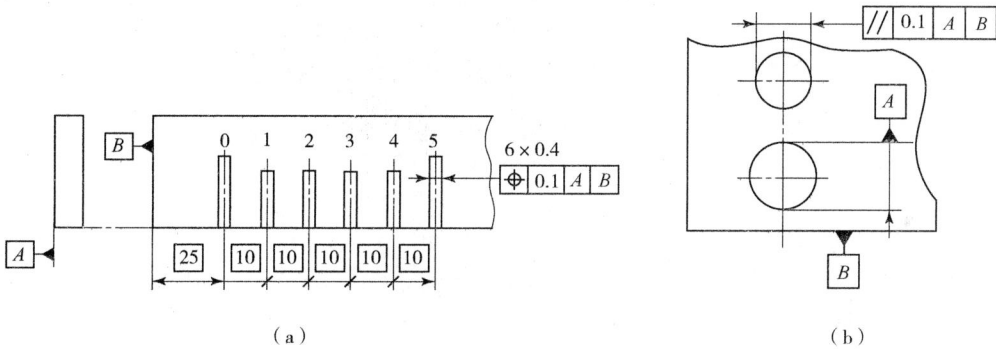

（a）　　　　　　　　　　　　　　　　（b）

图 3-15　导出要素在一个方向上的标注

②方向公差公差带的宽度方向为指引线箭头方向，与基准呈 0 或 90°，如图 3-15（b）所示。

（2）导出要素在两个方向上给定公差的标注。当同一基准体系中规定两个方向的公差时，它们的公差带是互相垂直的，如图 3-16 所示。

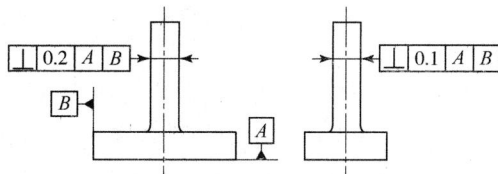

图 3-16　导出要素在两个方向上的标注

（3）一个公差框格可以用于具有相同几种特征和公差值的若干个分离要素，如图3-17所示。

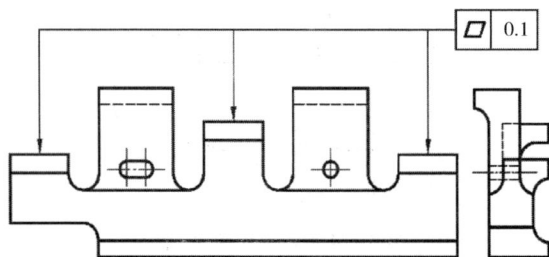

图3-17　分离要素的标注

（4）若干个分离要素给出单一公差带时，可按如图3-18所示在公差框格内公差值的后面加注公共公差带的符号CZ。

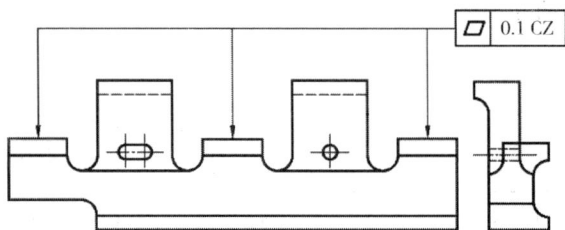

图3-18　公共公差带

（5）轮廓度特征适用于横截面的整周轮廓或由该轮廓所示的整周表面时，应采用"全周"符号表示，如图3-19所示。

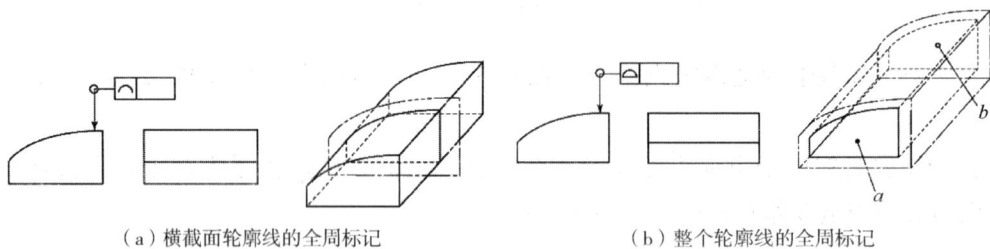

（a）横截面轮廓线的全周标记　　　　　　（b）整个轮廓线的全周标记

图3-19　全周标记

（6）以螺纹轴线为被测要素或基准要素时，默认为螺纹中径的轴线，否则应另有说明，例如用MD表示大径，用LD表示小径，如图3-20所示。以齿轮、花键轴线为被测要素或基准要素时，需要说明所指的要素，如用PD表示节径，用MD表示大径，用LD表示小径。

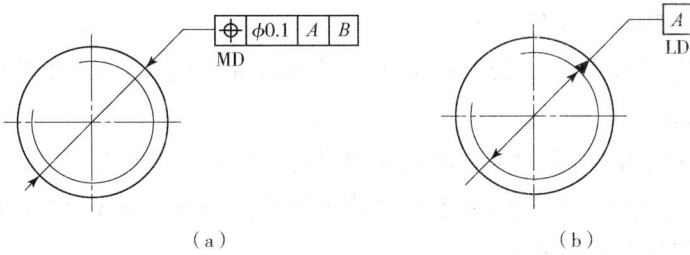

图 3-20 螺纹要素的附加标记

（7）理论正确尺寸。当给出一个或一组要素的位置、方向或轮廓公差时，分别用来确定其理论正确位置、方向或轮廓的尺寸称为理论正确尺寸，该尺寸没有公差，并标注在一个方框中，如图 3-21 所示。理论正确尺寸也用作确定基准体系中各基准之间方向关系的尺寸。

（a）理论正确位置 　　　　　　　　　　　　　　（b）理论正确角度

图 3-21 理论正确尺寸的标记

（8）需要对整个被测要素上任意限定范围标注同样几何特征的公差时，可在公差值的后面加注限定范围的线性尺寸值并在两者之间用斜线隔开，如图 3-22（a）所示。如果给出的公差仅适用于要素的某一指定局部，应采用粗点画线标出该局部的范围，并加注尺寸，如图 3-22（b）所示。

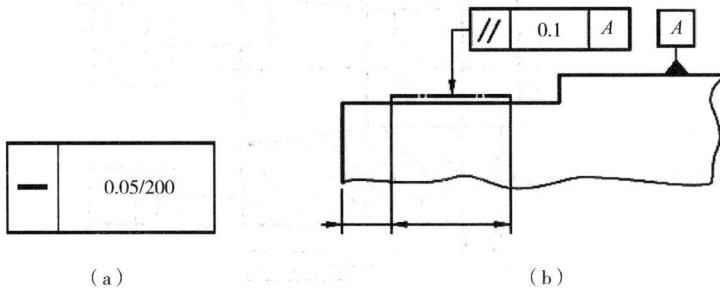

（a） 　　　　　　　　　　　　　　　（b）

图 3-22 限定性的标注

【例 3-1】 试将下列技术要求标注在图 3-23 中。

（1） ϕ30K7 和 ϕ50M7 采用包容要求。

（2） 底面 F 的平面度公差 0.02mm；ϕ30K7 孔和 ϕ50M7 孔的内端面对它们的公共轴线的圆跳动公差为 0.04mm。

（3） ϕ30K7 孔和 ϕ50M7 孔对它们的公共轴线的同轴度公差为 0.03mm。

（4） 6×ϕ11 对 ϕ50M7 孔的轴线和 F 面的位置度公差为 0.05mm；基准要素的尺寸和被测要素的位置度公差用最大实体要求。

解： 标注结果如图 3-24 所示。

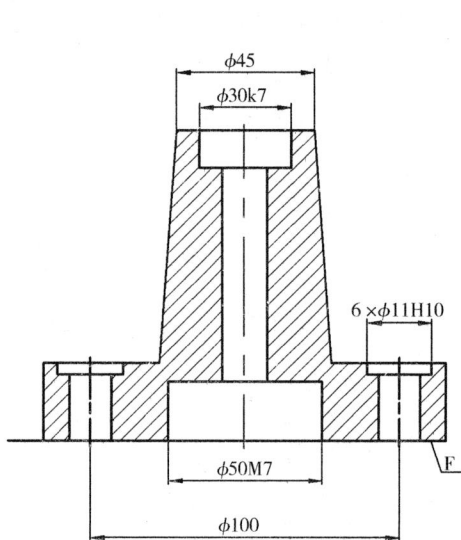

图 3-23　标注结果（一）

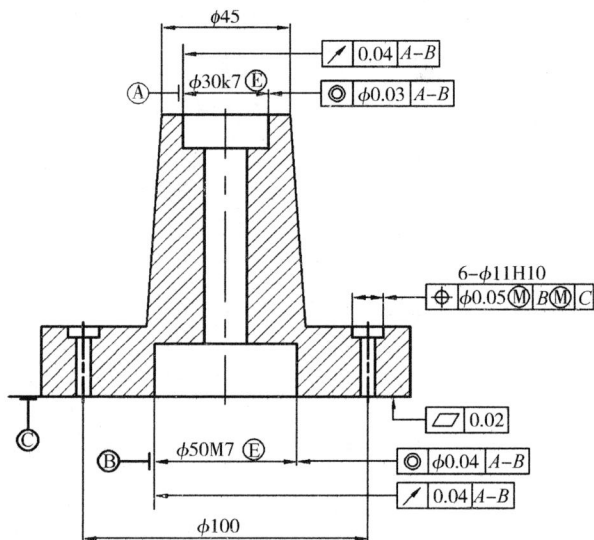

图 3-24　标注结果（二）

【例 3-2】 改正图 3-25 中几何公差标注的错误（不允许改变形位公差项目符合）。

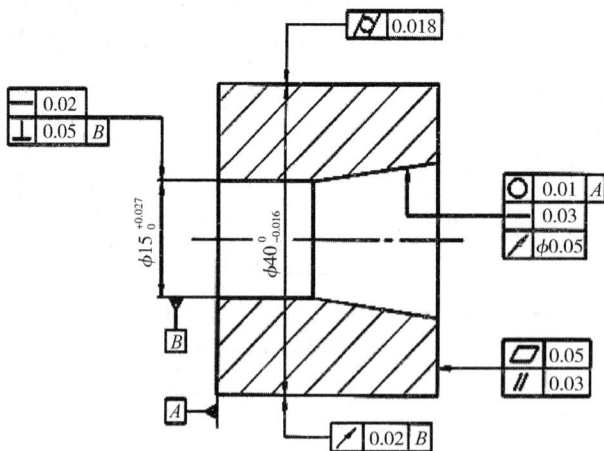

图 3-25　几何公差标注

解： 修改结果如图 3-26 所示。

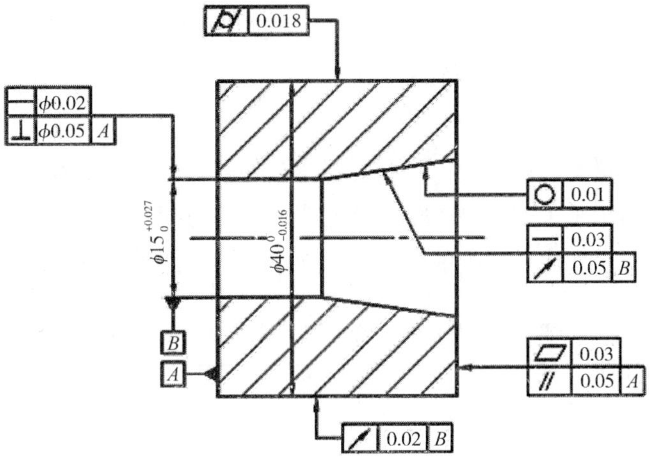

图 3-26　修改结果

第四节　几何公差及公差带

几何公差是用来限制零件本身的几何误差，它是实际被测要素的允许变动量。国家标准 GB/T 1182—2008 将几何公差分为形状公差、方向公差、位置公差和跳动公差。

几何公差带是由一个或几个理想的几何线或面所限定的，由线性公差值表示其大小的区域。几何公差带体现了被测要素的设计要求，也是加工和检验的依据，只要实际被测要素全部位于该区域内，则实际被测要素为合格，否则为不合格。

几何公差带的形状取决于被测要素的几何形状、几何公差特征项目和标注形式。几何公差带的主要形状为：

（1）圆内的区域；

（2）两同心圆之间的区域；

（3）两同轴圆柱面之间的区域；

（4）两等距离曲线之间的区域；

（5）两平行直线之间的区域；

（6）圆柱内的区域；

（7）两等距曲面之间的区域；

（8）两平行平面之间的区域；

（9）球内的区域。

一、形状公差

形状公差是单一实际被测要素对其理想被测要素的允许变动量，形状公差带是单一实际被测要素允许变动的区域，它不涉及基准。形状公差有直线度、平面度、圆度、圆柱度、无基准要求的线轮廓和无基准要求的面轮廓。

1. 直线度

直线度公差用于限制平面内或空间直线的形状误差，根据零件的功能要求不同，可分为给定平面内、给定方向上和任意方向的直线度要求。直线度公差带的定义、标注及注释见表 3-3，被限制的直线可以是平面内的直线、回转体的表面素线、平面与平面交线和轴线等。

表 3-3　直线度公差带的定义、标注及注释

项目	被测要素特征	定义	标注及注释
直线度	在给定平面内 码 3-1 直线度（一）	公差带为在给定平面内间距等于公差值 t 的两平行直线所限定的区域 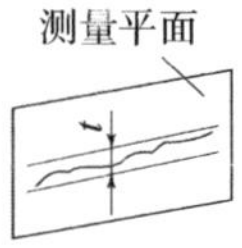 	在任一平行于图示投影面的平面内，上平面的提取（实际）线应限定在间距等于 0.1mm 的两平行直线之间 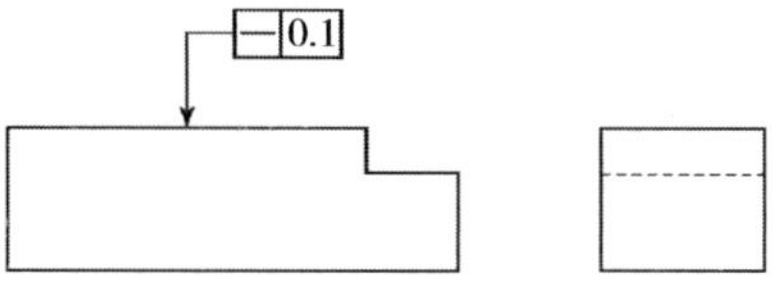
	在给定方向上 码 3-2 直线度（二）	公差带为间距等于公差值 t 的两平行平面所限定的区域 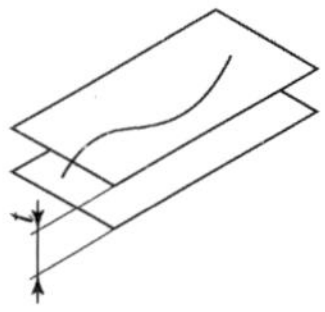 	提取（实际）的棱边限定在间距等于 0.1mm 的两平行平面之内 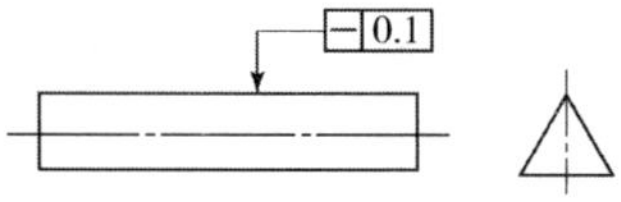
	在任意方向上 码 3-3 直线度（三）	公差带为直径等于 ϕ_t 的圆柱面所限定的区域。此时，在公差值前加注 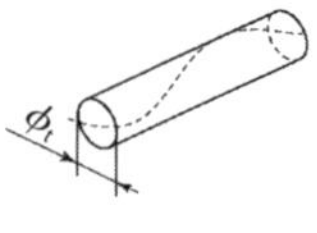 ϕ 	外圆柱面的提取（实际）中心线应限定在直径等于 $\phi 0.08$mm 的圆柱面内 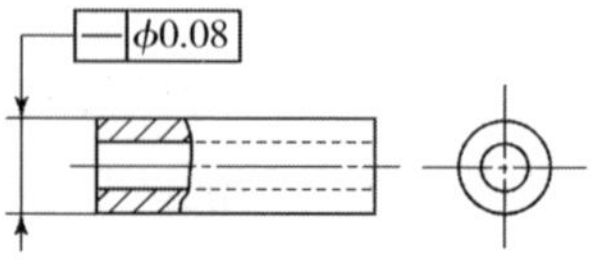

项目	被测要素特征	定义	标注及注释
平面度	单一实际平面	公差带为间距等于公差值 t 的两平行平面所限定的区域 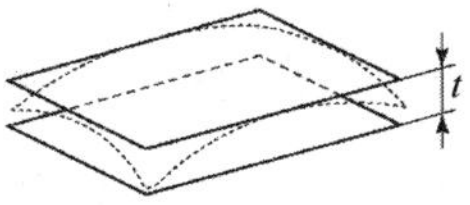	提取（实际）表面应限定在间距等于 0.08mm 的两平行平面内 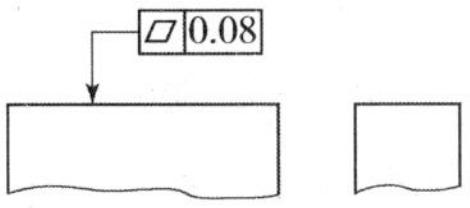
圆度	单一实际圆	公差带是在给定横截面上，半径差等于公差值 t 的两同心圆所限定的区域 任一横截面	在圆柱面任一横截面内，提取（实际）圆周应限定在半径差等于 0.03mm 的两共面同心圆之间 在圆锥面任一横截面内，提取（实际）圆周应限定在半径差等于 0.03mm 的同心圆之间
圆柱度	单一实际圆柱	公差带是半径差等于公差值 t 的两同轴圆柱面所限定的区域 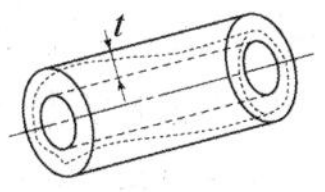	提取（实际）圆柱面应限定在半径差等于 0.1mm 的两同轴圆柱面之间 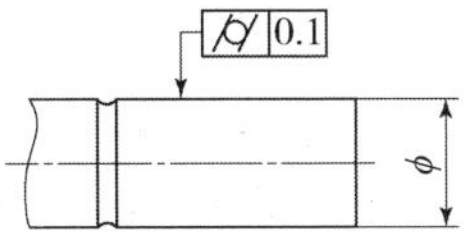

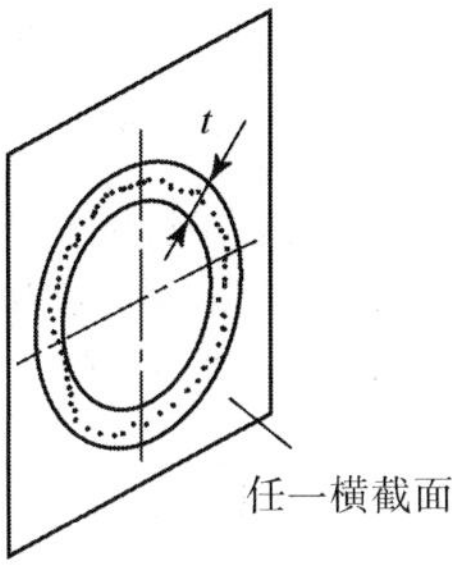

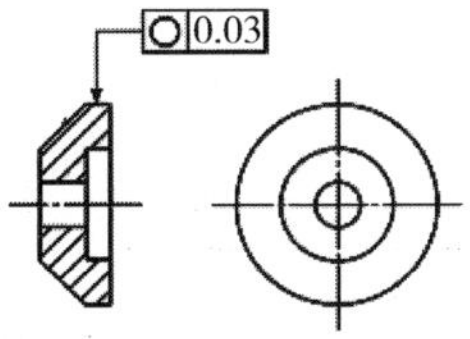

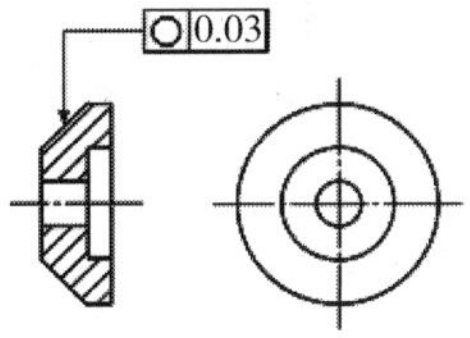

2. 平面度

实际被测要素对理想平面的允许变动量，平面度的公差带见表3-4。

3. 圆度

实际被测要素对理想圆的允许变动量。它是对圆柱面（圆锥面）的正截面和球体上通过球心的任一截面上的轮廓形状提出的形状精度要求，圆度的公差带见表3-3。标注圆度时指引线箭头应明显地与尺寸线箭头错开；标注圆锥面的圆度时，指引线箭头应与轴线垂直，而不应指向圆锥轮廓线的垂直方向。

4. 圆柱度

实际被测要素对理想圆柱面的允许变动量。它是对圆柱面所有正截面和纵向截面方向提出的综合性形状精度要求。圆柱度公差可以同时控制圆柱面纵、横截面各种形状误差。圆柱度公差带的定义、标注及注释见表 3-3。

轮廓度公差涉及的要素有曲线和曲面。轮廓度公差有两个项目：线轮廓度和面轮廓度。轮廓度公差在未标注基准时，其公差带的方位是浮动的，属于形状公差；标注基准时，其公差带的方位是固定的，属于位置公差，在控制被测要素相对于基准方位误差的同时，自然控制被测要素的轮廓形状误差。

5. 线轮廓度

线轮廓度是指在曲面上任一正截面上的实际轮廓线（曲线），线轮廓度公差带的定义和注释见表 3-4。

表 3-4 线轮廓度和面轮廓度公差带的定义、标注及注释

项目	被测要素特征	公差带定义	标注及注释
线轮廓度		公差带为直径等于公差值 t，且圆心位于具有理论正确几何形状上的一系列圆的两条包络线所限定的区域 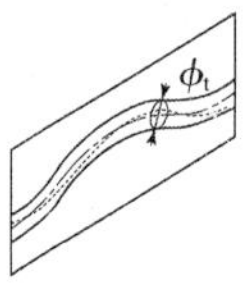 	在平行于图示投影面的任一截面内，提取（实际）轮廓线应限定在直径等于公差值 0.04mm，圆心位于被测要素理论正确几何形状上的一系列圆的两条包络线之间 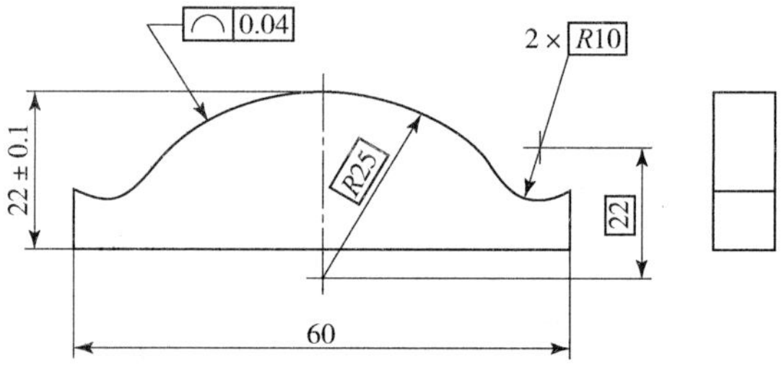
		公差带为直径等于公差值 t，且圆心位于由基准平面 A 和基准平面 B 确定的被测要素理论正确几何形状上的一系列圆的两条包络线所限定的区域 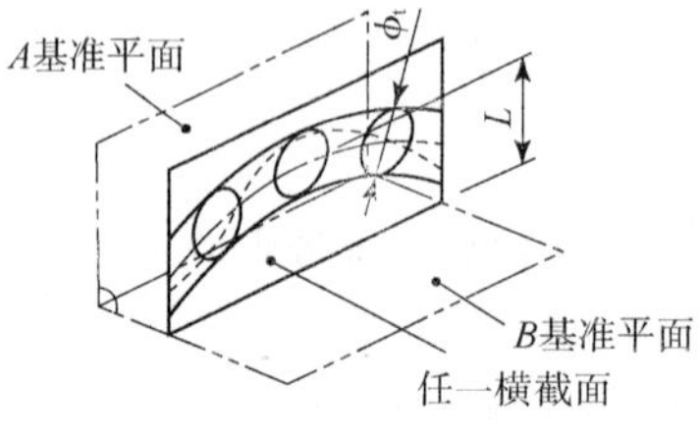 	在任一平行于图示投影面的任一截面内，提取（实际）轮廓线应限定在直径等于公差值 0.04mm，圆心位于由基准平面 A 和基准平面 B 确定的被测要素理论正确几何形状上的一系列圆的两条等距包络线之间 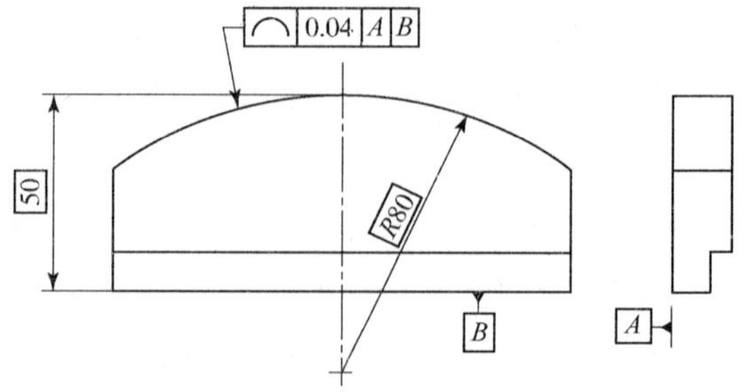

项目	被测要素特征	公差带定义	标注及注释
面轮廓度 ⌓		公差带为直径等于公差值 t，且球心位于被测要素理论正确几何形状上的一系列圆球的两个包络面所限定的区域 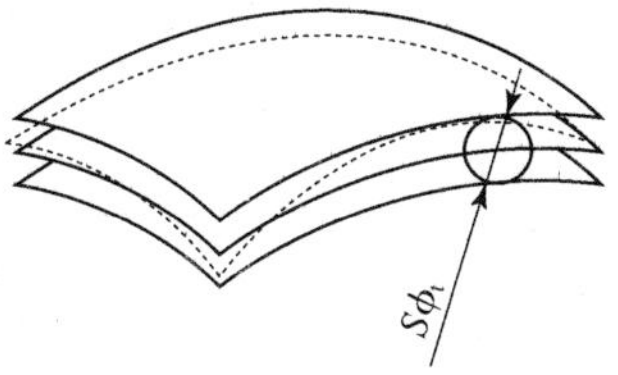	提取（实际）轮廓面应限定在直径等于公差值 0.04mm，球心位于被测要素理论正确几何形状上的一系列圆球的两个等距包络面之间 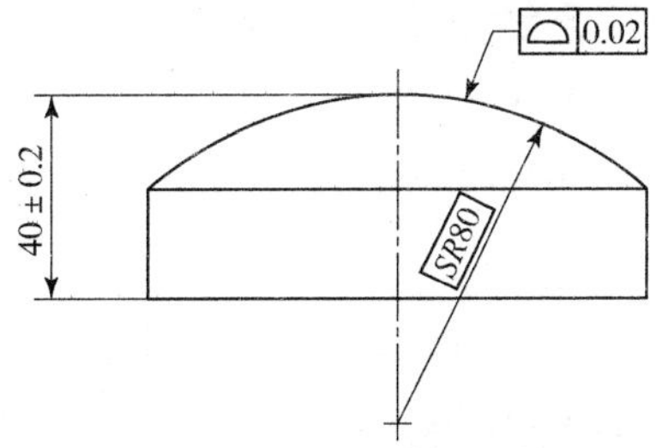
		公差带为直径等于公差值 t，且球心位于基准平面 A 确定的被测要素理论正确几何形状上的一系列圆球的两个包络面所限定的区域 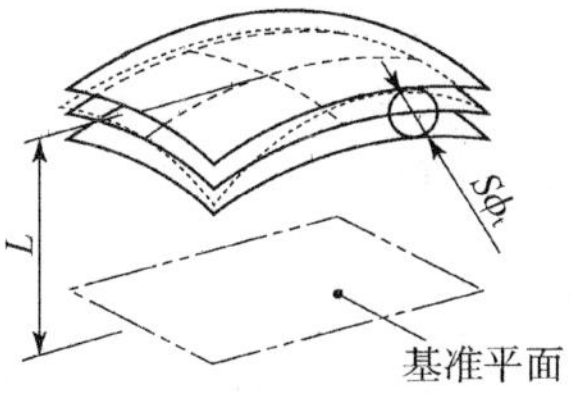	提取（实际）轮廓面应限定在直径等于公差值 0.1mm，球心位于由基准平面 A 确定的被测要素理论正确几何形状上的一系列圆球的两个等距包络面之间 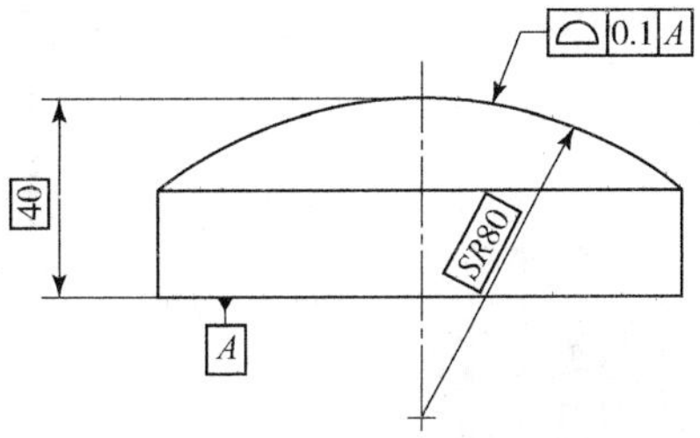

6. 面轮廓度

空间曲面与实际曲面，面轮廓度公差带的定义、标注和注释见表 3-4。

二、方向公差

方向公差是指被测要素对基准在方向上允许的变动量。方向公差分为平行度、垂直度和倾斜度，被测要素为直线和平面，基准要素有直线和平面。

方向公差带具有形状、大小和方向的要求，而其位置是浮动的。因此，方向公差带具有综合控制被测要素方向和形状的职能。被测要素给出方向公差后，仅在对其形状精度有进一步要求时，才另行给出形状公差，而形状公差值必须小于方向公差值。可以有线对基准线的平行度、线对基准面的平行度、面对基准线的平行度、面对基准面的平行度。

1. 平行度

平行度公差用于限制被测要素对基准要素平行的误差，平行度公差带的定义、标注和注释见表 3-5。

表 3-5　平行度公差带的定义、标注和注释

项目	被测要素特征	公差带定义	标注及注释
平行度	线对线 码 3-4 平行度（一）	公差带为距离公差值 t，且平行于基准轴线的两平行平面之间所限定的区域 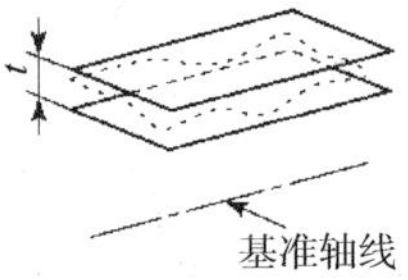 基准轴线	提取（实际）表面应限定在距离等于公差值 0.1mm，且平行于基准轴线 C 的两平行平面之间 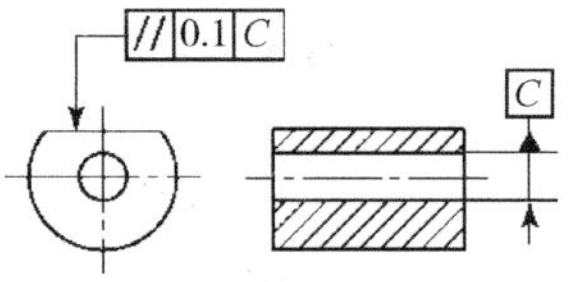
	面对基准面 码 3-5 平行度（二）	公差带为距离等于公差值 t，且平行于基准平面的两平行平面之间所限定的区域 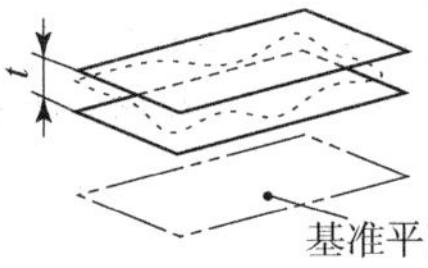 基准平面	提取（实际）表面应限定在距离等于公差值 0.01mm，且平行于基准平面 D 的两平行平面之间 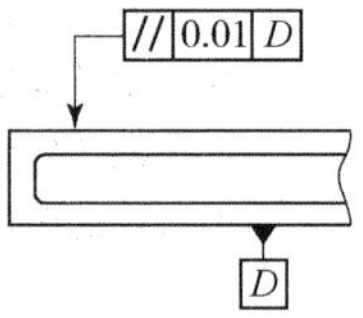
	线对基准面 码 3-6 平行度（三）	公差带为距离等于公差值 t，且平行于基准平面的两平行平面之间所限定的区域 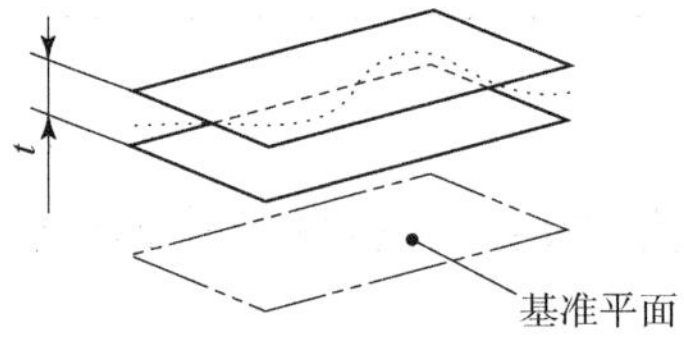 基准平面	提取（实际）中心线应限定在距离等于公差值 0.01mm，且平行于基准平面 B 的两平行平面之间 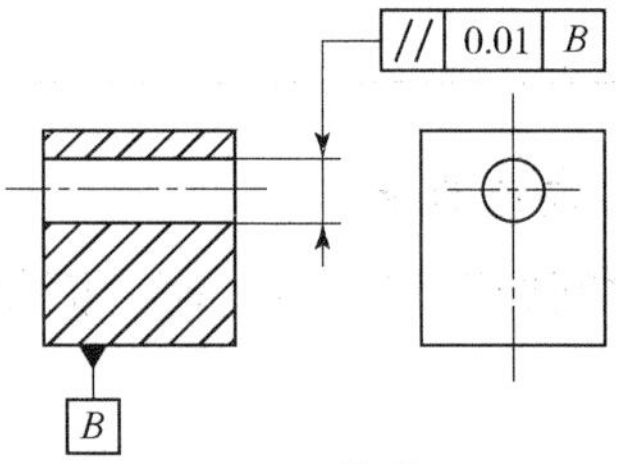
	线对基准线 码 3-7 平行度（四）	公差带为直径等于距离公差值 ϕ_t，且平行于基准轴线的圆柱面所限定的区域 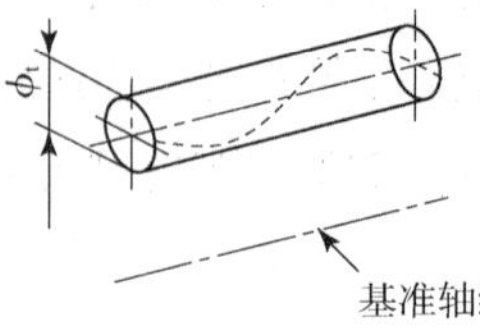 基准轴线	提取（实际）中心线应限定在直径等于公差值 $\phi0.03$mm，且平行于基准轴线 A 的圆柱面内 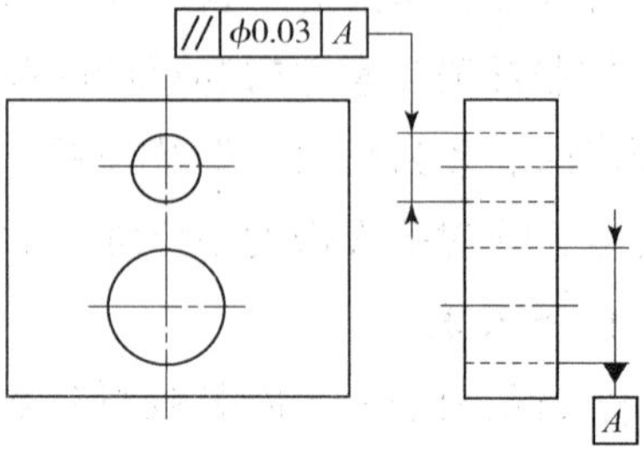

项目	被测要素特征	公差带定义	标注及注释
平行度	线对基准体系 码 3-8 平行度（五）	公差带为距离为公差值 t，且平行于基准轴线 A 和基准平面 B 的两平行平面所限定的区域 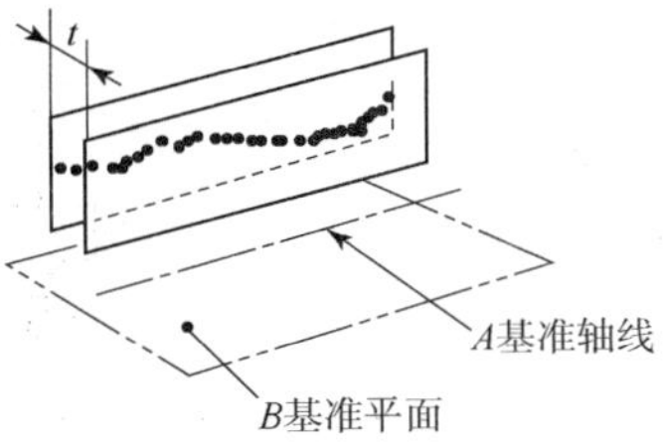 	提取（实际）中心线应限定在距离为公差值 0.1mm，且平行于基准轴线 A 和基准平面 B 的两平行平面之间 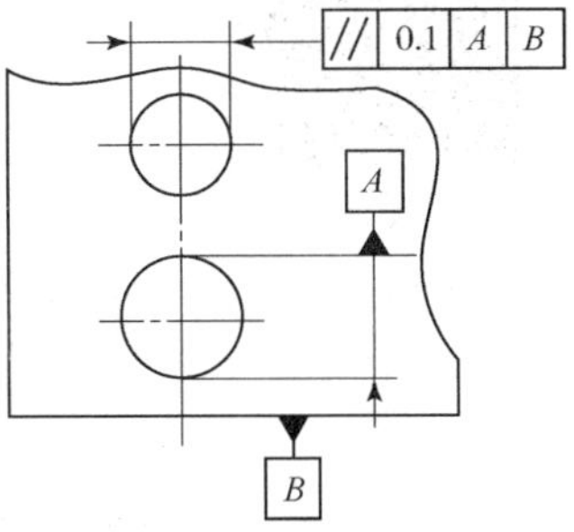

2. 垂直度

垂直度公差用于被测要素对基准要素垂直的误差，垂直度公差带的定义、标注和注释见表 3-6。

表 3-6　垂直度公差带的定义、标注和注释

项目	被测要素特征	公差带定义	标注及注释
垂直度 ⊥	线对基准体系	公差带为距离为公差值 t，且垂直于基准平面 A 和基准平面 B 的两平行平面所限定的区域 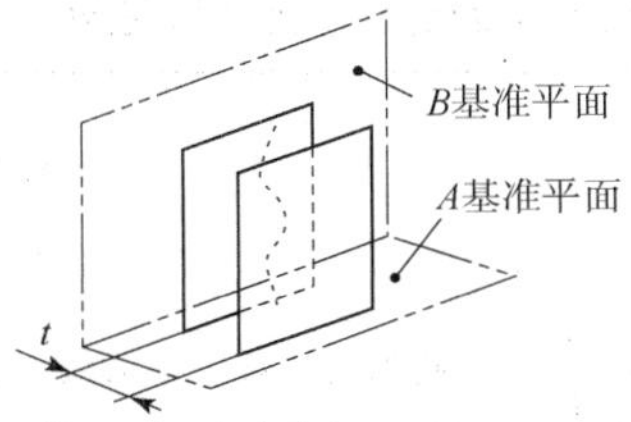 	提取（实际）中心线应限定在距离为公差值 0.1mm，且垂直于基准平面 A 和基准平面 B 的两平行平面之间 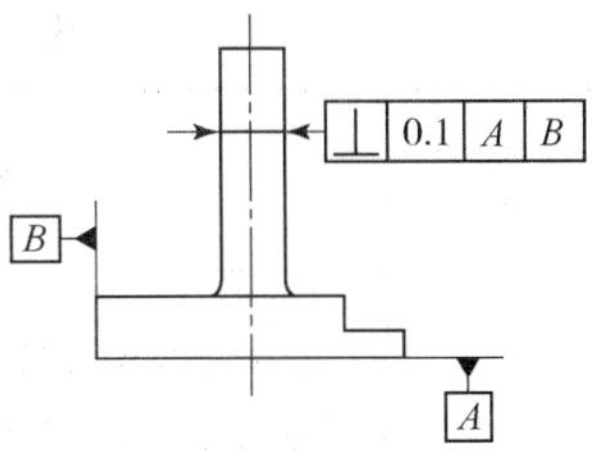
	线对基准线	公差带为直径等于距离公差值 t，且垂直于基准线的两平行平面所限定的区域 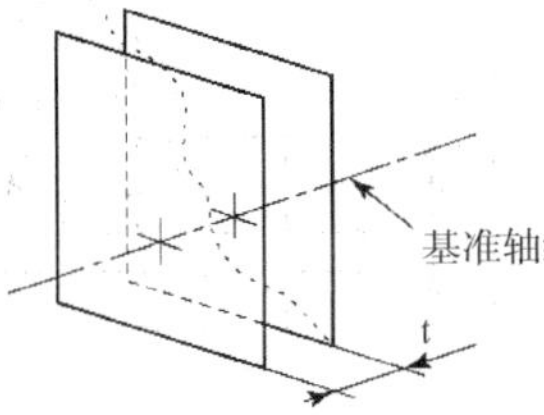 	提取（实际）中心线应限定在距离为公差值 0.06mm，且垂直于基准线 A 的两平行平面之间 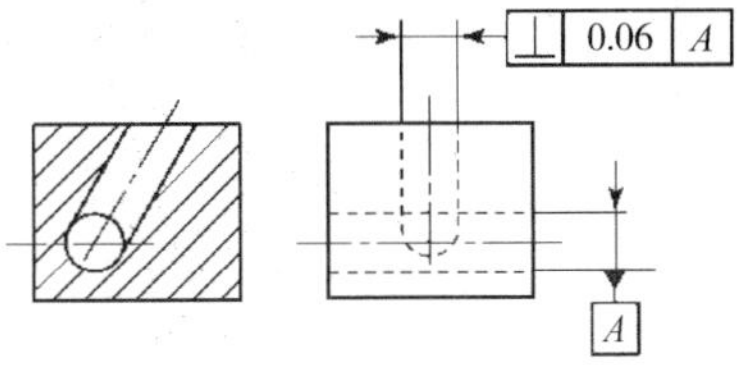

项目	被测要素 特征	公差带定义	标注及注释
垂直度 ⊥	线对基准面 码 3-9 给定任意方向 上垂直度	公差带为直径等于公差值 ϕ_t，且垂直于基准平面 A 的圆柱面所限定的区域 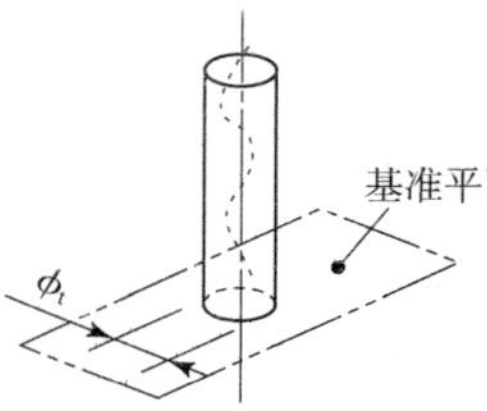 	提取（实际）中心线应限定在直径等于公差值 $\phi 0.01$mm，且垂直于基准平面 A 的圆柱面内 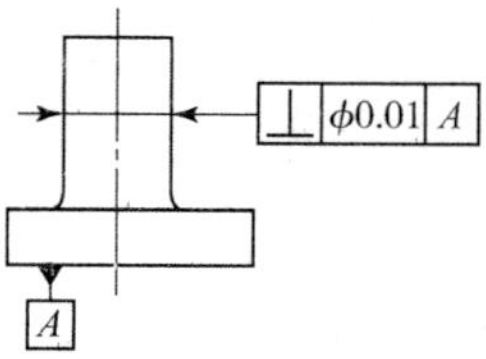
	面对基准线	公差带为距离等于公差值 t，且垂直于基准轴线 A 的两平行平面所限定的区域 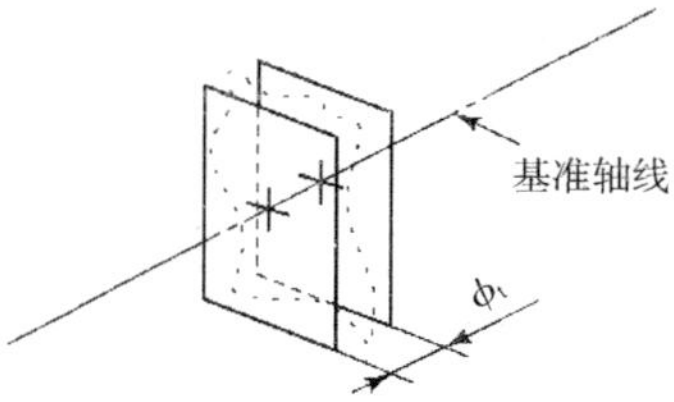 	提取（实际）端面应限定在距离等于公差值 0.08mm，且垂直于基准轴线 A 的两平行平面之间 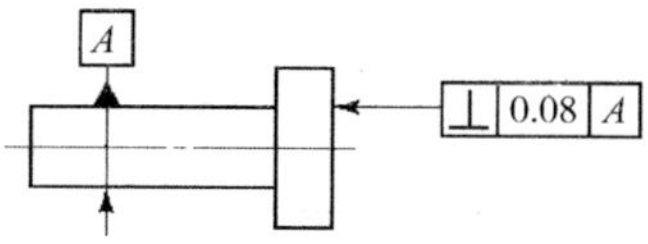

3. 倾斜度

倾斜度公差用于限制被测要素对基准要素成一定角度的误差，倾斜度公差带的定义、标注和注释见表 3-7。

表 3-7　倾斜度公差带的定义、标注和注释

项目	被测要素 特征	公差带定义	标注及注释
倾斜度 ∠	线对线	公差带为距离等于公差值 t 且与公共基准轴线 A—B 倾斜成理论正确角度的两平行平面之间的区域 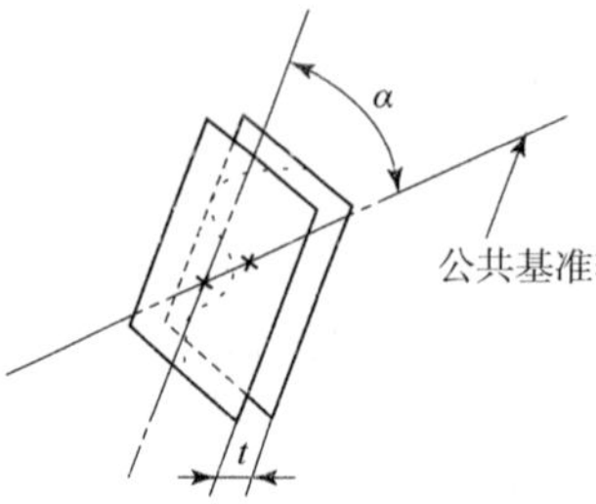 	提取（实际）中心线应限定在距离等于公差值 0.08mm，且与公共基准轴线 A—B 倾斜成理论正确角度 60° 的两平行平面之间 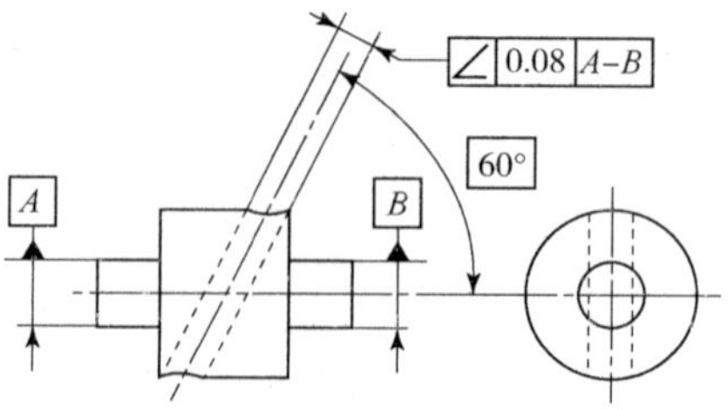

项目	被测要素特征	公差带定义	标注及注释
倾斜度 ∠	线对面	公差带为距离等于公差值 ϕ_t 且与基准平面 A 倾斜成理论正确角度，平行基准平面 B 的圆柱面内的区域 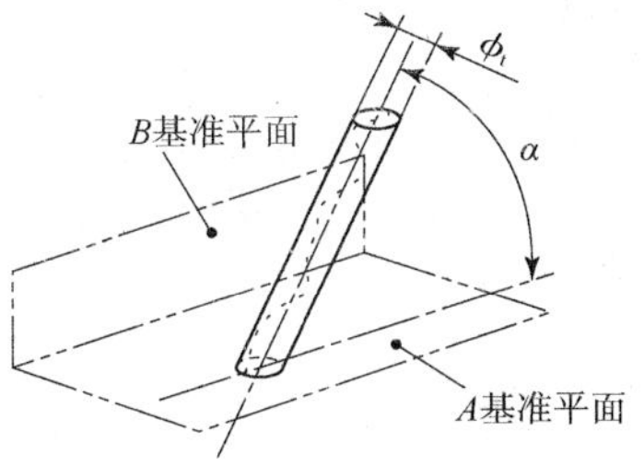 	提取（实际）中心线应限定在距离等于公差值 $\phi 0.1$mm，且与基准平面 A 倾斜成理论正确角度 60°，平行基准平面 B 的圆柱面内 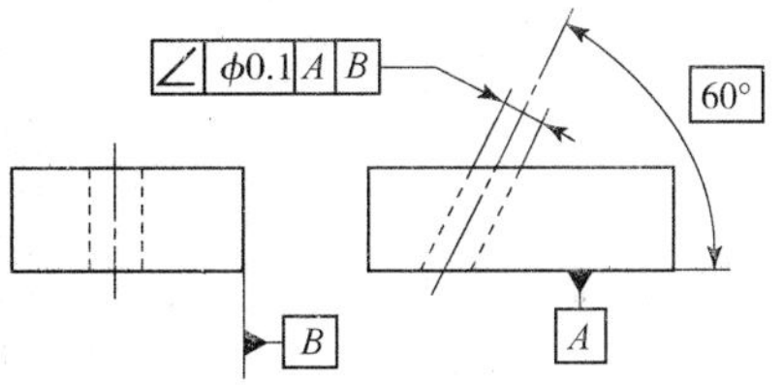
	面对线或面对面	公差带为距离等于公差值 t，且与基准面 A 成理论正确角度的两平行平面所限定的区域 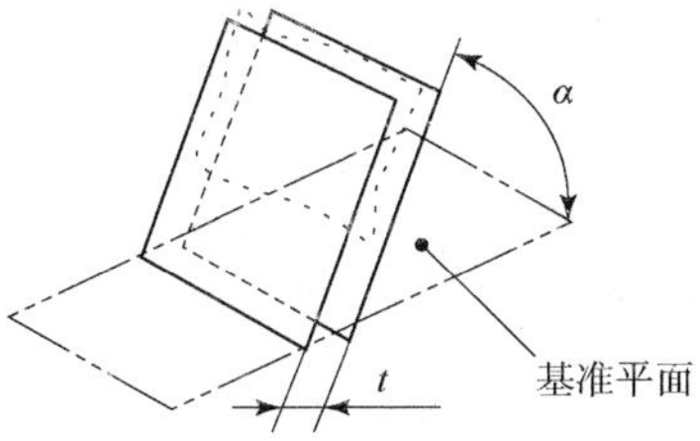 	提取（实际）表面应限定在距离等于公差值 0.08mm，且与基准平面 A 成理论正确角度 40° 的两平行平面之间 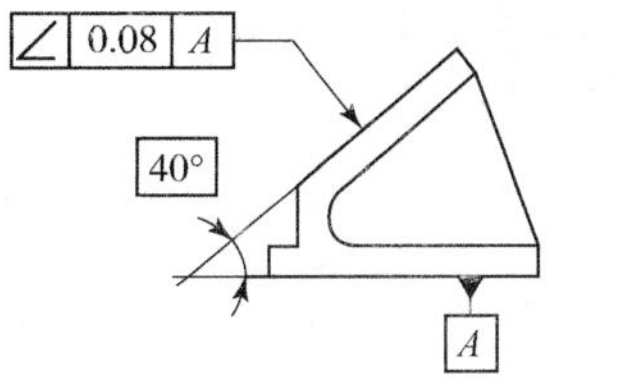

三、位置公差

位置公差是关联实际被测要素对基准在位置上所允许的变动量。位置公差带一般不仅有形状和大小的要求，而且相对于基准的定位尺寸为理论正确尺寸，因此还有特定方向和位置的要求，即位置公差带的中心具有确定的理想位置，且以该理想位置对称配置公差带。因此，对某一被测要素给出位置公差后，仅在对其方向精度或（和）形状精度有进一步要求时，才另行给出方向公差或（和）形状公差，而方向公差值必须小于位置公差值，形状公差值必须小于方向公差值。

位置公差分为位置度、同轴（心）度和对称度三个项目。

1. 位置度

位置度公差用于限制被测要素（点、线、面）实际位置对理想位置的变动量，位置度公差用于控制被测要素（点、线、面）对基准的位置误差。根据零件的功能要求，位置度公差可分为给定一个方向，给定两个方向和任意方向三种，后者用得最多。

位置度公差通常用于控制具有孔组零件各个轴线的位置误差。组内各个孔的排列形式一般有圆周分布、链式分布和矩形分布等，这种零件上的孔通常是作为安装别的零件（螺栓）用的，为了保证装配互换性，各孔轴线的位置均有精度要求。其位置精度要求有两个：组内各孔间的相互位置度和孔组相对于基准的位置精度。位置度公差带的定义、标注和注释见表 3-8。

表 3-8　位置度公差带的定义、标注和注释

项目	被测要素特征	公差带定义	标注及注释
位置度 ⊕	点的位置度 码 3-10 位置度（一）	公差带为直径等于公差值 $S\phi_1$，且与基准平面 A、B、C 所确定的理想位置为球心的球 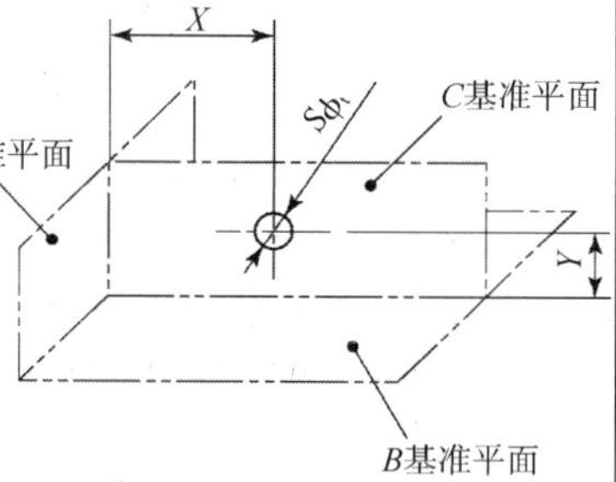 	提取（实际）球的中心点应限定在直径等于公差值 $S\phi0.03$mm，且与基准平面 A、B、C 所确定的理想位置为球心的圆球面内 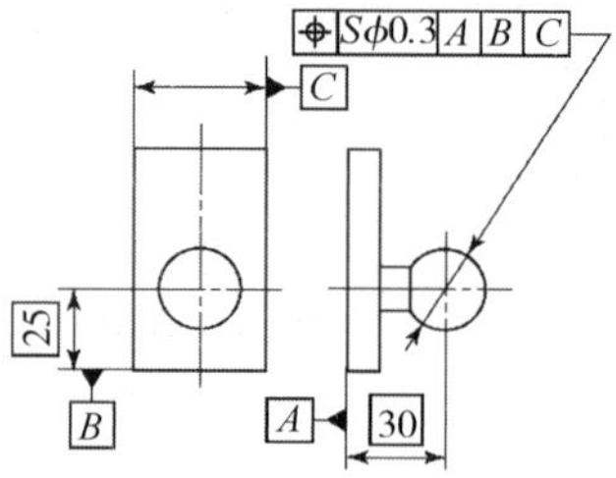
		公差带为距离分别等于公差值 t_1 和 t_2，对称于线的理论正确位置的两对相互垂直的平行直线所限定的区域，线的理论正确位置由基准平面 A、B 及理论正确尺寸确定 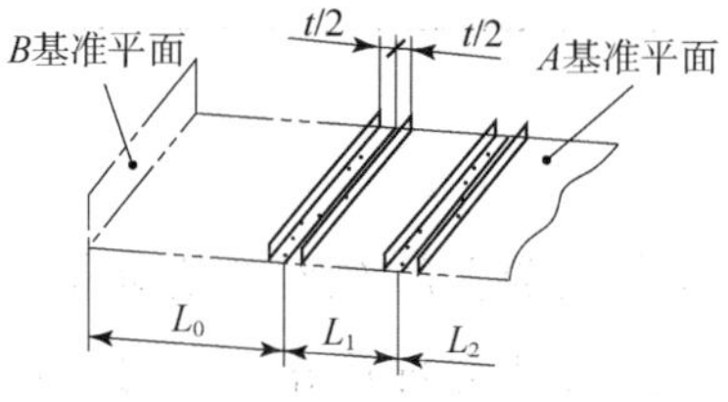 	提取（实际）中心线应限定在距离等于公差值 0.1mm，对称于由基准平面 A、B 和理论正确尺寸确定的理论正确位置的两平行直线内 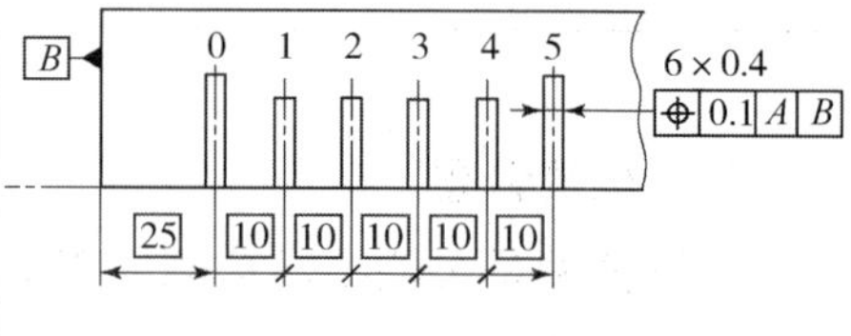
	线的位置度（任意方向） 码 3-11 位置度（二）	公差带为直径等于公差值 ϕ_1，且与基准平面 C、A、B 及理论正确尺寸所确定圆柱面所限定的区域 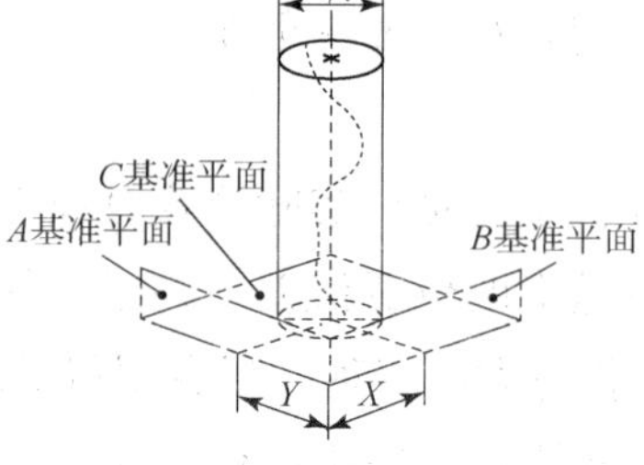 	提取（实际）轴线应限定在直径等于公差值 $\phi0.08$mm 且与基准平面 C、A、B 及理论正确尺寸所确定圆柱面内 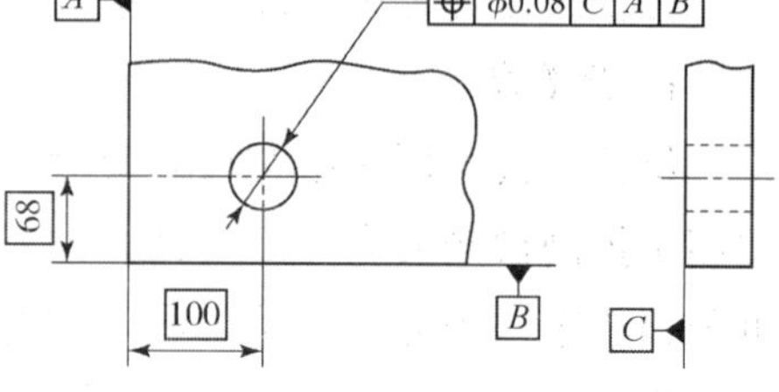

项目	被测要素特征	公差带定义	标注及注释
位置度 ⊕	平面或中心平面的位置度	公差带为距离等于公差值 t，且对称于被测平面的理论正确位置的两平行平面所限定的区域。被测平面的理论正确位置由基准平面 A 和基准轴线 B 及理论正确尺寸确定 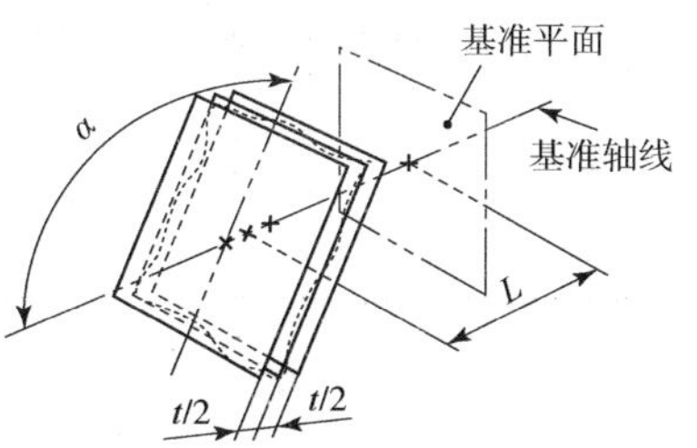	提取（实际）平面应限定在距离为公差值等于 0.05mm，且对称于平面的理论正确位置的两平行平面之间。平面的理论正确位置由基准平面 A 和基准轴线 B 及理论正确尺寸确定 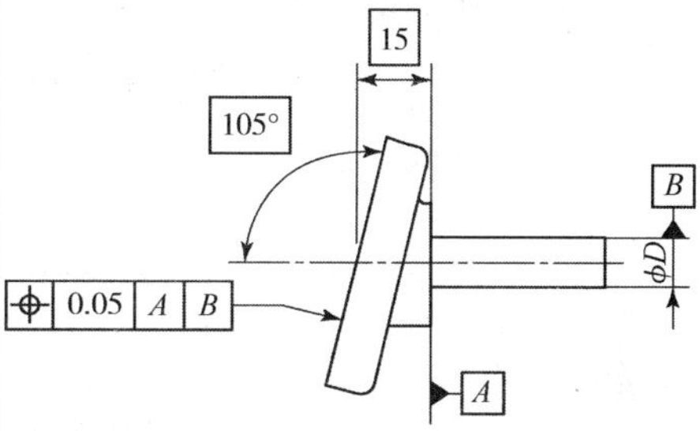

2. 同 轴 度

同轴度用于限制零件被测（导出）要素偏离基准轴线的误差，被测（导出）要素为中点时，称为同心度，同轴度公差带的定义、标准和注释见表 3-9。

表 3-9　同轴度公差带的定义、标注和注释

项目	被测要素特征	公差带定义	标注及注释
同轴度 ◎	点的同轴度（圆心对圆心）	公差带为直径等于公差值 ϕ_t，且与基准圆心同心的圆所限定的区域 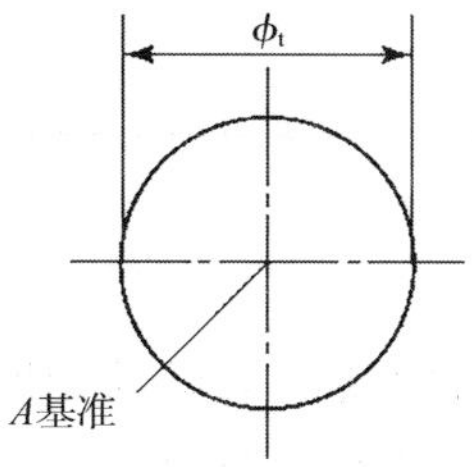	提取（实际）任意横截面内内孔的圆心点应限定在直径等于公差值 $\phi 0.2$mm 且与基准 A 为圆心的圆内 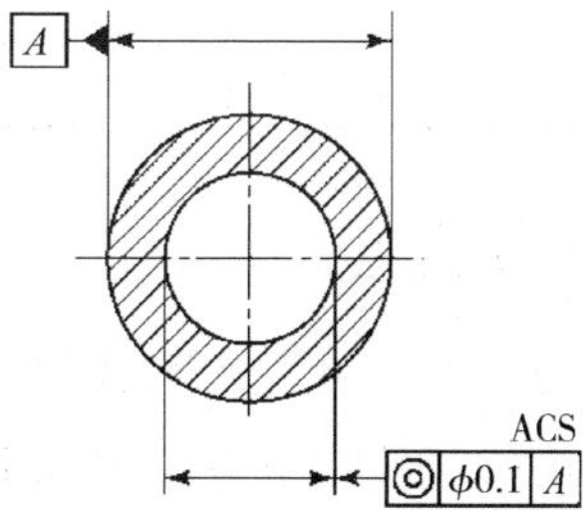

项目	被测要素特征	公差带定义	标注及注释
同轴度 ◎	轴线的同轴度（轴线对公共轴线） 码 3-12 轴线的同轴度	公差带为直径等于公差值 ϕ_t，且与公共基准轴线 A—B 同轴的圆柱面所限定的区域 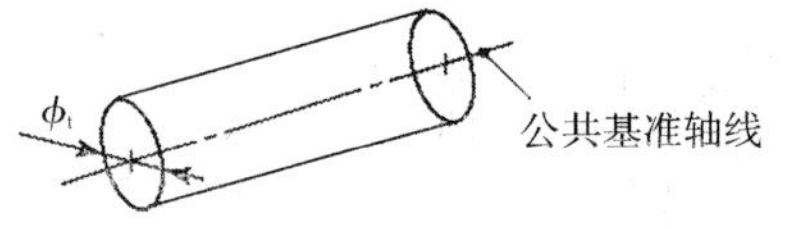	提取（实际）外圆柱面的中心线应限定在直径等于公差值 $\phi 0.08$mm 且与公共基准轴线 A—B 同轴的圆柱面内 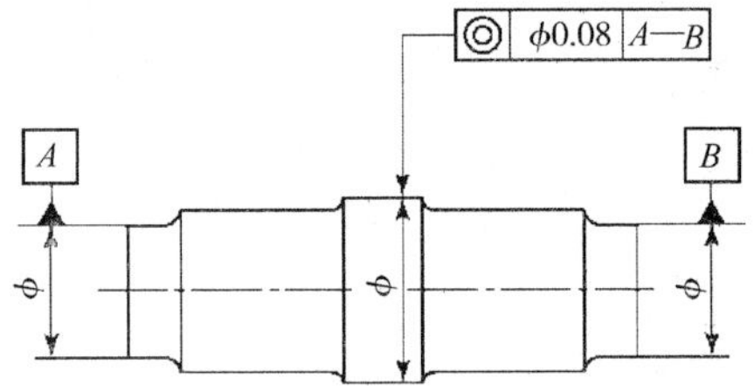

3. 对称度

对称度用于限制被测（导出）要素（中心面或轴线）偏离基准平面、直线的误差，对称度公差带的定义、标注和注释见表 3-10。

表 3-10　对称度公差带的定义、标注和注释

项目	被测要素特征	公差带定义	标注及注释
对称度 ⹀	线（面）对公共中心平面 码 3-13 对称度	公差带为距离等于公差值 t，且相对基准中心平面 A 对称配置的两平行平面所限定的区域 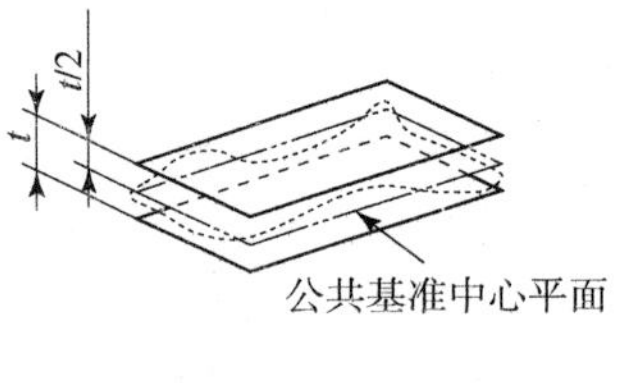	提取（实际）中心平面应限定在距离等于公差值 0.08mm，且相对于基准中心平面 A 对称配置的两平行平面之间 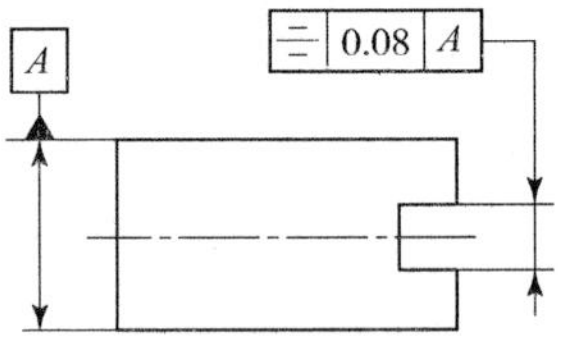

四、跳动公差

跳动公差是关联实际被测要素绕基准轴线回转一周或几周时所允许的最大跳动量。跳动公差是按特定的测量方法定义的公差项目，测量方法简便。跳动公差与其他几何公差相比具有显著的特点：跳动公差带相对于基准轴线有确定的位置，跳动公差带可以综合控制被测要素的位置、方向和形状。

跳动公差是以特定的检测方式为依据而设定的公差项目。它的检测简单实用又具有一定的综合控制功能，能将某些形位误差综合反映在检测结构中，因而在生产中得到广泛应用。

跳动公差分为圆跳动和全跳动两类。圆跳动又分为径向圆跳动、端面圆跳动和斜向圆跳动。全跳动分为径向全跳动和端面全跳动。

1. 圆跳动

圆跳动公差是被测提取要素绕基准轴线作无轴向移动旋转一周时允许的最大变动量 t。圆跳动可分为径向圆跳动、轴向圆跳动和斜向圆跳动，圆跳动公差带的定义和注释见表3-11。

圆跳动公差是被测要素某一固定参考点围绕基准轴线旋转一周时（零件和测量仪器无轴向位移）允许的最大变动量。圆跳动公差适用于每一个不同的测量位置，圆跳动可能包括：圆度、同轴度、垂直度或平面度误差，这些误差的总值不能超过给定的圆跳动公差。

表3-11　圆跳动公差带的定义和注释

项目	被测要素特征	公差带定义	标注及注释
圆跳动	径向圆跳动 码3-14 圆跳动（一）	公差带为垂直于公共基准轴线 A-B 的任一测量平面内，半径差等于公差值 t，且圆心在基准轴线上的两同心圆所限定区域 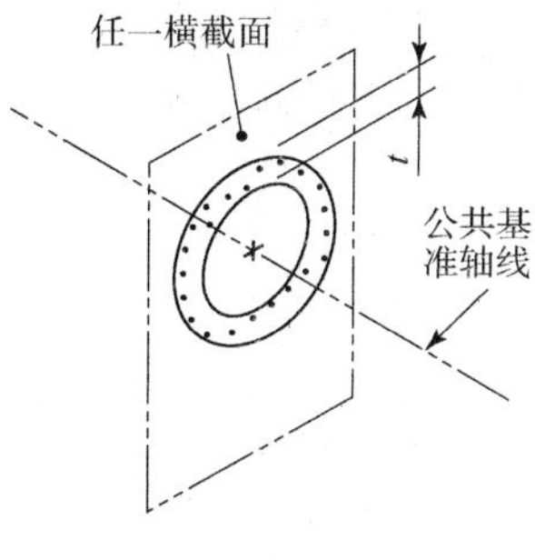 	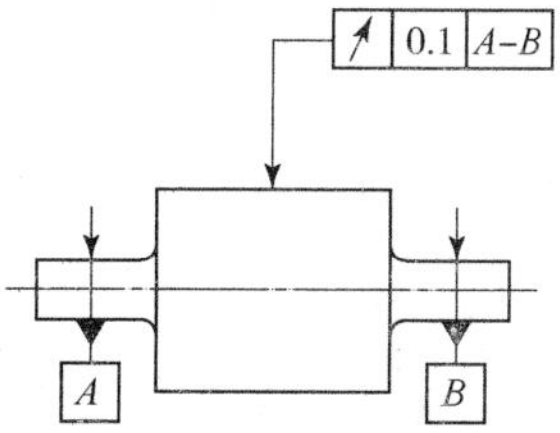 提取（实际）线应限定在半径差等于公差值0.1，且圆心在公共基准轴线 A—B 上的两同心内
	端面圆跳动 码3-15 圆跳动（二）	公差带为与基准轴线 D 同轴的任一半径位置的测量圆柱面上，距离等于公差值 t 的两圆所限定的区域 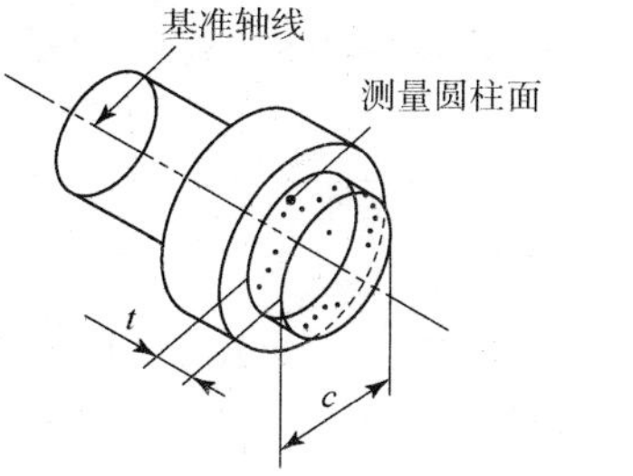 	在与基准轴线 D 同轴的任一圆柱形截面上，提取（实际）圆应限定在轴向距离等于公差值 0.1mm 的两个等圆之间 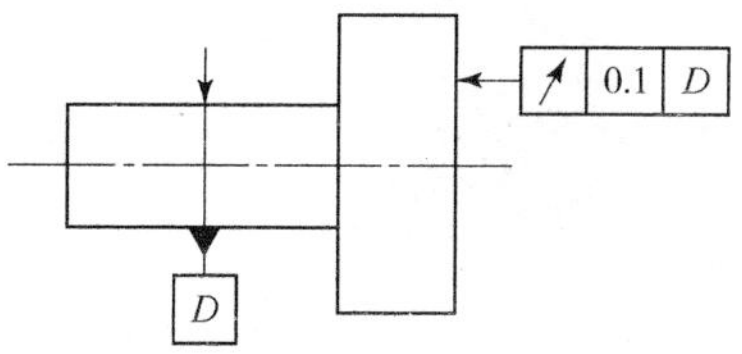

项目	被测要素特征	公差带定义	标注及注释
圆跳动 ↗	斜向圆跳动 码 3-16 圆跳动（三）	公差带为与基准轴线 C 同轴的任一半径位置的测量圆锥面上，距离等于公差值 t 的两圆所限定的区域 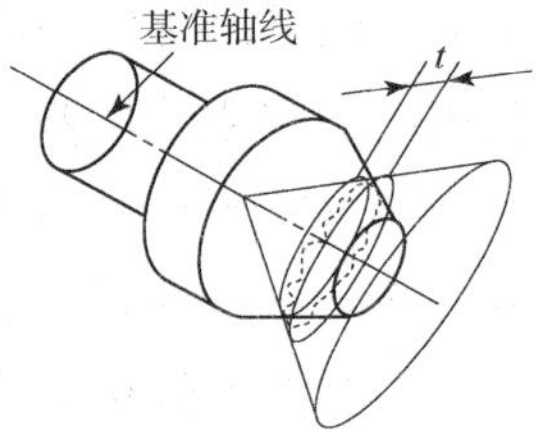 	在与基准轴线 C 同轴的某一圆锥截面上，提取（实际）线应限定在素线方向，距离等于公差值 0.1mm 的两个不等圆之间 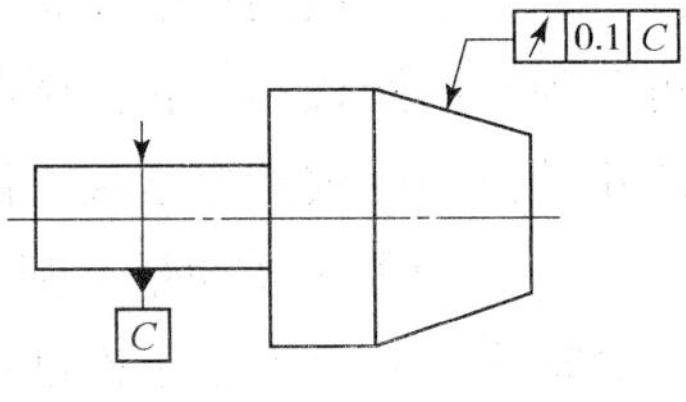
	斜向（给定角度）圆跳动	公差带为与基准轴线 C 同轴的任一给定角度的测量圆锥面上，距离等于公差值 t 的两圆所限定的区域 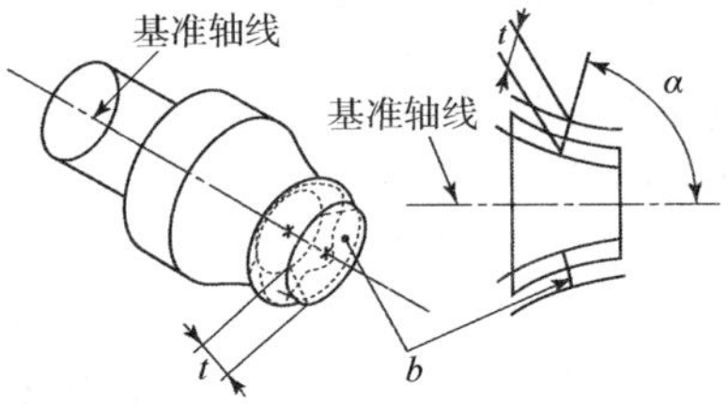 	在与基准轴线 C 同轴且有给定角度 60° 的任一圆锥截面上，提取（实际）线应限定在素线方向，距离等于公差值 0.1mm 的两个不等圆之间 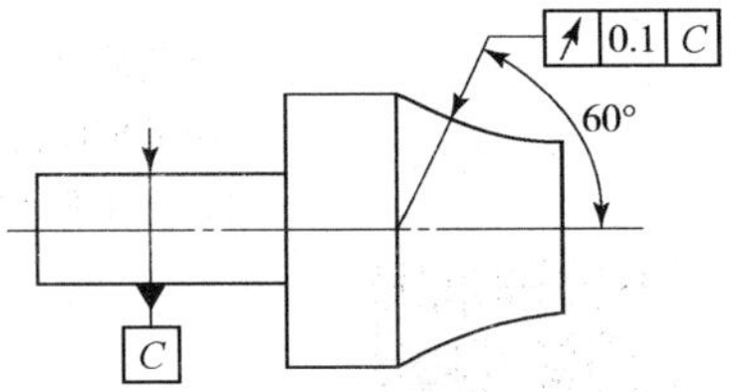

2. 全跳动

全跳动公差是被测提取要素绕基准轴线连续回转，同时指示计沿给定方向直线移动时允许的最大变动量 t。全跳动可分为径向全跳动和轴向全跳动，全跳动公差带的定义、标注和注释见表 3-12。

表 3-12 全跳动公差带的定义、标注和注释

项目	被测要素特征	公差带定义	标注及注释
全跳动 ↗↗	径向全跳动 码 3-17 全跳动（一）	公差带为半径差等于公差值 t，且与公共基准轴线 A-B 同轴的两圆柱面所限定的区域 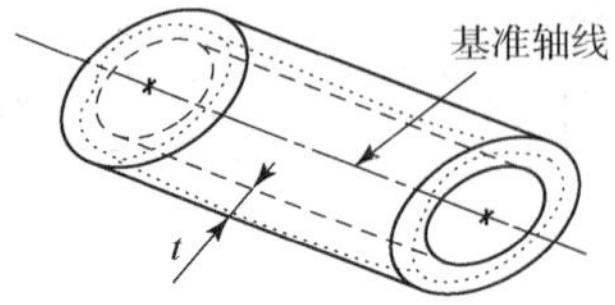 	提取（实际）圆柱面应限定在半径差等于公差值 0.1mm，且与公共基准轴线 A-B 同轴的两圆柱面之间 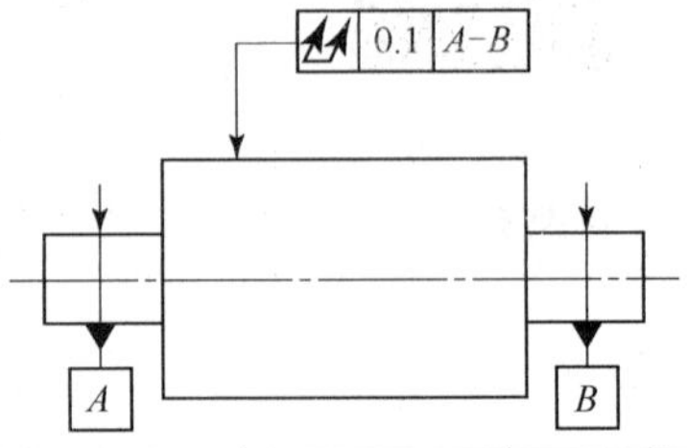

项目	被测要素 特征	公差带定义	标注及注释
全跳动  ↗	端面全跳动 码 3-18 全跳动（二）	公差带为间距等于公差值 t，且与基准轴线 D 垂直的两平行平面所限定的区域 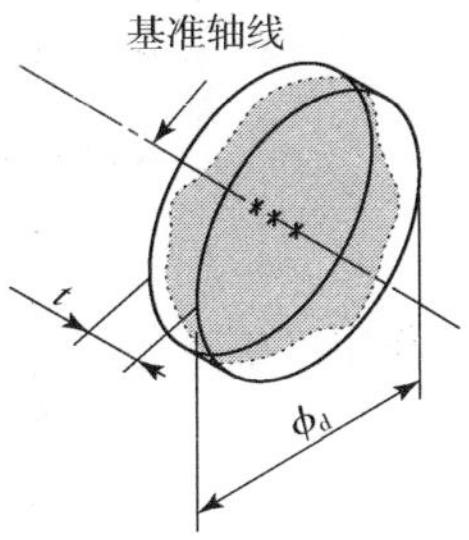 基准轴线 t ϕ_d	提取（实际）表面应限定在间距等于公差值 0.1mm，且与基准轴线 D 垂直的两平行平面之间 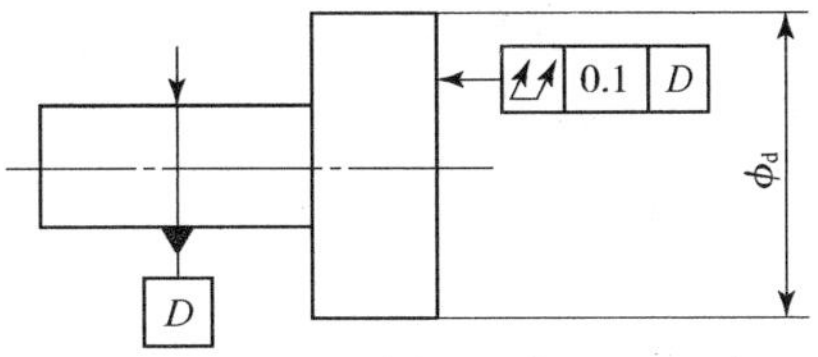 ↗ 0.1 D D ϕ_d

第五节　公差原则

在零部件设计时，为了保证其功能要求，实现互换性，对某些要素要同时给定尺寸公差和几何公差，合理处理两者之间相互关系的规定称为公差原则。GB/T 4249—2018《产品几何技术规范（GPS）基础概念、原则和规则》、GB/T 16671—2018《产品几何技术规范（GPS）几何公差最大实体要求（MMR）、最小实体要求（LMR）和可逆要求（RPR）》规定了尺寸公差和几何公差之间的关系。公差原则分为独立原则和相关要求两大类，相关要求又分为包容要求、最大实体要求、最小实体要求和可逆要求。

一、基本术语

1. 作用尺寸

作用尺寸是指由形状误差和局部尺寸综合作用下的尺寸，如图 3-27 所示。

（1）体外作用尺寸。孔与轴结合，在结合面全长上，与实际孔内接的最大理想轴的尺寸，如图 3-27（a）所示。

孔与轴结合，在结合面全长上，与实际轴外接的最小理想孔的尺寸，如图 3-27（b）所示。

若零件没有形状误差，则作用尺寸等于局部尺寸，弯曲轴的作用尺寸大于该轴的最大局部尺寸；弯曲孔的作用尺寸小于该轴的最小局部尺寸。

（2）体内作用尺寸。在被测要素给定长度上，与实际内表面（孔）体内相接的最小理想面的直径或宽度，或与实际外表面（轴）体内相接的最大理想面的直径或宽度，称为体内作用尺寸，如图 3-27（c）和（d）所示。

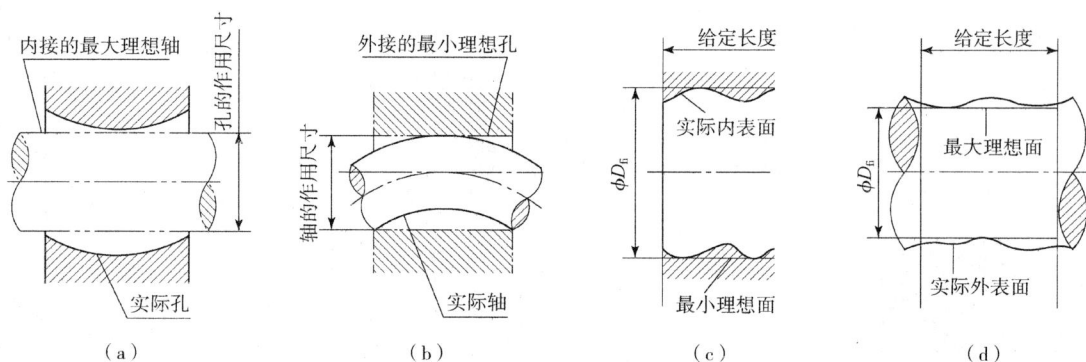

图 3-27 作用尺寸

2. 最大实体状态

最大实体状态（MMC）为提取组成要素的局部尺寸处处位于极限尺寸，且使其具有实体最大时（即材料量最多）的状态；最小实体状态（LMC）提取组成要素的局部尺寸处处位于极限尺寸，且使其具有实体最小时（即材料量最少）的状态。

3. 最大实体尺寸

最大实体尺寸（MMS）为确定要素最大实体状态的尺寸，对于外尺寸要素（轴）为轴的上极限尺寸，即 $d_M = d_{max}$，对于内尺寸要素（孔）为孔的下极限尺寸，即 $D_M = D_{min}$。

4. 最小实体尺寸

最小实体尺寸（LMS）为确定要素最小实体状态的尺寸，对于外尺寸要素（轴）为轴的下极限尺寸，符号为 $dL = d_{min}$，对于内尺寸要素（孔）为孔的上极限尺寸，符号为 $DL = D_{max}$。

5. 最大实体边界

最大实体边界（MMB）为由最大实体尺寸确定的具有理想形状的极限包容面。

6. 最小实体边界

最小实体边界（LMB）为由最小实体尺寸确定的具有理想形状的极限包容面。

7. 最大实体时效状态

最大实体时效状态（MMVC）在给定长度上，提取组成要素的局部尺寸处于最大实体状态，且其导出要素（中心要素）的几何误差等于给出公差值时的综合极限状态。

8. 最大实体时效尺寸（MMVS）

最大实体时效状态对应的体外作用尺寸称为最大实体时效尺寸。对于内尺寸要素为最大实体尺寸减几何公差值 t，即 $DMV = D_{min} - t$；对于外尺寸要素为最大实体尺寸加几何公差值 t，即 $dMV = d_{max} + t$。

最大实体时效边界为最大实体时效状态对应的极限包容面。

9. 最小实体时效状态（MMVC）

在给定长度上，提取组成要素的局部尺寸处于最小实体状态，且其导出要素（中心要素）的几何误差等于给出公差值时的综合极限状态。

10. 最小实体时效尺寸（LMVS）

最小实体时效状态对应的体内作用尺寸称为最小实体时效尺寸。对于内尺寸要素为最小实体尺寸加几何公差值 t，即 $DLV = D_{max} + t$；对于外尺寸要素为最小实体尺寸减几何公差值 t，即 $dLV = d_{min} - t$。

最小实体时效边界为最小实体时效状态对应的极限包容面。

二、独立原则

独立原则是指图样上给定的尺寸公差和几何公差要求均是独立的，应分别满足各自的要求。独立原则是处理尺寸公差和几何公差相互关系的基本原则，绝大多数机械零件，其功能对要素的尺寸公差和几何公差的要求都是相互无关的，即遵循独立原则。

在独立原则中，尺寸公差控制提取要素的局部尺寸；几何公差控制形状、方向或位置误差。遵守独立原则的尺寸公差和几何公差在图样上不加任何特定的关系符号。

独立原则的标注如图 3-28（a）所示，对外圆柱面标注有直径尺寸公差和素线直线度公差、圆度公差。该标准说明提取圆柱面的局部尺寸应在上极限尺寸 $\phi150$ 和下极限尺寸 $\phi149.96$ 之间，其形状误差应在给定的直线度公差 0.06 和圆度公差 0.02 之内。不论提取圆柱面的局部尺寸如何，圆柱面的素线直线度误差和圆度误差均允许达到给定的最大值，如图 3-28（b）所示。

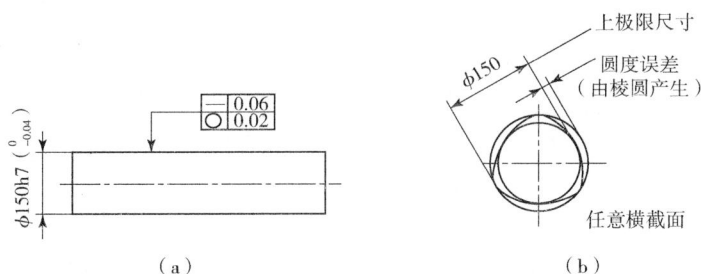

（a）　　　　　　　　　　　　　　　　　（b）

图 3-28 独立原则标注

【例 3-3】 根据图 3-29 所示的标注实例，说明被测要素遵守的公差原则。

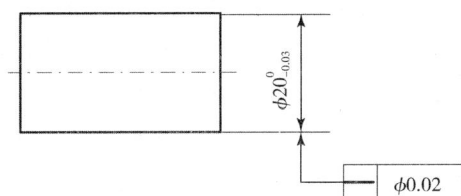

图 3-29 独立原则标注

图 3-29 遵守独立原则，尺寸公差和形位公差独立标注，各自满足；给出的形位公差为定值，不随被测要素的实际尺寸变化而变化（表 3-13）。

表 3-13　实际尺寸与形状误差的关系

实际尺寸	允许的直线度误差	实际尺寸	允许的直线度误差
$\phi20$	$\phi0.02$	$\phi19.98$	$\phi0.02$
$\phi19.99$	$\phi0.02$	$\phi19.97$	$\phi0.02$

三、相关要求

相关要求是图样上给定的尺寸公差与几何公差相互有关的公差要求，相关要求又分为包容要求、最大实体要求、最小实体要求和可逆要求。

（一）包容要求

包容要求是尺寸要素相应的组成要素的尺寸公差与其导出要素的形状公差之间相互有关的公差要求。采用包容要求的尺寸要素，其提取组成要素不得超越其最大实体边界，其局部尺寸不得超出最小实体尺寸。

码 3-19　包容要求

包容要求适用于单一要素，采用包容要求的单一要素应在其尺寸极限偏差或公差带代号之后加注符号Ⓔ，如图 3-30 所示。

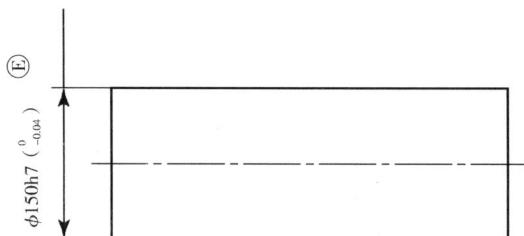

图 3-30　包容要求的标注

在图 3-30 中，圆柱表面必须在最大实体边界内，该边界的尺寸为最大实体尺寸 $\phi150$mm，尺寸不得小于最小实体尺寸 $\phi149.96$mm。

按包容要求，图样上只给出尺寸公差，但这种公差具有双重职能，即双重控制实际要素的尺寸变动量和几何误差的职能。当实际要素处处皆为最大实体状态时，其几何公差值为零，即不允许有任何几何误差产生，如图 3-31（d）所示；当实际要素偏离最大实体状态时，几何误差可获得补偿，如图 3-31（a）、（b）、（c）所示，补偿量来自尺寸公差；当实际要素为最小实体状态时，几何误差获得补偿量最多，如图 3-31（c）所示，轴线直线度误差最大值为 0.04mm，等于尺寸公差值。

包容要求常用于保证孔、轴的配合性质，特别是配合公差较小的精密配合要求，所需的最小间隙或最大过盈通过各自的最大实体边界来保证。

【例 3-4】根据图 3-32 所示的标注实例，说明被测要素遵守的公差原则、边界，并解释其含义。

图 3-32 遵守包容要求，表示当轴处于最大实体状态（即为最大实体尺寸 64.990mm）

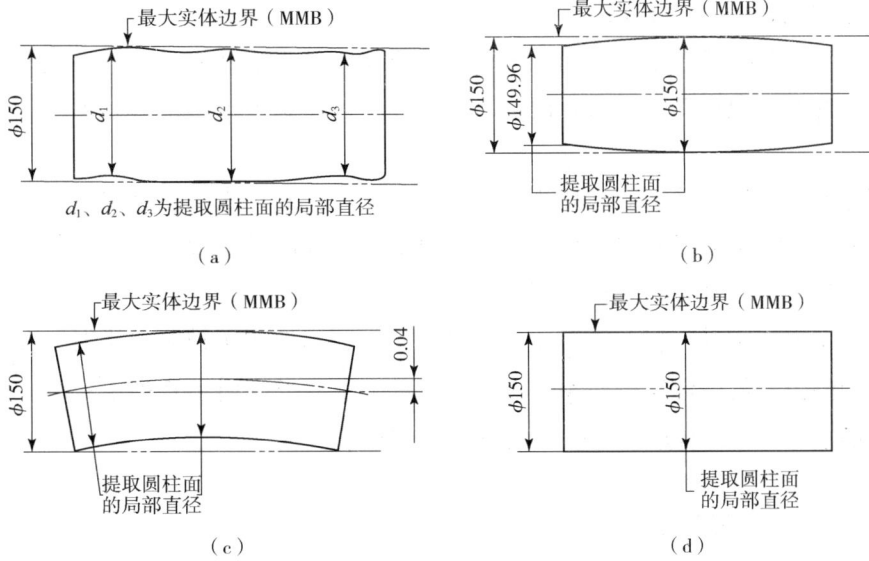

图 3-31　包容要求的应用

时，其形状公差（如圆度、圆柱度、轴心线的直线度等）为 0，当轴的轮廓偏离最大实体状态时，允许形状公差得到补偿，偏离多少，补偿多少。例如，当轴的尺寸为 64.980 时，偏离最大实体尺寸量为 0.01mm，形状公差可为 0.01mm；当轴的尺寸为 64.960 时，允许的补偿量最大，形状公差的补偿量为偏离量 0.03mm；此轴遵守最大实体边界，边界尺寸为 64.990mm。即实际尺寸和形状误差之间满足如下关系（表 3-14）。

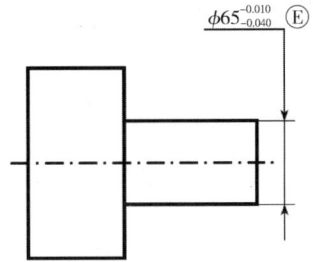

图 3-32　包容要求标注

表 3-14　实际尺寸和形状误差之间的关系

实际尺寸	允许的形状误差	实际尺寸	允许的形状误差
ϕ64.990	0	ϕ64.970	ϕ0.02
ϕ64.980	ϕ0.01	ϕ64.960	ϕ0.03

当被测要素遵守包容要求，而对形状公差有进一步要求时，可加注形状公差，如图 3-33 所示。

此时，实际尺寸和形状误差之间满足如下关系（表 3-15）。

表 3-15　实际尺寸和形状误差之间的关系

实际尺寸	允许的形状误差
ϕ10	0
ϕ9.99	ϕ0.01
ϕ9.98	ϕ0.01
ϕ9.97	ϕ0.01

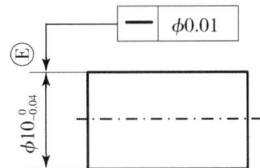

图 3-33　包容要求标注

（二）最大实体要求（MMR）

最大实体要求是指尺寸要素的非拟合要素不得超越最大实体实效边界，当其实际尺寸偏离最大实体尺寸时，允许其几何误差值超出在最大实体状态下给出的公差值的一种尺寸要素要求。

最大实体要求适用于提取导出要素（中心要素），最大实体要求控制被测要素的局部尺寸和几何误差综合结果形成的实际轮廓不得超出最大实体时效边界，并且局部尺寸不得超出极限尺寸，常用于保证可装配的场合。

最大实体要求的符号为Ⓜ，当应用于被测要素时，当应用于被测要素时，在被测要素几何公差框格中的公差值后标注符号Ⓜ，如图 3-34 所示；当应用于基准要素时，在几何公差框格内的基准字母代号后标注符号Ⓜ，如图 3-35 所示。

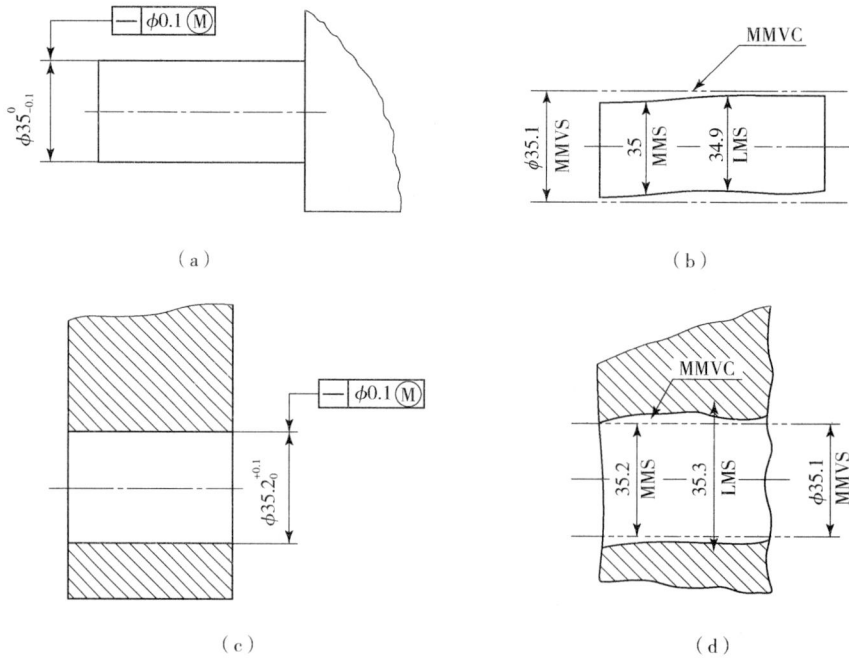

（a）　　　　　　　　　　（b）

（c）　　　　　　　　　　（d）

图 3-34　最大实体要求应用于被测要素时的标注

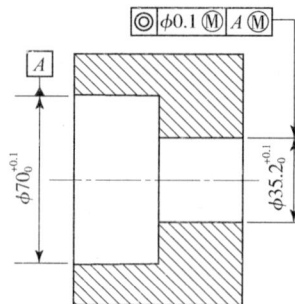

图 3-35　最大实体要求应用于基准要素时的标注

1. 最大实体要求应用于被测要素

最大实体要求应用于被测要素时，被测要素的实际轮廓在给定的长度上处处不得超出最大实体实效边界，且其局部尺寸不得超出最大实体尺寸和最小实体尺寸。当被测要素偏离最大实体尺寸时，允许几何公差获得尺寸公差的补偿量，偏离多少补偿多少，使得几何误差值大于样图上标注的几何公差值。当被测要素为最小实体尺寸时，几何公差获得补偿量最多，即几何公差最大补偿值等于尺寸公差。标注方向或位置公差时，其最大实体时效状态或最大实体时效边界要与各自基准的理论正确方向或位置相一致。

如图 3-36 所示，圆柱面轴线的垂直度公差采用最大实体要求，试述其标注的含义。

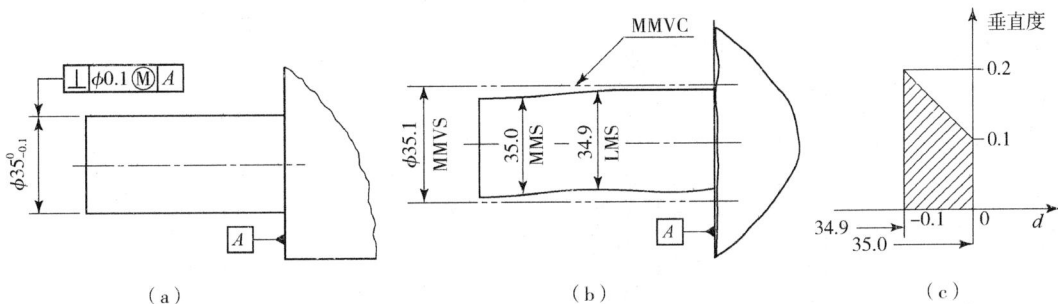

图 3-36　最大实体要求的应用

（1）轴的提取组成要素不得违反其最大实体时效状态，其最大实体实效尺寸为 $dMV = 35.1mm$，最大实体尺寸为 $d_{max} = 35mm$，最小实体尺寸为 $d_{min} = 34.9mm$。

（2）当该轴处于为最大实体状态（$d_{max} = 35mm$）时，其导出要素的几何公差为 $\phi0.1mm$。

（3）如图 3-36 所示，当圆柱面的实际尺寸 $d_a = 34.95mm$ 时，该实际尺寸偏离最大实体尺寸的偏离量 $\Delta = d_{max} - d_a = 35 - 34.95 = 0.05$，可将偏离量补偿到几何公差，补偿后的几何公差为 $0.05 + 0.1 = 0.15mm$。

（4）当该轴处于最小实体状态时，垂直度公差获得补偿量最多，最大补偿值为 0.1，其中心线垂直度最大公差值为给定垂直度公差与尺寸公差之和，即实际尺寸为 d_{min} 时，实际尺寸偏离最大实体尺寸的偏离量 $\Delta = d_{max} - d_a = 0.05mm$，补偿后的几何公差为 $0.05 + 0.1 = 0.15mm$。动态公差图如图 3-36（c）所示。

当给出的几何公差值为零时，则为零几何公差，如图 3-37 所示。此时，被测要素的最大实体时效边界等于最大实体边界，最大实体时效尺寸等于最大实体尺寸，该标注与包容要求的意义相同。

2. 最大实体要求应用于基准要素

最大实体要求应用于基准要素时，基准要素的提取组成要素不得违反基准要素的最大实体时效状态或最大实体时效边界。

当基准要素的导出要素没有标注几何公差要求或标注几何公差，但没有最大实体要求时，基准要素的最大实体时效尺寸等于最大实体尺寸，其边界为最大实体边界，如图 3-38 所示。

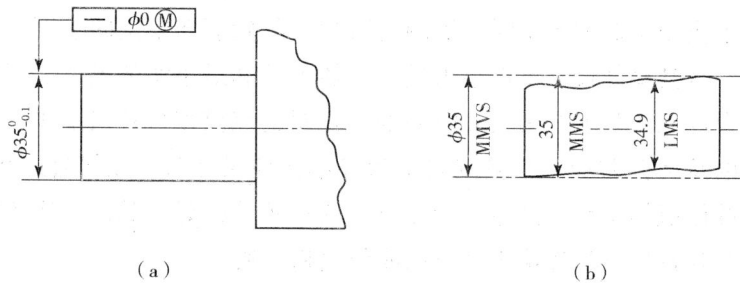

图 3-37　零几何公差

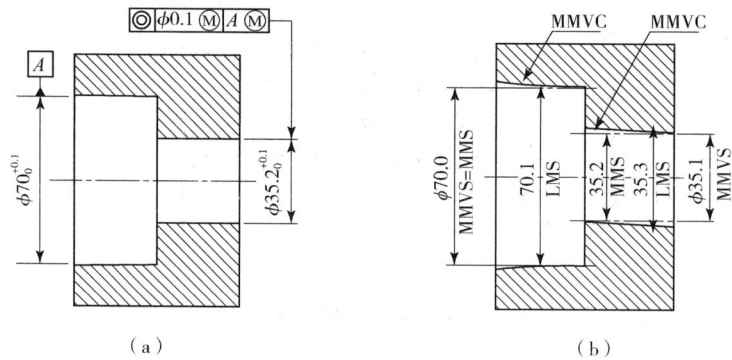

图 3-38　最大实体要求应用于基准要素

当基准要素的导出要素标注有几何公差且有最大实体要求时，基准要素的最大实体时效尺寸按最大实体时效状态下的尺寸，其边界为最大实体时效边界。基准代号应直接标注在形成最大实体时效边界的几何公差框格下，如图 3-39 所示。

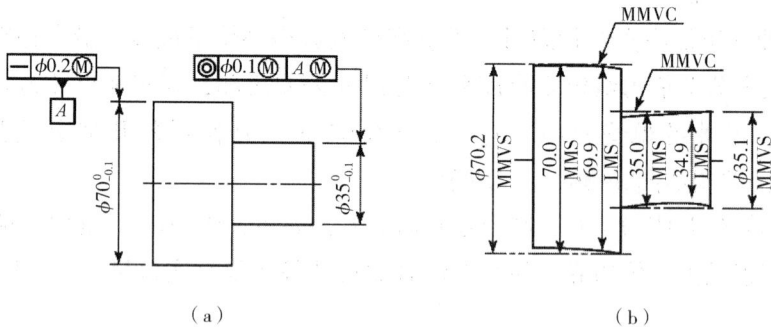

图 3-39　最大实体要求应用于基准要素

【例 3-5】根据图 3-40 所示的标注实例，说明被测要素遵守的公差原则、边界，并解释其含义。

图 3-40 遵守最大实体要求，表示最大实体要求用于被测要素，图上标注的 0.01 的直线

度公差是在该轴处于最大实体状态（即最大实体尺寸 64.990mm）时给定的，当轴的轮廓偏离最大实体状态，允许的直线度公差得到补偿，偏离多少，补偿多少。例如，当轴的尺寸为 64.980 时，偏离最大实体尺寸为 0.01mm，此时允许的直线度公差为 0.01＋0.01＝0.02mm；当尺寸为 64.960mm 时，允许的偏离量最大，此时允许的直线度公差为 0.01＋0.03＝0.04mm。此轴遵守最大实体时效边界，边界尺寸为 64.990＋0.01＝65mm。即实际尺寸和形位误差之间满足如下关系（表 3-16）。

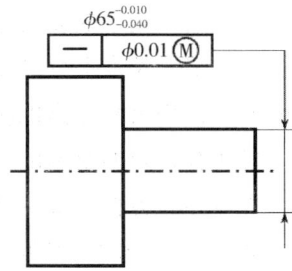

图 3-40 最大实体要求标注

表 3-16 实际尺寸和形位误差之间的关系

实际尺寸	允许的形位误差	实际尺寸	允许的形位误差
ϕ64.990	0.01	ϕ64.970	0.03
ϕ64.980	0.02	ϕ64.960	0.04

（三）最小实体要求

最小实体要求是指尺寸要素的非拟合要素不得超越最小实体时效边界，当其实际尺寸偏离最小实体尺寸时，允许其几何误差值超出在最小实体状态下给出的公差值的一种尺寸要求。

最小实体要求适用于提取导出要素（中心要素），最小实体要求控制被测要素的局部尺寸和几何误差综合结果形成的实际轮廓不得超出最小实体时效边界，并且局部尺寸不得超出极限尺寸，常用于保证可装配的场合。

最小实体要求的符号为Ⓛ，当应用于被测要素时，在被测要素几何公差框格中的公差值后标注符号Ⓛ，如图 3-41 所示；当应用于基准要素时，在几何公差框格内的基准字母代号后标注符号Ⓛ，如图 3-42 所示。

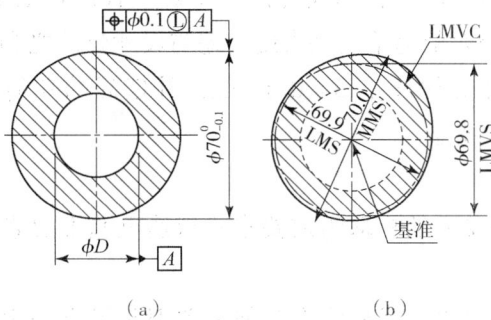

（a） （b）

图 3-41 最小实体要求应用于被测要素

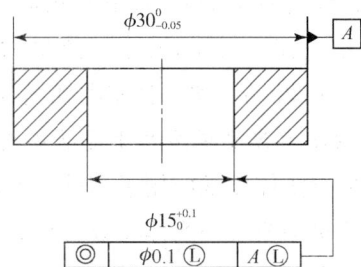

图 3-42 最小实体要求应用于基准要素

1. 最小实体要求应用于被测要素

最小实体要求应用于被测要素时，注有公差的要素的提取组成要素不得违反最小实体时效状态，即在给定的长度上处处不得超出最小实体时效边界，其提取局部尺寸不得超出最大和最小实体尺寸；当尺寸要素的拟合尺寸偏离最小实体尺寸时，允许其导出要素的几何误差相应增加。当注有公差的要素的导出要素标注方向和位置公差时，其最小实体时效状态或最小实体时效边界要与各自基准的理论正确方向或位置相一致。

如图 3-43 所示，圆柱面轴线的垂直度公差采用最小实体要求。

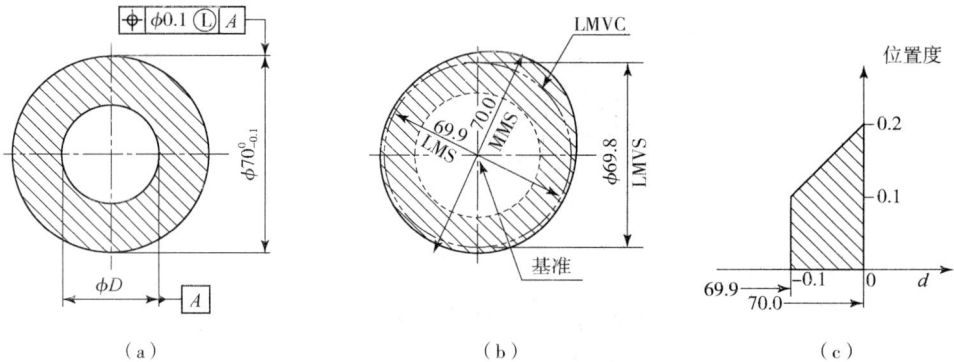

图 3-43　最小实体要求的应用

（1）外尺寸要素的提取组成要素不得违反其最小实体时效状态，其最小实体时效尺寸为 $\phi 69.8$ mm，由其确定的最大实体时效边界的方向与基准 A 平行，且位置在与基准 A 同轴的理论正确位置上。

（2）最大实体尺寸为 $\phi 70$ mm，最小实体尺寸为 $\phi 69.9$mm，当外尺寸要素为最小实体状态时，其导出要素允许的几何公差为 $\phi 0.1$mm。

（3）如图 3-43 所示，当被测要素圆柱面的实际尺寸 $d_a = \phi 69.99$mm 时，该实际尺寸偏离最小实体尺寸的偏离量 $\Delta = 0.09$mm，可将偏离量补偿到几何公差，补偿后的几何公差为 0.1+0.09 = 0.19mm。

（4）当被测要素的外尺寸要素为最大实体状态时，轴线的位置度公差获得补偿量最多，最大补偿值为 0.1 mm，其中心线垂直度最大公差值为给定垂直度公差与尺寸公差之和，即实际尺寸为 d_{max} 时，实际尺寸偏离最大实体尺寸的偏离量 $\Delta = 0.1$ mm，补偿后的几何公差为 0.1+0.1 = 0.2mm。动态公差图如图 3-43（c）所示。

2. 最小实体要求应用于基准要素

当最小实体要求应用于基准要素时，基准要素的提取组成要素不得违反基准要素的最小实体时效状态或最小实体实效边界。

当基准要素的导出要素没有标注几何公差要求，或标注有几何公差但是没有采用最小实体要求时，如图 3-44（a）所示。基准要素的最小实体实效尺寸=最小实体尺寸，其相应的边界为最大实体边界。

当基准要素的导出要素标注有几何公差，且采用最小实体要求时，基准代号应标注在形成最小实体时效边界的几何公差框格下，如图 3-44（b）所示。基准要素的最小实体时效尺寸为：

对外部要素：LMS-几何公差值

对内部要素：LMS+几何公差值

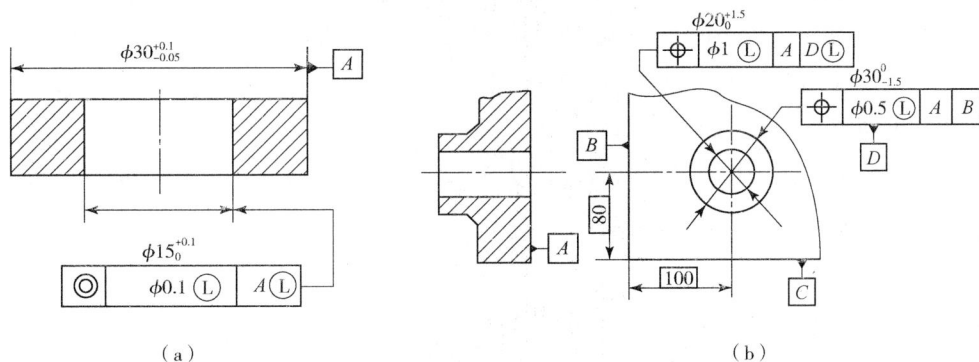

（a） （b）

图 3-44　最小实体要求应用于基准要素

最小实体要求应用于基准要素时，当尺寸要素的拟合尺寸偏离最小实体尺寸时，允许其导出要素的几何误差相应增大；当基准要素的拟合尺寸偏离最小实体尺寸时，允许基准要素在一定范围内浮动，浮动范围等于基准要素的拟合尺寸与其相应边界尺寸之差。

【例 3-6】根据图 3-45 所示的标注实例，说明被测要素遵守的公差原则、边界，并解释其含义。

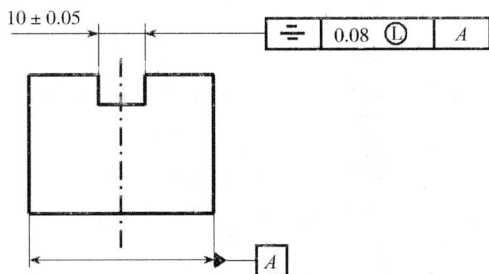

图 3-45　最小实体要求标注

图 3-45 遵守最小实体要求，表示最小实体要求用于被测要素。图上标注的 0.08 的对称度公差是在该轴处于最小实体状态（即最小实体尺寸 10.05mm）时给定的，当孔的轮廓偏离最小实体状态，允许的对称度公差得到补偿，偏离多少，补偿多少。例如，当孔的尺寸为 10.03mm 时，偏离最小实体尺寸为 0.02mm，此时允许的对称度公差为 0.08+0.02＝0.10mm；当尺寸为 9.95mm 时，允许的偏离量最大，此时允许的对称度公差为 0.08+0.10＝0.18mm。此轴遵守最小实体时效边界，边界尺寸为 10.05+0.08＝10.13mm。

（四）可逆要求

可逆要求是最大（小）要求的附加要求，不能单独使用。可逆要求应用于导出要素，当导出要素的实际几何误差值小于给出的几何公差值时，允许在满足零件功能要求的前提下扩大尺寸公差值。

可逆要求在图样中用符号Ⓡ标注在Ⓜ或Ⓛ之后，当可逆要求用于最大实体要求或最小实体要求时，并没有改变它们原来所遵守的极限边界，只是在原有尺寸公差补偿几何公差关系的基础上，增加几何公差补偿尺寸公差的关系，为加工时根据需要分配尺寸公差和几何公差提供方便。可逆要求用于最大实体要求主要应用于公差及配合无严格要求，仅要求保证装配互换的场合，可逆要求一般很少用于最小实体要求。

如图 3-46 所示，为了满足与距离为理论正确尺寸 25mm，公称尺寸为 10mm 的孔形成配合关系，被测要素采用可逆的最大实体要求。

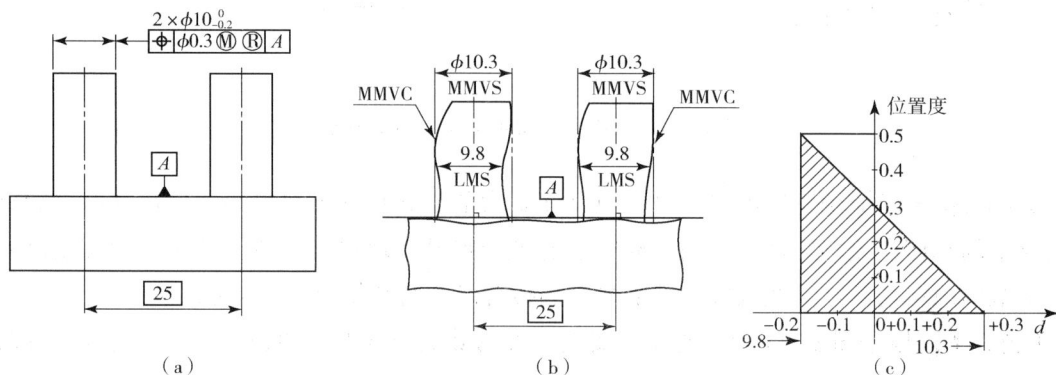

图 3-46　可逆要求的应用

（1）两轴的提取要素不得违反最大实体时效状态或最大实体时效边界。

（2）两轴的最大实体时效边界的导出要素间距为理论正确尺寸 25mm，且与基准 A 保持理论正确垂直。

（3）两轴的提取要素各处的局部尺寸均大于最小实体尺寸 LMS = 9.8mm，可逆要求允许其局部尺寸从 MMS = 10mm 增大至最大实体时效尺寸 MMVS = 10.3mm。

（4）当两轴提取要素局部尺寸均为最大实体尺寸时，其导出要素的位置度公差值为 0.3mm；当两轴提取要素局部尺寸均为最小实体尺寸时，其导出要素的位置公差值为 0.3+0.2＝05mm；当两轴处在最大实体状态和最小实体状态之间时，其导出要素的位置度在 0.3～0.5 变化。由于附加了可逆要求，当两轴的导出要素位置度误差小于给定的位置度公差值 0.3 时，允许两轴的尺寸公差值大于 0.2mm，即提取要素各处的局部尺寸均可以大于最大实体尺寸；如果两轴的导出要素的位置度误差小于给定的公差 0.3 时，两轴的提取要素的局部尺寸可大于最大实体尺寸，即尺寸公差允许大于 0.2mm；如果两轴的导出要素位置度公差值为零，则两轴的提取要素的局部尺寸公差允许增大至 0.3mm。尺寸公差与几何公差关系的动态公差图如图 3-46（c）所示。

第六节　几何公差的选用

零部件的几何误差对机器的正常使用有很大影响，因此，合理、正确地选用几何公差对保证机器的功能要求、提高产品质量和降低制造成本具有十分重要的意义。几何公差的选用包括：几何公差项目的选用、公差数值的选用和公差原则的选用。

在图样上是否给出几何公差要求，可按下述原则确定：凡几何公差要求用一般机床加工能保证的，不必在图样中注出，其公差值要求应按 GB/T 1184—1996《形状和位置公差　未注公差值》执行；凡几何公差有特殊要求的，则应按 GB/T 1182—2008《产品几何技术规范（GPS）　几何公差　形状、方向、位置和跳动公差标注》规定标注出几何公差。

一、几何公差项目的选用

几何公差特征项目的选用原则为：在保证零件使用功能的前提下，尽量减少几何公差项目的数量，并尽量简化控制几何误差的方法。几何公差特征项目的选用主要从零件的几何特征、功能要求、测量的方便性等综合考虑。

1. 零件的几何特征

在几何公差的 14 个项目中，有单项控制的公差项目，如圆度、直线度、平面度等；也有综合控制的公差项目，如圆柱度、位置公差的各个项目。应该充分发挥综合控制的公差项目的职能，这样可以减少图样上给出的几何公差项目及相应的几何误差检测项目。

2. 零件的功能要求

零件的功能不同，对几何公差设计应提出不同的公差要求，因此应分析几何误差对零件使用性能的影响。如导轨面的形状误差将影响导向精度；圆柱面的形状误差将影响连接强度和可靠性、影响转动配合的间隙均匀性和运动平稳性；轮廓表面或导出要素的方向或位置误差将直接决定机器的装配精度和运动精度，如滚动轴承的定位轴肩和轴线不垂直将影响轴承的旋转精度。

3. 检测的便利性

在满足功能要求的前提下，应该选用测量简便的项目。例如，同轴度公差常可以用径向圆跳动公差或径向全跳动公差代替，这样便于测量。不过应注意，径向全跳动是同轴度误差与圆柱面形状误差的综合结果，故当同轴度由径向全跳动代替时，给出的全跳动公差值应略大于同轴度公差值，否则就会要求过严。

二、几何公差值的选用

几何公差值的选用原则为：在满足零件功能要求的前提下，选取最经济的公差值。

（一）几何公差值的选用原则

（1）根据零件的功能要求，并考虑加工的经济性和零件的结构、刚性等情况，按公差表中数系确定要素的公差值，并考虑下列情况：

①在同一要素上给出的形状公差值应小于位置公差值，方向公差值应小于位置公差值。如要求平行的两个表面，其平面度公差值应小于平行度公差值。

②圆柱形零件的形状公差值（轴线的直线度除外）一般情况下应小于其尺寸公差值。圆度、圆柱度的公差值小于同级的尺寸公差值的1/3，因而可按统计选取。但也可根据零件的功能，在邻近的范围内选取。

③平行度公差值应小于其相应的距离公差值。

（2）对于下列情况，考虑到加工的难易程度和除主参数外其他参数的影响，在满足零件功能的要求下，适当降低1~2级选用：

①孔相对于轴；

②细长比较大的轴和孔；

③距离较大的轴和孔；

④宽度较大（一般大于1/2长度）的零件表面；

⑤线和线对面相对于面对面的平行度、垂直度公差。

（二）几何公差等级

圆度、圆柱度公差等级由高到低分为0、1、2、…、12，共13个等级，公差值逐次递增，见表3-17。

表3-17 圆度、圆柱度公差值

主参数	公差等级												
d (D) /mm	0	1	2	3	4	5	6	7	8	9	10	11	12
≤3	0.1	0.2	0.3	0.5	0.8	1.2	2	3	4	6	10	14	25
>3~6	0.10	0.2	0.4	0.6	1	1.5	2.5	4	5	8	12	18	30
>6~10	0.12	0.25	0.4	0.6	1	1.5	2.5	4	6	9	15	22	36
>10~18	0.15	0.25	0.5	0.8	1.2	2	3	5	8	11	18	27	43
>18~30	0.2	0.3	0.6	1	1.5	2.5	4	6	9	13	21	33	52
>30~50	0.25	0.4	0.6	1	1.5	2.5	5	7	11	16	25	39	62
>50~80	0.3	0.5	0.8	1.2	2	3	6	8	13	19	30	46	74
>80~120	0.4	0.6	1	1.5	2.5	4	7	10	15	22	35	54	87
>120~180	0.6	1	1.2	2	3.5	5	8	12	18	25	40	63	100
>180~250	0.8	1.2	2	3	4.5	7	10	14	20	29	46	72	115
>250~315	1.0	1.6	2.5	4	6	8	12	16	23	32	52	81	130
>315~400	1.2	2	3	5	7	9	13	18	25	36	57	89	140
>400~500	1.5	2.5	4	6	8	10	15	20	27	40	63	97	155

注 参数 d (D) 系轴（孔）的直径。

圆度、圆柱度主参数 d（D）图例如图3-47所示。

直线度、平面度、平行度、垂直度、倾斜度、同轴度、对称度、圆跳动和全跳动公差等级由高到低分为1、2、…、12，共12个等级，公差值逐次递增，见表3-18、表3-19。

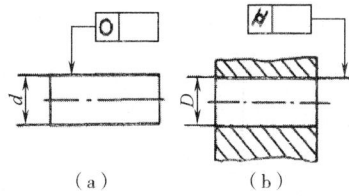

图3-47　圆度、圆柱度主参数 d（D）图例

表3-18　直线度、平面度公差值

主参数 L/mm	公差等级											
	1	2	3	4	5	6	7	8	9	10	11	12
≤10	0.2	0.4	0.8	1.2	2	3	5	8	12	20	30	60
>10~16	0.25	0.5	1	1.5	2.5	4	6	10	15	25	40	80
>16~25	0.3	0.6	1.2	2	3	5	8	12	20	30	50	100
>25~40	0.4	0.8	1.5	2.5	4	6	10	15	25	40	60	120
>40~63	0.5	1	2	3	5	8	12	20	30	50	80	150
>63~100	0.6	1.2	2.5	4	6	10	15	25	40	60	100	200
>100~160	0.8	1.5	3	5	8	12	20	30	50	80	120	250
>160~250	1	2	4	6	10	15	25	40	60	100	150	300
>250~400	1.2	2.5	5	8	12	20	30	50	80	120	200	400
>400~630	1.5	3	6	10	15	25	40	60	100	150	250	500

注　主参数 L 系轴、直线、平面的长度。

直线度、平面度主参数 L 图例如图3-48所示，平行度、垂直度和倾斜度公差值见表3-19。

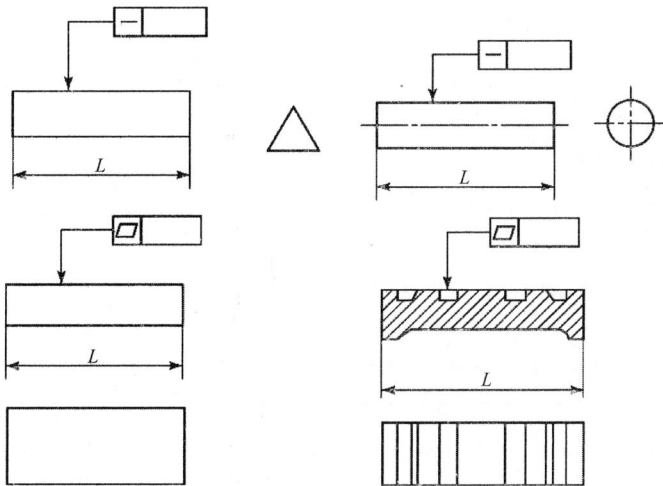

图3-48　直线度、平面度主参数 L 图例

表 3-19　平行度、垂直度和倾斜度公差值

主参数	公差等级											
L、d（D）/mm	1	2	3	4	5	6	7	8	9	10	11	12
≤10	0.4	0.8	1.5	3	5	8	12	20	30	50	80	120
>10~16	0.5	1	2	4	6	10	15	25	40	60	100	150
>16~25	0.6	1.2	2.5	5	8	12	20	30	50	80	120	200
>25~40	0.8	1.5	3	6	10	15	25	40	60	100	150	250
>40~63	1	2	4	8	12	20	30	50	80	120	200	300
>63~100	1.2	2.5	5	10	15	25	40	60	100	150	250	400
>100~160	1.5	3	6	12	20	30	50	80	120	200	300	500
>160~250	2	4	8	15	25	40	60	100	150	250	400	600
>250~400	2.5	5	10	20	30	50	80	120	200	300	500	800
>400~630	3	6	12	25	40	60	100	150	250	400	600	1000

注　（1）主参数 L 为给定平行度时轴线或平面的长度，或给定垂直度、倾斜度时被测要素的长度；

　　（2）主参数 d（D）为给定面对线垂直度时，被测要素的轴（孔）直径。

平行度、垂直度、倾斜度主参数 L、d（D）图例如图 3-49 所示，同轴度、对称度、圆跳动和全跳动公差值见表 3-20。

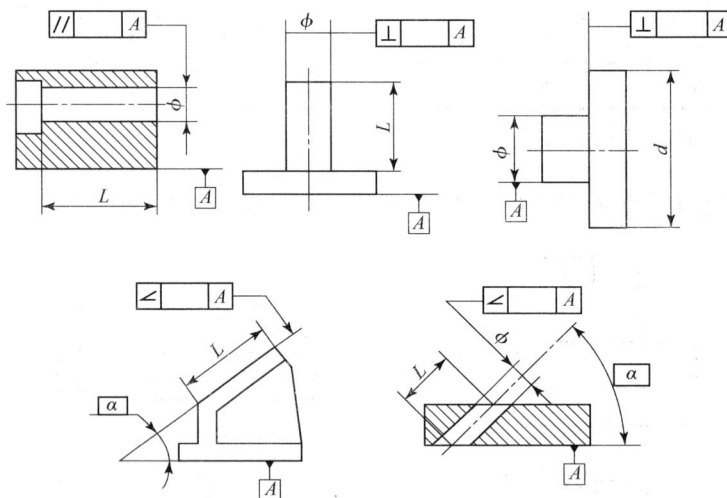

图 3-49　平行度、垂直度、倾斜度主参数 L、d（D）图例

表 3-20　同轴度、对称度、圆跳动和全跳动公差值

主参数	公差等级											
d（D）、B、L/mm	1	2	3	4	5	6	7	8	9	10	11	12
≤1	0.4	0.6	1.0	1.5	2.5	4	6	10	15	25	40	60

主参数	公差等级											
d（D）、B、L/mm	1	2	3	4	5	6	7	8	9	10	11	12
>1~3	0.4	0.6	1.0	1.5	2.5	4	6	10	20	40	60	120
>3~6	0.5	0.8	1.2	2	3	5	8	12	25	50	80	150
>6~10	0.6	1	1.5	2.5	4	6	10	15	30	60	100	200
>10~18	0.8	1.2	2	3	5	8	12	20	40	80	120	250
>18~30	1	1.5	2.5	4	6	10	15	25	50	100	150	300
>30~50	1.2	2	3	5	8	12	20	30	60	120	200	400
>50~120	1.5	2.5	4	6	10	15	25	40	80	150	250	500
>120~250	2	3	5	8	12	20	30	50	100	200	300	600
>250~500	2.5	4	6	10	15	25	40	60	120	250	400	800

注　（1）主参数 d（D）为给定同轴度时轴直径，或给定圆跳动、全跳动时轴（孔）直径；

　　（2）圆锥体斜向圆跳动公差的主参数为平均直径；

　　（3）主参数 B 为给定对称度时槽的宽度；

　　（4）主参数 L 为给定两孔对称度时槽的孔心距。

同轴度、对称度、圆跳动和全跳动公差主参数 B 、L、d（D）图例如图3-50所示。

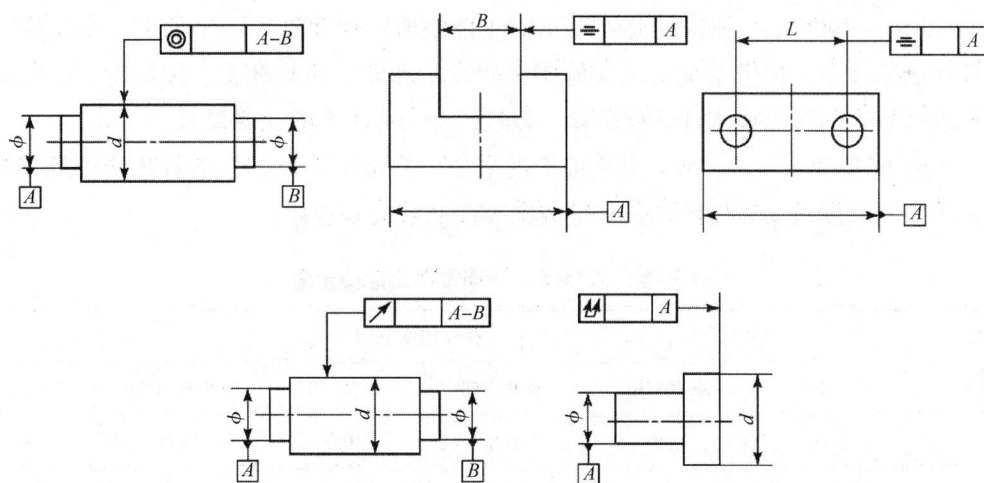

图3-50　同轴度、对称度、圆跳动和全跳动公差主参数 B 、L、d（D）图例

位置度公差值应通过计算得到。

螺栓连接时，被连接件上的孔为通孔，其孔径大于螺栓的直径，位置度公差的计算公式为：

$$T = X_{min}$$

式中：t 为位置度公差，X_{min} 为通孔与螺栓之间的最小间隙。

螺钉连接时，被连接件中有一个螺纹孔，其他均为通孔，且孔径大于螺钉直径，位置度公差的计算公式为：

$$T = 0.5X_{min}$$

按计算公式得到的数值，通过圆整后，在数量级上可参考表3-21确定所需要的位置度公差值。

表3-21 位置度公差值

1	1.2	1.5	2	2.5	3	4	5	6	8
1×10^n	1.2×10^n	1.5×10^n	2×10^n	2.5×10^n	3×10^n	4×10^n	5×10^n	6×10^n	8×10^n

注 n 为正整数。

（三）几何公差的未注公差值的规定

在图样上没有标注几何公差值的要素，其几何精度要求由未注几何公差来控制。

1. 采用未注公差值的优点

在图样中采用未注公差值可以使图样易读，且清楚地指出哪些要素可以用一般加工方法加工，既保证工程质量又不需逐一检测；节省设计时间，无须详细计算公差值，只需了解某个要素的功能是否允许大于或等于未注公差值；保证零件特殊的精度要求，有利于安排生产、质量控制和检测。

2. 几何公差的未注公差值

GB/T 1184—1996《形状和位置公差 未注公差值》对直线度、平面度、垂直度、对称度和圆跳动的未注公差值做了规定，其他项目如线轮廓度、面轮廓度、倾斜度、位置度和全跳动均应由各要素的注出或未注几何公差、线性尺寸公差或角度公差控制。

（1）直线度和平面度。直线度和平面度的未注公差值见表3-22，直线度应根据其相应线的长度选用，平面度按其表面的较长一侧或圆表面的直径来选用。

表3-22 直线度、平面度的未注公差值

公差等级	基本长度范围					
	~10	>10~30	>30~100	>100~300	>300~1000	>1000~3000
H	0.02	0.05	0.1	0.2	0.3	0.4
K	0.05	0.1	0.2	0.4	0.6	0.8
L	0.1	0.2	0.4	0.8	1.2	1.6

（2）圆度。圆度的未注公差值等于标注的公差值，但是不能大于径向圆跳动的公差值。

（3）圆柱度。圆柱度的未注公差值不做规定。圆柱度误差由三个部分组成：圆度、直线度和相对素线的平行度误差，而其中每一项误差均由它们的注出公差或未注公差控制。如因功能要求，圆柱度应小于圆度、直线度和平行度的未注公差的综合结果，应在被测要素上按

GB/T 1182—2008　的规定注出圆柱度公差值，采用包容要求。

（4）平行度。平行度的未注公差值等于给出的尺寸公差值，或是直线度和平面度未注公差值中较大者。应采取两要素中的较长者作为基准。若两要素的长度相等，则可任选一要素为基准。

（5）垂直度。垂直度的未注公差值见表 3-23。取形成直角的两边中较长的一边作为基准，较短的一边作为被测要素。若两边的长度相等，则可取其中的任意一边作为基准。

表 3-23　垂直度的未注公差值

公差等级	基本长度范围			
	≤10	>100~300	>300~1000	>1000~3000
H	0.2	0.3	0.4	0.5
K	0.4	0.6	0.8	1
L	0.6	1	1.5	2

（6）对称度。对称度的未注公差值见表 3-24。应取两要素中较长者作为基准，较短者作为被测要素。若两要素长度相等，则可任选一要素为基准。

注意：对称度的未注公差值用于至少两个要素中的一个是中心平面，或两个要素的轴线相互垂直。

表 3-24　对称度的未注公差值

公差等级	基本长度范围			
	≤10	>100~300	>300~1000	≥1000~3000
H	0.5			
K	0.6		0.8	1
L	0.6	1	1.5	2

（7）同轴度。同轴度的未注公差值未作规定。在极限状况下，同轴度的未注公差值可以和表 3-25 中规定的径向圆跳动的未注公差值相等。应选两要素中较长者为基准。若两要素长度相等，则可选任一要素为基准。

（8）圆跳动。圆跳动（径向、轴向和斜向）的未注公差值见表 3-25，对于圆跳动的未注公差值，应以设计或工艺给出的支承面作为基准，否则应取两要素中较长的一个作为基准。若两要素的长度相等，则可选任一要素为基准。

表 3-25　圆跳动的未注公差值

公差等级	圆跳动公差值
H	0.1
K	0.2
L	0.5

3. 未注公差值的图样表示法

若采用 GB/T 1184—1996 规定的未注公差值，应在标题栏附近或在技术要求、技术文件（如企业标准）中注出标准号及公差等级代号"GB/T 1184-X"。圆度未注公差如图 3-51 所示。

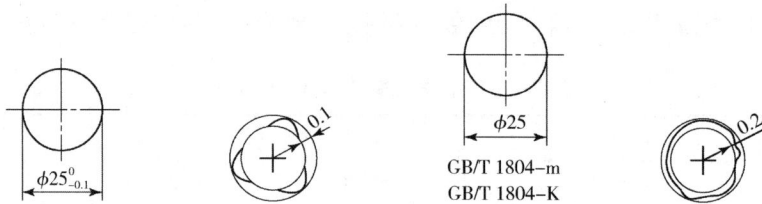

图 3-51　圆度未注公差

三、公差原则的选用

选择公差原则时，应根据被测要素的功能要求，充分发挥出公差值的职能和采用该种公差原则的可行性和经济性。公差原则的应用场合见表 3-26。

表 3-26　公差原则的应用场合

公差原则	应用场合	示例
独立原则	尺寸精度与几何精度需要分别满足要求	齿轮箱体孔的尺寸精度与两孔轴线的平行度；连杆活塞的孔的尺寸精度与圆柱度；滚动轴承内、外圈滚道的尺寸精度与几何精度
	尺寸精度与几何精度要求相差较大	滚筒类零件尺寸精度要求很低，几何精度要求较高；平板的尺寸精度要求不高，但几何精度要求很高；通油孔的尺寸有一定精度要求，几何精度无要求
	尺寸精度与几何精度无关系	滚子链条的套筒或滚子内外圆柱面的轴线同轴度与尺寸精度；发动机连杆上的尺寸精度与孔轴线间的位置精度
	保证运动精度	导轨的几何精度要求严格，尺寸精度一般
	保证密封性	气缸的几何精度要求严格，尺寸精度一般
	未注公差	凡未注尺寸公差与未注几何公差都采用独立原则，如退刀槽、倒角、圆角等非功能要素
包容要求	保证国际规定的配合性质	$\phi30H7$ 孔与 $\phi30h6$ 轴的配合，可以保证配合的最小间隙等于零
	尺寸精度与几何精度间无严格比例关系要求	一般的孔与轴配合，只要求提取组成要素不超越最大实体尺寸，提取局部尺寸不超越最小实体尺寸

公差原则	应用场合	示例
最大实体要求	保证提取组成要素不超越最大实体尺寸	关联要素的孔与轴有配合性质要求，在公差框格的第二格标注
	保证可装配性	轴承盖上用于穿过螺钉的通孔，法兰上用于穿过螺栓的通孔
可逆要求	保证零件强度和最小壁厚	一组孔轴线的任意方向位置公差，采用最小实体要求可保证孔与孔间的最小壁厚
	与最大（最小）实体要求适用	能充分利用公差带，扩大尺寸要素的尺寸公差，在不影响使用性能要求的前提下可以选用

四、基准的选用

基准要素的选择包括基准部位的选择、基准数量的确定、基准顺序的合理安排等。

1. 基准部位的选择

主要根据设计和使用要求、零件的结构特点，并综合考虑基准的统一等原则。在满足功能要求的前提下，一般选用加工或装配中精度较高的表面作为基准，力求使设计和工艺基准重合，消除基准不统一产生的误差，同时简化夹具、量具的设计与制造。而且基准要素应具有足够的刚度和尺寸，确保定位稳定可靠。

2. 基准数量的确定

一般根据公差项目的定向、定位几何功能要求来确定基准的数量。定向公差大多只需要一个基准，而定位公差则需要一个或多个基准。

3. 基准顺序的安排

如果选择两个或两个以上的基准要素时，就必须确定基准要素的顺序，并按顺序填入公差框格中。基准顺序的安排主要考虑零件的结构特点以及装配和使用要求。

4. 基准的选择

图样上标注位置公差时，有一个正确选择基准的问题。在选择时，主要应根据设计要求，并兼顾基准统一原则和结构特征，一般可从下列几方面来考虑：

（1）设计时，应根据实际要素的功能要求及要素间的几何关系来选择基准。例如，对旋转轴，通常以与轴承配合的轴颈表面作为基准或以轴心线作为基准。

（2）装配关系考虑，应选择零件相互配合、相互接触的表面作为各自的基准，以保证零件的正确装配。

（3）从加工、测量角度考虑，应选择在工具、夹具、量具中定位的相应表面作为基准，并考虑这些表面作基准时要便于设计工具、夹具和量具，还应尽量使测量基准与设计基准统一。

（4）当被测要素的方向需采用多基准定位时，可选用组合基准或三基面体系，还应从被测要素的使用要求考虑基准要素的顺序。

☞ **思考题**

1. 为什么要提出形位公差？采用形位公差有哪些优点？

2. 简述几何公差的项目和符号。

3. 独立原则、包容要求、最大实体要求各用于什么场合？

4. 当被测要素遵守包容要求或最大实体要求后其实际尺寸的合格性如何判断？

5. 几何公差值的选择原则是什么？选择时应考虑哪些情况？

第四章　表面粗糙度

机械加工零件形成的实际表面形貌代表了物体与周围介质分离的物理边界，是由实际表面的重复或偶然的偏差所形成的表面三维形貌，如图4-1所示，根据其特征可以分为表面粗糙度、表面波纹度和形状误差。无论是机械加工的零件表面还是其他加工方法获得的零件表面，都会存在具有较小间距的微小峰、谷所组成的微观几何形状特征。实际表面轮廓的相邻两波峰或两波谷之间的距离称为波距，当波距在1mm以下的轮廓属于表面粗糙度（微观几何形状误差）；当波距在1~10mm的轮廓属于波纹度轮廓；波距大于10mm的轮廓属于形状轮廓。

表面粗糙度是指加工表面所具有的微小峰、谷的高低程度和间距状况，表面粗糙度值越小，则表面越光滑。表面粗糙度值的大小，对机械零件的使用性能有很大的影响。

1. 对零件耐磨性的影响

零件工作表面越粗糙，配合表面间的有效接触面积减小，压强增大，磨损就越快。此外，工作表面之间的摩擦会增加能量损耗，表面越粗糙，摩擦系数越大，因摩擦所消耗的能量也越大。

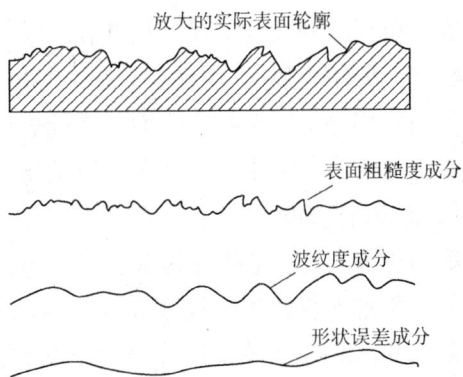

图4-1　表面形貌

2. 对零件稳定性的影响

对于间隙配合来说，表面越粗糙，就越易磨损，使工作过程中间隙逐渐增大；对于过盈配合来说，由于装配时将微观凸峰挤平，减小了实际有效过盈，降低了连接强度。

3. 对零件疲劳强度的影响

粗糙的零件表面存在较大的波谷，它们像尖角缺口和裂纹一样，对应力集中很敏感，从而影响零件的疲劳强度。

4. 对零件抗腐蚀性的影响

粗糙的表面易使腐蚀性气体或液体通过表面的微观凹谷渗入金属内层，造成表面锈蚀。

5. 对零件密封性的影响

粗糙的表面之间无法严密地贴合，气体或液体通过接触面间的缝隙会发生渗漏。

6. 对零件测量精度的影响

零件被测表面和测量工具测量面的表面粗糙度都会直接影响测量的精度，尤其是精密测量。

此外，表面粗糙度对零件的外观、零件表面的镀涂层、导热性、流体流动的阻力等都有不同程度的影响。

为了保证零件的互换性、提高产品以及正确地标注、测量和评定表面粗糙度，参照国际标准（ISO），我国制定了 GB/T 3505—2009《产品几何技术规范（GPS）表面结构轮廓法术语、定义及表面结构参数》、GB/T 1031—2009《产品几何技术规范（GPS）表面结构轮廓法表面粗糙度参数及其数值》、GB/T 10610—2009《产品几何技术规范（GPS）表面结构轮廓法评定表面结构的规则和方法》等国家标准。

第一节　表面粗糙度的评定参数

一、评定基准

为了客观地评定表面粗糙度轮廓，需要在表面轮廓线上确定一段长度范围和方向作为评定基准，包括取样长度、评定长度和中线等。

（一）表面轮廓

表面轮廓是指一个指定平面与实际表面相交所得到的轮廓，如图 4-2 所示。通常采用一个名义上与实际表面平行，并在一个适当方向上的法线来选择一个平面。

（二）取样长度

取样长度（lr）是指评定表面粗糙度时所规定的一段基准线长度。规定和选择这段长度是为限制和削弱表面波纹度、排除形状误差对表面粗糙度测量结果的影响。lr 过长，表面粗糙度的测量值中可能包含有表面波纹度的成分；lr 过短，则不能客观地反映表面粗糙度的实际情况，使测得结果有很大的随机性。因此，取样长度应与表面粗糙度的大小相适应。

图 4-2　表面轮廓

在所选取的取样长度内，一般应包含五个以上的轮廓峰和轮廓谷。对于微观不平度间距较大的加工表面，应选取较大的取样长度。

（三）评定长度

由于加工表面有着不同程度的不均匀性，为了充分合理地反映某一表面的粗糙度特性，规定在评定时所必需的一段表面长度，它包括一个或几个取样长度，称为评定长度（ln）。在评定长度内，根据取样长度进行测量，此时可得到一个或几个测量值，取其平均值作为表面粗糙度数值的可靠值。国家标准 GB/T 1031—2009《产品几何技术规范（GPS）表面结构轮廓法表面粗糙度参数及其数值》规定评定长度一般按 5 个取样长度来确定。

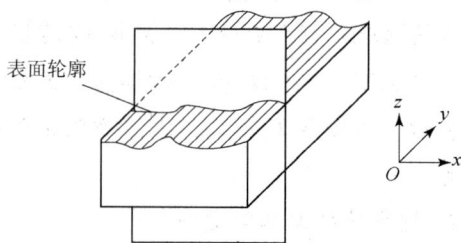

(四) 中线

中线 (m) 是指具有几何轮廓形状并划分轮廓的基准线（也称基准线），计算各类表面轮廓参数大小的基础，中线可分为轮廓最小二乘中线和轮廓算术平均中线。

1. 轮廓最小二乘中线

轮廓最小二乘中线是指在取样长度内，使轮廓上各点至一条假想线的距离的平方和为最小，如图 4-3 (a) 所示。

根据实际轮廓用最小二乘法来计算，表达式为：

$$\sum_{i=1}^{n} Z_i^2 = min \tag{4-1}$$

这条假想线即为最小二乘中线。

2. 轮廓算术平均中线

轮廓算术平均中线是指在取样长度内，由一条假想线将实际轮廓分成上、下两部分，且使上部面积之和等于下部分面积之和，如图 4-3 (b) 所示。即：

$$F_1 + F_3 + \cdots + F_{2n-1} = F_2 + F_4 + \cdots + F_{2n} \tag{4-2}$$

这条假想的线即为轮廓算术平均中线。

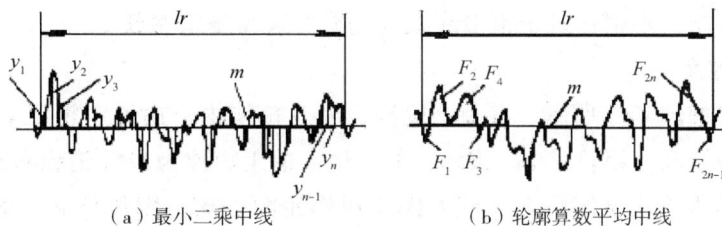

（a）最小二乘中线　　　　　　（b）轮廓算数平均中线

图 4-3　中线

在轮廓图形上确定最小二乘中线的位置比较困难，因此通常用目测估计法来确定轮廓算术平均中线，并以此作为评定表面粗糙度数值的基准线。

二、表面粗糙度轮廓的评定参数

国家标准规定采用中线制来评定表面粗糙度，由于表面粗糙度上的微小峰谷的幅度、间距和形状是构成表面粗糙度的基本特征，在定量评定时，采用幅度参数、间距参数、混合参数及曲线和相关参数。

表面粗糙度轮廓的评定参数是用来定量描述零件表面微观几何形状特征的，表面粗糙度的评定参数应从两个主要评定参数中选取。

(一) 幅度参数

表面粗糙度轮廓的基本参数为幅度参数，又称高度参数，包括轮廓的算术平均偏差 Ra 和轮廓的最大高度 Rz。

1. 轮廓的算术平均偏差 Ra

轮廓的算术平均偏差如图 4-4 所示，在一个取样长度 lr 范围内，被测轮廓线上各点至中线的距离的算术平均值称为轮廓的算术平均偏差 Ra，即：

$$Ra = \frac{1}{lr}\int_0^{lr} |z(x)|\,\mathrm{d}x \tag{4-3}$$

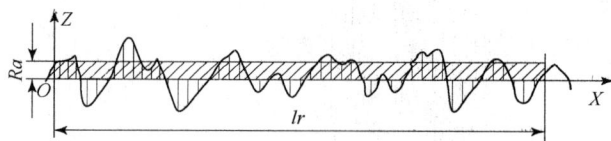

图 4-4　轮廓算数平均偏差

或近似为：

$$Ra = \frac{1}{n}\sum_{i=1}^{n} |z_i| \tag{4-4}$$

式中：n 为在取样长度内所测点的数目。

测得值 Ra 越大，则表面越粗糙。Ra 能客观地反映表面微观几何形状的特性，但因受到计量器具功能的限制，不用作过于粗糙或太过光滑的表面测定参数。

2. 轮廓最大高度

轮廓最大高度如图 4-5 所示，在一个取样长度 lr 范围内，被评定轮廓上各个高级点至中线的距离称为轮廓峰高，用符号 Zp_i 表示，其中最大的距离称为最大轮廓峰高 Rp（图中 Rp = Zp6）；被评定轮廓上各个低级点至中线的距离叫作轮廓谷深，用符号 Zv_i 表示，其中最大的距离称为最大轮廓谷深 Rv（图中 Rv = Zv_2）。

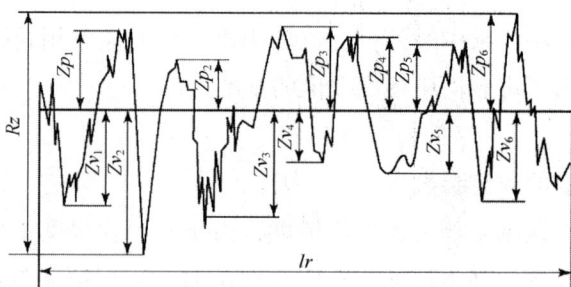

图 4-5　轮廓最大高度

轮廓最大高度是指在一个取样长度 lr 范围内，被评定轮廓的最大轮廓峰高 Rp 与最大轮廓谷深 Rv 之和的高度，用符号 Rz 表示，即：

$$Rz = Rp + Rv \tag{4-5}$$

Rz 常与 Ra 联用用于控制微观不平度的谷深，从而达到控制表面微观裂缝的目的，当被测表面长度不足一个取样长度时，不适宜采用 Ra 时，也可以采用 Rz。

（二）间距参数

轮廓单元的平均宽度如图 4-6 所示，一个轮廓峰与相邻的轮廓谷的组合称为轮廓单元，在一个取样长度 lr 范围内，中线与各个轮廓单元相交线段的长度称为轮廓单元宽度，用符号 Xs_i 表示。

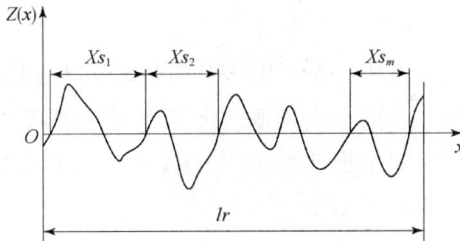

图 4-6 轮廓单元的平均宽度

轮廓单元的平均宽度是指在一个取样长度 lr 范围内所有轮廓单元宽度 Xs_i 的平均值，用符号 Rsm 表示，即：

$$Rsm = \frac{1}{m}\sum_{i=1}^{m} Xs_i \tag{4-6}$$

间距参数反映被测表面加工痕迹的细密程度，表征轮廓与中线的交叉密度，对评价零件承载能力、耐磨性和密封性具有指导意义。

（三）混合参数

轮廓支承长度率如图 4-7 所示，在给定水平截面高度 c 上，轮廓的实体材料长度 $Ml（c）$ 与评定长度 ln 的比率，用符号 $Rmr（c）$ 表示，评定时应给出相对应的水平截距 c。

$$Rmr(c) = \frac{Ml(c)}{ln} \tag{4-7}$$

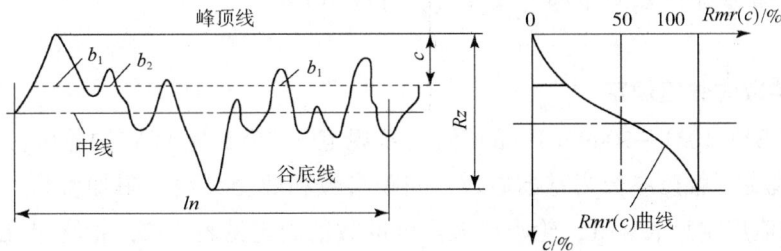

图 4-7 轮廓支承长度率

在水平位置 c 上，轮廓实体材料长度 $Ml（c）$ 是指在给定水平位置 c 上，用一条平行于 X 轴的线与轮廓单元相截所获得的各段截线长度之和。

轮廓水平位置 c 可用微米或用其他占轮廓最大高度 Rz 的百分比表示。轮廓水平位置 c 不同，则支撑长度率也不同，因此 $Rmr（c）$ 的值是对应与不同水平位置 c 而言的，其关系曲线称为支撑长度率曲线，该曲线是评定轮廓曲线的相关参数，当 c 一定时，$Rmr（c）$ 值越大，则零件的支承能力和耐磨性越好。

第二节　表面粗糙度轮廓参数的选用

一、评定参数的选用

在表面粗糙度的四个评定参数中，Ra、Rz 两个高度参数为基本参数，Rsm、Rmr（c）为两个附加参数。这些参数分别从不同角度反映了零件的表面形貌特征，但都存在不同程度的不完整性。因此，在具体选用时要根据零件的功能要求、材料性能、结构特点以及测量的条件等情况适当用一个或几个作为评定参数。

（1）如果表面没有特殊要求，则一般仅选用幅度（高度）参数。在高度特性参数常用的参数值范围内（$Ra = 0.025 \sim 6.3\mu m$，$Rz = 0.1 \sim 25\mu m$），推荐优先选用 Ra 值，因为 Ra 较充分地反映零件表面轮廓的特征，但以下情况不宜选用 Ra。

①当表面过于粗糙（$Ra > 6.3\mu m$）或太光滑（$Ra < 0.025\mu m$）时，可选用 Rz，因为此范围便于选择用于测量 Rz 的仪器进行测量。

②当零件材料较软时，不能选用 Ra，因为 Ra 值一般采用触针测量，如果用于较软材料的测量，不仅会划伤零件表面，而且测得的结果也不准确。

③如果测量面积很小，如顶尖、刀具的刃部以及仪表小元件的表面，在取样长度内，轮廓的峰或谷少于 5 个时，这时可以选用 Rz 值。

（2）当表面有特殊功能要求时，为了保证功能要求，提高产品质量，这时可以同时选用几个参数综合控制表面质量。

①当表面要求耐磨时，可以选用 Ra、Rz 和 Rmr（c）。

②当表面要求承受交变应力时，可以选用 Rz 和 Rsm。

③当表面着重要求外观质量和可漆性时，可选用 Rsm。

二、评定参数的数值规定

国家标准 GB/T 1031—2009《产品几何技术规范（GPS）表面结构轮廓法表面粗糙度参数及其数值》规定了幅度参数为基本参数，间距参数和混合参数为附加参数。轮廓的算术平均偏差 Ra 的数值规定见表 4-1，轮廓最大高度的数值规定见表 4-2，轮廓单元的平均宽度的数值规定见表 4-3 和轮廓支承长度率的数值规定见表 4-4。

表 4-1　轮廓的算术平均偏差 Ra 的数值

Ra	0.012	0.20	3.2	50
	0.025	0.40	6.3	
	0.050	0.80	12.5	
	0.100	1.60	25	

表 4-2 轮廓最大高度 Rz 的数值

Rz	0.025	0.40	6.3	100	1600
	0.050	0.80	12.5	200	
	0.100	1.60	25	400	
	0.20	3.2	50	800	

表 4-3 轮廓单元平均宽度的数值

Rsm	0.006	0.1	1.6
	0.0125	0.2	3.2
	0.025	0.4	6.3
	0.05	0.8	12.5

表 4-4 轮廓支承长度率的数值

Rmr（*c*）	10	15	20	25	30	40	50	60	70	80	90

三、评定参数的数值选用

表面粗糙度参数值选择得合理与否，不仅对产品的使用性能有很大影响，而且直接关系到产品的质量和制造成本。一般来说，表面粗糙度值（评定参数值）越小，零件的工作性能越好，使用寿命也越长。但绝不能认为表面粗糙度值越小越好，为了获得表面粗糙度值较小的表面，则零件需经过复杂的工艺过程，这样加工成本有可能随之急剧增高。因此，选择表面粗糙度参数值既要考虑零件的功能要求，又要考虑其制造成本，在满足功能要求的前提下，应尽可能选用较大的表面粗糙度值。

1. 一般选择原则

（1）同一零件上，工件表面的表面粗糙度参数值小于非工作表面的表面粗糙度参数值。

（2）摩擦表面比非摩擦表面的表面粗糙度参数值要小；滚动摩擦表面比滑动摩擦表面的表面粗糙度参数值要小；运动速度高，单位压力大的摩擦表面应比运动速度低、单位压力小的摩擦表面的表面粗糙度参数值要小。

（3）受循环载荷的表面及易引起应力集中的部分（如圆角、沟槽），表面粗糙度参数值要小。

（4）配合性质要求高的结合表面，配合间隙小的配合表面以及要求连接可靠、受重载的过盈配合表面等，都应取较小的表面粗糙度参数值。

（5）配合性质相同，零件尺寸越小则表面粗糙度参数值应越小；同一精度等级，小尺寸比大尺寸、轴比孔的表面粗糙度参数值要小。

2. 参数值的选用方法

在选择参数值时，通常可参照一些经过验证的实例，用类比法来确定。

一般尺寸公差、表面形状公差小时，表面粗糙度参数值也小。然而，在实际生产中也有这样的情况，尺寸公差、表面形状公差要求很大，但表面粗糙度值却要求很小，如机床的手轮或手柄的表面，故它们之间并不存在确定的函数关系。

一般情况下，它们之间有一定的对应关系。设表面形状公差值为 T，尺寸公差值为 IT，它们之间的对应关系见表 4-5。

表 4-5　尺寸公差、几何公差与幅度参数的对应关系

尺寸公差等级	几何公差 t	Ra，Rz
IT5～IT7	$t \approx 0.6IT$	$Ra \leq 0.05IT$，$Rz \leq 0.2IT$
IT8～IT9	$t \approx 0.4IT$	$Ra \leq 0.025IT$，$Rz \leq 0.1IT$
IT10～IT12	$t \approx 0.25IT$	$Ra \leq 0.12IT$，$Rz \leq 0.05T$
>IT12	$t < 0.25IT$	$Ra \leq 0.15T$，$Rz \leq 0.6T$

表面粗糙度轮廓参数的数值见表 4-6。

表 4-6　表面粗糙度轮廓参数的数值

轮廓的算术平均偏差 Ra/μm			轮廓的最大高度 Ra/μm			轮廓单元的平均宽度 Rsm/μm		轮廓的最大高度偏差 Rmr（c）/%	
0.012	0.8	50	0.025	1.6	100	0.006	0.4	10	50
0.025	1.6	100	0.05	3.2	200	0.0125	0.8	15	60
0.05	3.2		0.1	6.3	400	0.025	1.6	20	70
0.1	6.3		0.2	12.5	800	0.05	3.2	25	80
0.2	12.5		0.4	25	1600	0.1	6.3	30	90
0.4	25		0.8	50		0.2	12.5	40	

孔和轴的表面粗糙度推荐数值见表 4-7。

表 4-7　孔和轴的表面粗糙度推荐数值

表面特征			Ra/μm（不大于）	
	公差等级	表面	基本尺寸/mm	
			～50	50～500
轻度装卸零件的配合表面（如挂轮、刀等）	IT5	轴	0.2	0.4
		孔	0.4	0.8
	IT6	轴	0.4	0.8
		孔	0.4～0.8	0.8～1.6
	IT7	轴	0.4～0.8	0.8～1.6
		孔	0.8	1.6
	IT8	轴	0.8	1.6
		孔	0.8～1.6	1.6～3.2

续表

表面特征			Ra/μm（不大于）		
过盈配合的配合表面 ①装配按机械压入法；②装配按热处理法	公差等级	表面	基本尺寸/mm		
			~50	50~120	>120~500
	IT5	轴	0.1~0.2	0.4	0.4
		孔	0.2~0.4	0.8	0.8
	IT6~IT7	轴	0.4	0.8	1.6
		孔	0.8	0.4	1.6
	IT8	轴	0.8	0.8~1.6	1.6~3.2
		孔	1.6	1.6~3.2	1.6~3.2
	—	轴	1.6		
		孔	1.6~3.2		

精密定心用配合的零件表面	表面	径向跳动公差/μm					
		2.5	4	6	10	16	25
	表面	Ra/μm（不大于）					
	轴	0.05	0.1	0.1	0.2	0.4	0.8
	孔	0.1	0.2	0.2	0.4	0.8	1.6

滑动轴承的配合表面	表面	公差等级		液体湿摩擦条件
		IT6~IT9	IT10~IT12	
	表面	Ra/μm（不大于）		
	轴	0.4~0.8	0.8~3.2	0.1~0.4
	孔	0.8~1.6	1.6~3.2	0.2~0.8

加工方法对应的表面粗糙度见表4-8。

表 4-8　加工方法对应的表面粗糙度

加工方法	表面粗糙度 Ra/μm													
	0.012	0.025	0.05	0.100	0.20	0.40	0.80	1.60	3.20	6.30	12.5	25	50	100
砂模铸造											■■■■■			
压力铸造							■■■■■■							
模锻							■■■■■							
挤压					■■■■■■■									

103

续表

加工方法		表面粗糙度 Ra/μm													
		0.012	0.025	0.05	0.100	0.20	0.40	0.80	1.60	3.20	6.30	12.5	25	50	100
刨削	粗										▬	▬	▬	▬	▬
	半精								▬	▬	▬	▬	▬		
	精						▬	▬	▬	▬					
插削									▬	▬	▬	▬	▬		
钻孔									▬	▬	▬	▬	▬		
金刚镗孔				▬	▬	▬	▬	▬							
镗孔	粗										▬	▬	▬	▬	
	半精							▬	▬	▬	▬	▬			
	精							▬	▬	▬					
端面铣	粗									▬	▬	▬	▬		
	半精							▬	▬	▬	▬	▬			
	精						▬	▬	▬	▬					
车外圆	粗										▬	▬	▬	▬	
	半精							▬	▬	▬	▬	▬			
	精						▬	▬	▬	▬					

第三节　表面结构的表示方法

GB/T 131—2006《产品几何技术规范（GPS）技术产品文件中表面结构的表示法》中对表面结构的标注进行了相关的规定。

一、表面结构的图形符号

表面结构的图形符号包括基本图形符号、扩展图形符号和完整图形符号。基本图形符号如图 4-8 所示，由两条不等长的相交直线构成，两条直线的夹角为 60°，表示可以用任何工艺方法获得的表面。基本符号仅用于简化标注，不能用于单独使用。扩展图形符号如图 4-9 所示，图 4-9（a）所示表示可用去除材料的方法获得的表面，如车、铣、刨、磨等，图 4-9（b）所示表示用不去除材料的方法获得的表面，如铸、锻、冲压、热轧等。

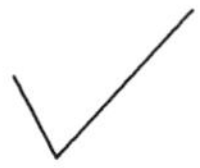

图 4-8　基本图形符号

（a）去除材料方法（b）不去除材料方法

图 4-9　扩展图形符号

表面结构的完整图形符号如图 4-10 所示，用于标注表面结构参数和各项附加要求，分别表示不限定工艺、去除材料工艺和不允许去除材料工艺获得。

工件轮廓表面图形符号如图 4-11 所示，在完整图形符号的长边与横线拐角处加画一个圆圈，表示零件视图中除前后两表面以外周边封闭轮廓有共同的表面结构参数要求，分别表示不限定工艺、去除材料工艺和不允许去除材料工艺获得。

图 4-10　完整图形符号

图 4-11　轮廓表面的图形符号

二、表面结构参数在图形符号中的标注

（一）标注的位置

为了明确表面结构的技术要求，除了标注表面结构参数和数值外，必要时应标注补充要求，包括传输带、取样长度、加工工艺、表面纹理及方向、加工余量等。这些要求应注写在如图 4-12 所示的位置。

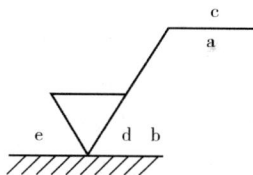

图 4-12　表面结构参数的标注位置

1. 位置 a

标注幅度参数符号、极限值和传输带（或取样长度）。传输带或取样长度后应有斜线"/"，之后是幅度参数符号，最后是数值。为了避免误解，在参数符号和极限值间应有空格。如 $0.025-0.8/Rz\,6.3$（传输带标注），$-0.8/Rz\,6.3$（取样长度标注）。

2. 位置 a 和 b

注写两个或多个表面结构技术要求，在位置 a、b 分别注写第一、第二表面结构技术要求。如果注写多个表面结构技术要求，a、b 的位置随之上移，如图 4-13 所示。

3. 位置 c

标注所要求的加工方法、表面处理或其他加工工艺要求，如车、磨、镀等。

4. 位置 d

标注所要求的表面纹理和方向，如"="表示纹理平行于视图所在的投影面；"×"表示纹理垂直于视图所在的投影面；"M"表示纹理呈两斜向交叉且与视图所在的投影面相交。

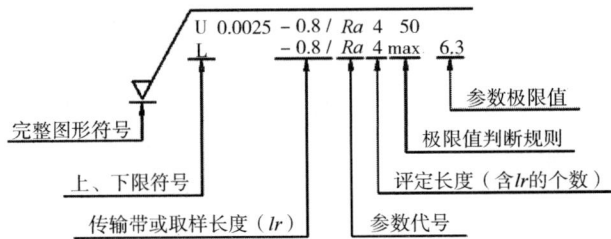

图 4-13　各位置参数值

5. 位置 e

标注所要求的加工余量（单位为 mm）。

（二）极限值的标注

按 GB/T 131—2006 规定，在表面结构完整图形符号上标注幅度参数值时，可分为两种情况。

1. 标注极限值中的一个数值，且默认为上限制

在完整图形符号中，幅度参数的符号及极限值应一起标注。当只单向标注一个数值时，则默认为幅度参数的上限制。图 4-14（a）表示去除材料，单向上限制，默认传输带，算数平均偏差 3.2，评定长度默认为 5 个取样长度，默认 16% 规则；图 4-14（b）表示不去除材料，单向上限制，默认传输带，算数平均偏差 3.2，评定长度默认为 5 个取样长度，默认 16% 规则。

2. 同时标注上下极限值

需要在完整图形符号上同时标注幅度参数上下极限值时，可分成两行标注幅度参数符号和上下极限值。上限值在上方，用 U 表示，下限值在下方，用 L 表示，图 4-14（c）表示不允许去除材料，双向极限值，两极限值均使用默认传送带，上极限值为算数平均偏差 $3.2\mu m$，评定长度取 5 个取样长度（默认）；下极限值为算数平均偏差 $0.8\mu m$，评定长度取 5 个取样长度（默认），"16% 规则"（默认）；图 4-14（d）表示任意加工方法，单向下限值，默认传送带，算数平均偏差 $1.6\mu m$，评定长度取 5 个取样长度（默认），"16% 规则"（默认）。如果同一参数具有双向极限要求，可以不加 U、L。

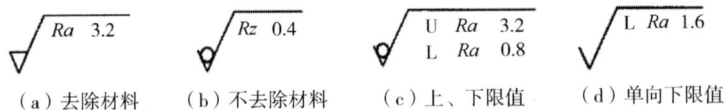

（a）去除材料　　（b）不去除材料　　（c）上、下限值　　（d）单向下限值

图 4-14　标注极限值

（三）极限值判断规则的标注

根据 GB/T 10610—2009 的规定，根据表面结构参数符号上给定的极限值，对实际表面进行检测后判断其合格性时，可采用以下两种判别规则。

1. 最大规则

在幅度参数符号的后面增加标注一个 max 的标记，则表示检测时合格性的判断采用最大规则。当整个被测表面上幅度参数所有的实测值均不大于上限制，认为合格。图 4-15（a）表示去除材料，单向上限值，默认传输带，轮

廓最大高度的最大值 0.2μm，评定长度为 5 个取样长度（默认），"最大规则"；图 4-15（b）表示不允许去除材料，双向向上限值，两极限值均使用默认传输带，上限值算数平均偏差 3.2μm，评定长度为 5 个取样长度（默认），"最大规则"；下限值算数平均偏差 0.8μm，评定长度为 5 个取样长度（默认），"16%规则"（默认）。

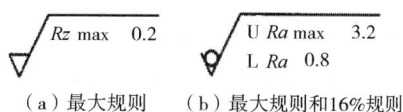

（a）最大规则　（b）最大规则和16%规则

图 4-15　16%规则与最大规则

2. 16%规则

16%规则是指在同一评定长度范围内，幅度参数所有的实测值中，大于上限值的个数少于总数的 16%，小于下限值的个数少于总数的 16%，则认为合格。16%规则是所有表面结构技术要求标注中的默认规则，如图 4-15（b）所示。

（四）传输带和取样长度、评定长度的标注

传输带应标注在参数代号的前面，并用斜线"/"隔开。传输带标注包括滤波截止波长（单位为 mm），其中短波滤波器在前，长波滤波器在后，并用"-"隔开；如果只注一个滤波器，应保留"-"来区分是短波滤波器还是长波滤波器。

（a）最大规则　（b）最大规则和16%规则

图 4-16　传输带和取样长度、评定长度的标注

图 4-16（a）表示去除材料，单向上限值，传送带 0.008～0.8mm，算数平均偏差 3.2μm，评定长度为 5 个取样长度（默认），"16%规则"（默认）。图 4-16（b）表示去除材料，单向上限值，传输带：根据 GB/T 6062，取样长度 0.8mm，算数平均偏差 3.2μm，评定长度包含 3 个取样长度（$ln = 0.8mm × 3 = 2.4mm$），"16%规则"（默认）。

（五）表面纹理的标注

各种典型的表面纹理及其方向可用如图 4-17 所示的代号进行标注，如果这些代号不能清楚地表示功能要求，可在零件图中加注说明。

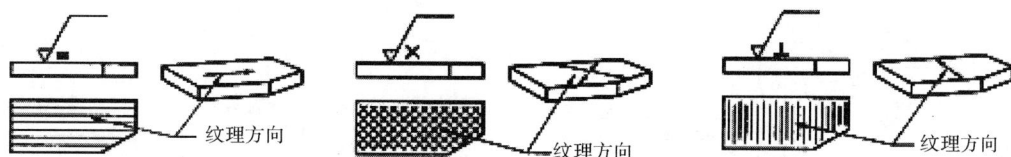

图 4-17　表面纹理的标注

（六）附加评定参数和加工方法的标注

附加评定参数和加工方法的标注如图 4-18 所示，表示去除材料，两个单向上限值：

（1）默认传输带和评定长度，算数平均偏差为 $0.8\mu m$，"16%规则"（默认）。

（2）传输带为 $-2.5mm$，默认评定长度，轮廓的最大高度 $3.2\mu m$，"16%规则"（默认）。表面纹理垂直于视图所在的投影面。加工方法为铣削。

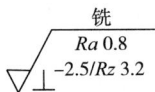

图 4-18　附加评定参数和加工方法的标注　　　图 4-19　加工余量的标注

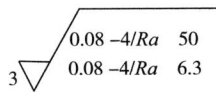

（七）加工余量的标注

在零件图上标注表面结构技术要求都是针对完工表面的要求，一般不需要标注加工余量，对于多工序加工的表面可标注加工余量，如图 4-19 所示，表示去除材料，双向极限值：上限值 $Ra=50\mu m$，下限值 $Ra=6.3\mu m$；上、下极限传输带均为 $0.008\sim 4mm$；默认的评定长度均为 $ln=4\times 5=20mm$；"16%规则"（默认）。加工余量为 $3mm$。

三、表面结构要求在图样中的标注

1. 一般规定

零件任一表面结构要求一般只标注一次，并尽可能标注在相应的尺寸及其公差的同一视图上。除非另有说明，所标注的表面结构要求是对完工零件表面的要求。表面结构的标注和读取方向与尺寸的标注和读取方向一致，如图 4-20 所示，表面结构符号的尖端必须从材料外指向并接触表面。

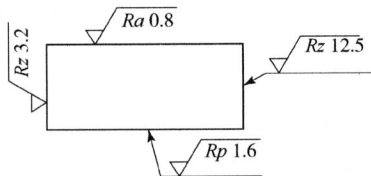

图 4-20　表面结构要求的标注方向

为了使图样简单，下述各图样中的表面结构符号上都标注了幅度参数符号及上限制，其与技术要求均采用默认的标准化值。

2. 常规标注方法

（1）表面结构要求可以标注在可见轮廓线或其延长线上、尺寸界线上如图 4-21 所示。可以用带箭头的指引线或用黑端点的指引线引出标注，如图 4-22 所示。

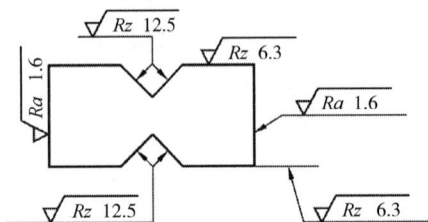

图 4-21　表面结构要求在轮廓线上的标注　　　图 4-22　表面结构要求用指引线引出的标注

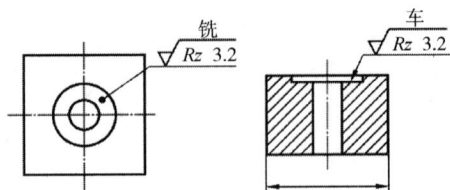

108

（2）标注在特征尺寸线上时，为了不致引起误解，表面结构要求可以标注在给定的尺寸线上，如图 4-23 所示。

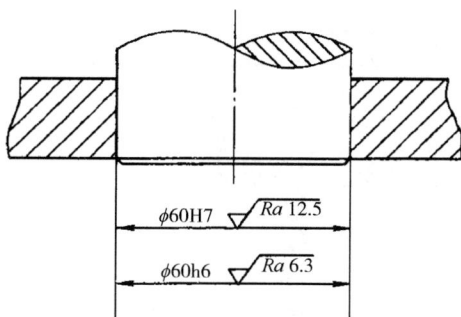

图 4-23　表面结构要求在尺寸线上的标注

（3）标注在几何公差框格上时，表面结构要求可标注在几个公差框格的上方，如图 4-24 所示。

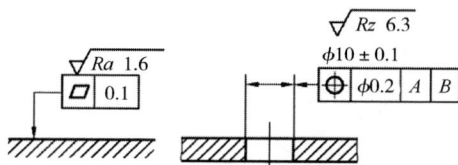

图 4-24　表面结构要求在几何公差框格的上方的标注

（4）标注在圆柱和棱柱表面上时，圆柱和棱柱表面的表面结构要求只标注一次，如图 4-25 所示。如果每个棱柱表面有不同的表面要求，则应分别单独标注，如图 4-26 所示。

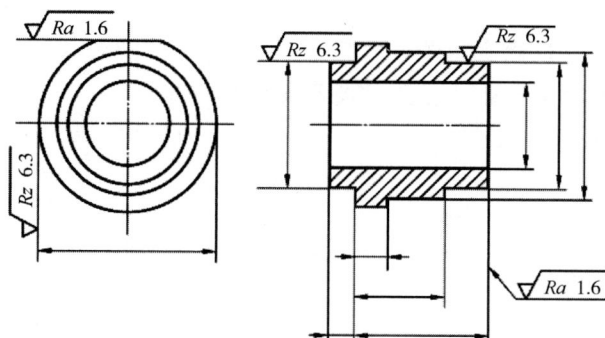

图 4-25　表面结构要求在圆柱和棱柱表面的标注

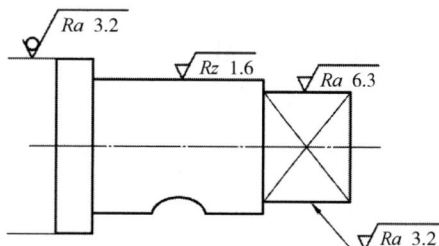

图 4-26　不同要求分别标注

3. 在图样中的简化注方法

（1）当零件的多个（包括全部）表面具有相同的表面结构技术要求时，对这些表面的技术要求可以统一标注在零件图的标题栏附近，此时，表面结构的符号右侧画一个圆括号，在圆括号内给出无任何要求的基本符号，如图 4-27 所示。

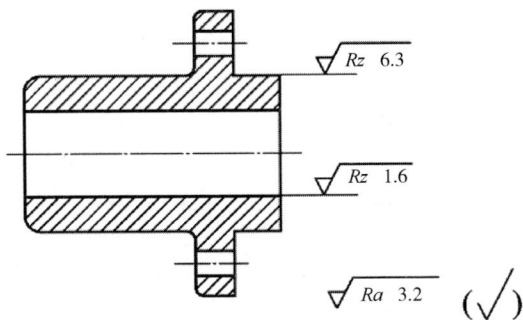

图 4-27　大多数表面有相同表面结构要求的简化标注

（2）当零件的几个表面具有相同的表面结构技术要求，但表面结构符号直接标注受到空间限制时，可用基本图形符号或只带一个字母的完成图形符号标注在零件的这些表面上，而在图形或标题栏附近以等式的形式标注相应的表面结构符号，如图 4-28 所示。

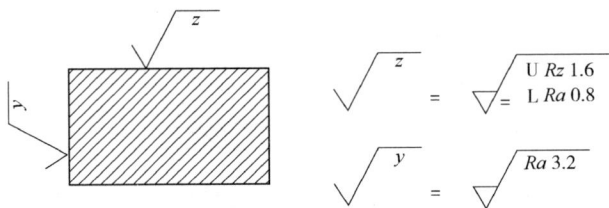

图 4-28　图纸空间有限时的简化标注

☞ **思考题**

1. 表面粗糙度的含义是什么？对零件工作性能有什么影响？

2. 评定表面粗糙度常用的参数有哪些？分别论述其含义、代号及如何选用。

3. 选择表面粗糙度参数值时应考虑哪些因素？

第五章　典型零部件的互换性

第一节　滚动轴承结合的互换性

一、概述

在支撑载荷和彼此相对运动的零件间作滚动运动的轴承称为滚动轴承，滚动轴承是机器上广泛应用的标准部件，可以减小运动副的摩擦，提高效率。滚动轴承由于用途和工作条件不同，其结构变化甚多，但其基本结构由内圈、外圈、滚动体（钢球或滚子）和保持架（又称保持器或隔离圈）所组成，如图5-1所示，除此之外，各种不同结构的轴承与其相配的零件还有防尘盖、密封圈、止动垫圈及紧定套等。滚动轴承的基本结构作用见表5-1。

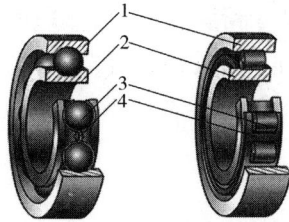

图 5-1　滚动轴承

1—外圈　2—内圈　3—滚动体　4—保持架

表 5-1　滚动轴承的基本结构作用

基本结构	作用
外圈	通常固定在轴承座或机器的壳体上，起支撑滚动体的作用，外圈内表面有供滚动体滚动的内滚道
内圈	通常固定在轴颈上，多数情况下，内圈与轴一起旋转，内圈外表面有供滚动体滚动用的外滚道
滚动体 （钢球或滚珠）	在滚道间滚动的球或滚子，滚动体装在内圈和外圈之间，起滚动和传递载荷的作用
保持架 （又称保持器或隔离圈）	将轴承中的滚动体均匀地相互隔开，使每个滚动体在内外圈之间正常滚动

生产中应用的滚动轴承种类多种多样，通常按承受载荷的方向（或接触角）和滚动体的

形状进行分类，见表 5-2。

表 5-2　滚动轴承的分类

分类方式	种类	特点
按承受载荷的方向 （或接触角）	向心轴承	承受径向载荷
	推力轴承	承受轴向载荷
	向心推力轴承	承受径向和轴向载荷
按滚动体的形状	球轴承	滚动体为球形
	滚子轴承	滚动体为滚子（圆柱滚子、圆锥滚子、滚针等）

为了便于在机器中安装轴承和更换新轴承，滚动轴承作为标准部件具有两种互换性，滚动轴承内圈与轴颈的配合及滚动轴承外圈与壳体的配合为外互换，滚动体与轴承内外圈的配合为内互换。

二、滚动轴承的精度等级

滚动轴承的精度等级由轴承的基本尺寸精度和旋转精度决定。轴承的基本尺寸精度是指轴承内径 d、外径 D、宽度 B 等的尺寸精度，如图 5-2 所示。旋转精度是指轴承内、外圈作相对转动时跳动的程度，包括成套轴承内外圈的径向跳动，成套轴承内外圈端面对滚道的跳动，内圈基准端面对内孔的跳动等，如图 5-3 所示。

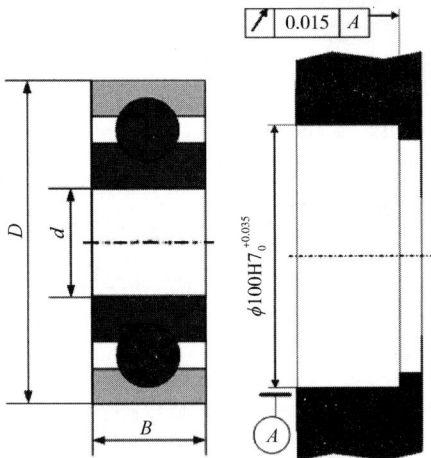

图 5-2　滚动轴承基本尺寸

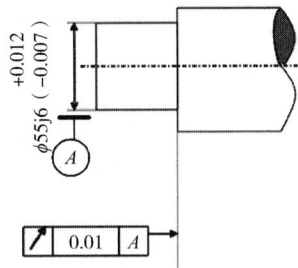

图 5-3　滚动轴承的旋转精度

国家标准 GB/T 307.3—2005《滚动轴承通用技术规则》规定，滚动轴承的精度等级按基本尺寸精度和旋转精度分为 0、6、5、4、2 五级，它们依次由低到高，0 级最低，2 级最高。

其中，向心轴承的精度等级为：0、6、5、4、2 五级；圆锥滚子轴承的精度等级为：0、6X、5、4、2 五级；推力轴承的精度等级为 0、6、5、4 四级。6X 和 6 级轴承的内径公差、外径公差和径向跳动公差均分别相同，前者装配宽度要求较为严格。各公差等级的滚动轴承的应用见表5-3。

表5-3　滚动轴承的应用

轴承公差等级	应用
0级（普通级）	用在中等负荷、中等转速、旋转精度要求不高的一般机构中。如普通机床中的变速机构、普通电动机、水泵、压缩机等旋转机构中所用的轴承。这级轴承在机械制造行业中应用数量较多
6级、6X级（中级）5级（较高级）	用于旋转精度和转速高的机构中，例如普通机床的主轴轴承（一般为主轴后轴承），精密机床传动轴使用的轴承
4级（高级）	用于旋转精度高和转速高的旋转机构中，如精密机床的主轴轴承，精密仪器和机械使用的轴承
2级（精密级）	用于旋转精度和转速很高的旋转机构中，如坐标镗床的主轴轴承、高精度仪器和高转速机构中使用的轴承

三、滚动轴承及其与孔、轴结合的公差与配合

1. 滚动轴承内、外径公差带及其特点

滚动轴承是标准件，其内圈与轴颈的配合采用基孔制，外圈与壳体孔的配合采用基轴制。多数情况下，轴承内圈与轴一起旋转，为了防止内圈和轴颈的配合面相对滑动而产生磨损，要求配合具有一定的过盈，但由于内圈是薄壁零件，过盈量不能太大。过盈较大则会使薄壁的内圈产生较大的变形，影响轴承内部的游隙大小。因此，国家标准规定：轴承内圈基准孔公差带位于以轴承内径（d）为零线的下方，且上偏差为零，如图5-4所示。这种特殊的基准孔公差带不同于GB/T 1800.2—1998中基本偏差代号为H的基准孔公差带。当轴承内圈与基本偏差代号为k、m、n等的轴颈配合时形成了具有小过盈的配合，而不是过渡配合，比GB/T 1801—1999中形成的同名配合性质稍紧。

轴承外圈安装在壳体孔中，通常不能旋转。工作时温度升高，会使轴膨胀，两端轴承中应又一端应是游动支承，因此，可以把轴承外圈与壳体孔的配合稍微松一点，使之能补偿轴的热胀伸长。因此，国家标准规定：轴承外圈外圆柱面公差带位于以轴承外径（D）为零线的下方，且上偏差为零，如图5-4所示。该公差带的基本偏差与一般基轴制配合的基准轴的公差带的基本偏差h相同，但这两种公差带的公差数值不相同，因此，壳体孔公差带从GB/T 1804—1999中选取，它们与轴承外圈外圆柱面公差带形成配合，基本上保持了GB/T 1801—1999同名配合的配合性质。

2. 滚动轴承与孔、轴结合的公差带

轴承的内、外圈都是薄壁零件，在制造和自由状态下都容易变形，在装配后又得到校正。根据这种特点，国家标准对滚动轴承公差不仅规定了两种尺寸公差，还规定了两种形状公差，

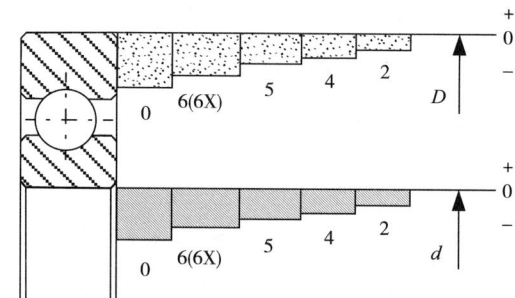

图 5-4　滚动轴承内、外圈公差带

见表 5-4。其目的是控制轴承的变形程度、轴承与轴和壳体孔配合的尺寸精度。

表 5-4　滚动轴承内、外径公差项目

公差项目	符号
尺寸公差	轴承单一内径（d_s）与外径（D_S）的偏差（Δd_s，ΔD_S）
	轴承单一平面平均内径（d_{mp}）与外径（D_{mp}）的偏差（Δd_{mp}，ΔD_{mp}）
形状公差	轴承单一径向平面内，内径（d_s）与外径（D_s）的变动量（Vd_p，VD_p）
	轴承平均内径与外径的变动量（Vd_{mp}，VD_{mp}）

凡是合格的滚动轴承，应同时满足所规定两种公差的要求。

由于滚动轴承内圈内径和外圈外径的公差带在生产轴承时就已经确定，因此在使用轴承时，它与轴颈和壳体孔的配合面间所要求的配合性质分别由轴颈和壳体孔的公差带确定。为了实现各种松紧程度的配合性质要求，GB/T 275—1993 规定了 0 级和 6 级轴承与轴颈和壳体孔配合时轴颈和壳体孔常用的公差带，对轴颈规定了 17 种公差带，如图 5-5 所示；对壳体孔规定了 16 种公差带，如图 5-6 所示。

由公差带可以看出，轴承内圈与轴颈的配合与 GB/T 1801—1999 中基孔制同名配合相比较，前者的配合性质偏紧。h5、h6、h7、h8 轴颈与轴承内圈的配合为过渡配合，k5、k6、m5、m6、n6 轴颈与轴承内圈配合为过盈较小的过盈配合，其余配合也有所偏紧。

轴承外圈与外壳孔的配合与 GB/T 1801—1999 中基轴制同名配合相比较，两者配合基本一致。

四、滚动轴承与孔、轴结合的配合选用

正确地选用滚动轴承与孔、轴的配合，对保证机器正常运转，提高轴承寿命，充分发挥轴承的承载能力关系很大。在选用滚动轴承时，应根据轴承的工作条件（作用在轴承上的负荷类型、大小）确定轴承与孔、轴结合的公差带，还应考虑工作温度、轴承类型和尺寸、旋转精度和速度等一系列因素。

（一）轴颈和壳体孔公差带的确定

选用轴颈和壳体孔的公差等级应与滚动轴承公差等级相协调，与 0、6 级轴承配合的轴颈

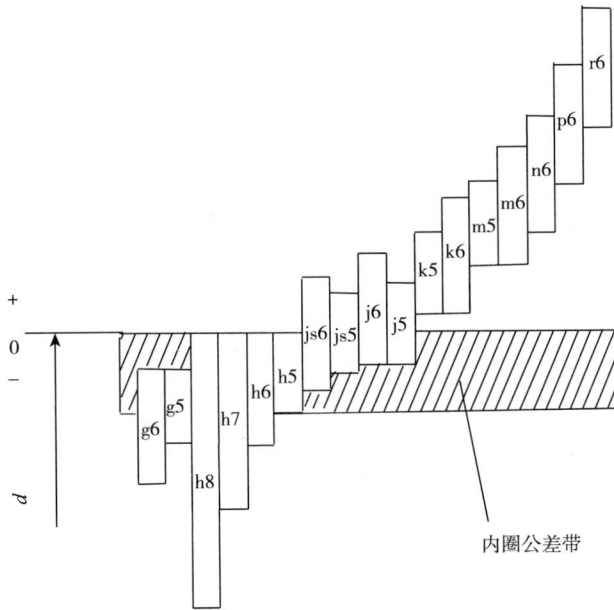

图 5-5 与滚动轴承配合的轴颈的常用公差带

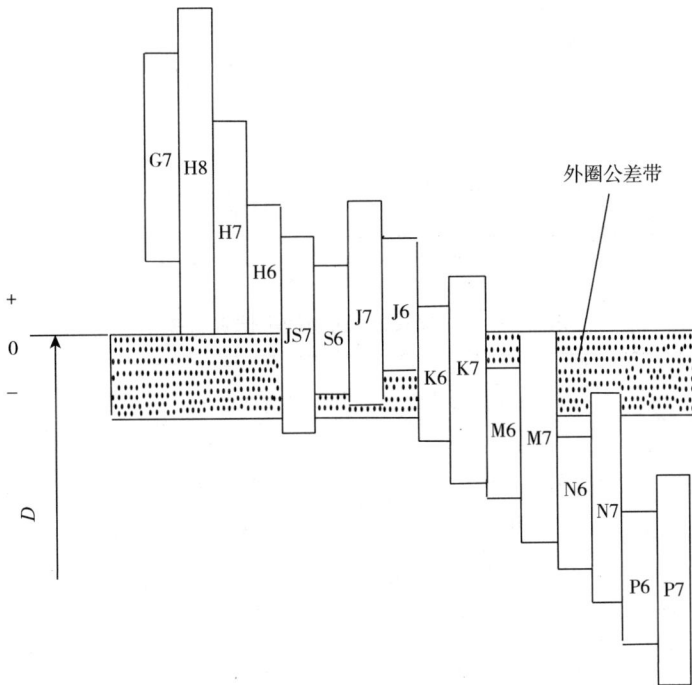

图 5-6 与滚动轴承配合的壳体孔的常用公差带

一般为 IT6，壳体孔为 IT7。对旋转精度和运行平稳性有较高要求的工作条件，轴颈为 IT5，壳体孔为 IT6。确定轴颈和壳体孔的公差带分别根据表 5-5 和表 5-6 进行选取。

表 5-5　与向心轴承配合的轴颈公差带

运转状态		负荷状态	深沟球轴承、调心轴承和角接触轴承	圆柱滚子轴承和圆锥滚子轴承	调心滚子轴承	公差带
说明	举例		轴承公称内径/mm			
旋转的内圈负荷及摆动负荷	一般通用机械、电动机、机床主轴、齿轮传动装置等	轻负荷	≤18	—	—	h5
			>18~100	≤18	≤40	j6
			>100~200	>40~140	>40~140	k6
			—	>140~200	>140~200	m6
		正常负荷	≤18	≤40	≤40	j5, js5
			>18~100	>40~100	>40~65	k5
			>100~140	>100~140	>65~100	m5
			>140~200	>140~200	>100~140	m6
			>200~280	>200~400	>140~280	n6
			—	—	>280~500	p6
						r6
		重负荷	>50~140	>50~100		n6
			>140~200	>100~140		p6
			>200	>140~200		r6
			—	>200		r7
固定的内圈负荷	静止轴上的各种轮子、振动器等	所有负荷	所有尺寸			f6
						g6
						h6
						j6
仅有轴向负荷			所有尺寸			j6, js6

注　对精度较高要求的场合，应该选用 j5、k5、m5、f5 来代替 j6、k6、m6、f6。

表 5-6　与向心轴承配合的壳体孔公差带

运转状态		负荷状态	其他状况		公差带	
说明	举例				球轴承	滚子轴承
固定的外圈负荷	一般机械、电动机、泵、曲轴主轴等	轻、正常、重负荷	轴向容易移动	轴处于高温下工作	G7	
				采用剖分式外壳	H7	
		冲击负荷	轴向能移动，采用整体式或剖分式外壳		J7、JS7	
摆动负荷		轻、正常负荷				
		正常、重负荷			K7	
		冲击负荷			M7	
旋转的外圈负荷	张紧滑轮、轮毂轴承	轻负荷	轴向不移动，采用整体式外壳		J7	K7
		正常负荷			K7、M7	M7、N7
		重负荷			—	N7、P7

（二）负荷类型

轴承转动时，根据作用于轴承上合成径向负荷相对套圈的旋转情况，可将所受负荷分为局部负荷、循环负荷和摆动负荷三类，如图5-7所示。

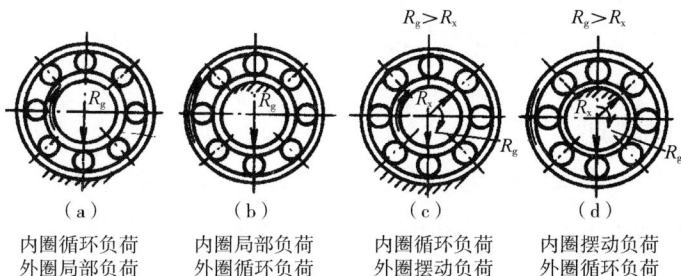

图5-7 滚动轴承套圈承受的负荷类型

R_g—大小和方向均固定的径向符合 R_x—旋转的径向负荷

1. 局部负荷

作用于轴承上的合成径向负荷与圈套相对静止，即负荷方向始终不变地作用在套圈滚道的局部区域上，该套圈所承受的这种负荷称为局部负荷。当套圈承受局部负荷时应选用间隙配合。

2. 循环负荷

作用于轴承上的合成径向负荷与套圈相对旋转，即合成径向负荷顺次作用在套圈滚道的整个圆周上，该套圈所能承受的这种负荷性质，称为循环负荷。当套圈承受循环负荷时，应选用过盈配合或过渡配合。

3. 摆动负荷

作用于轴承上的合成径向负荷与所承受的套圈在一定区域内相对摆动，即其负荷向量经常变动地作用在套圈滚道的局部圆周上，该套圈所承受的负荷性质，称为摆动负荷。当套圈承受摆动负荷时，应选用过盈配合或过渡配合。

（三）负荷的大小

滚动轴承套圈与轴或壳体孔配合的松紧程度，取决于负荷的大小。国家标准GB/T 275—1993规定：向心轴承按其径向当量动负荷 Pr 与径向额定动负荷 Cr 的比值将负荷状态分为轻负荷、正常负荷和重负荷三类，见表5-7。

表5-7 向心轴承负荷状态分类

负荷状态	轻负荷	正常负荷	重负荷
Pr/Cr	≤0.07	0.07~0.15	>0.15

承受较重的负荷或冲击负荷时，将引起轴承较大的变形，使结合面间实际过盈减小和轴承内部的实际间隙增大，这时为了使轴承运转正常，应选较大的过盈配合。同理，承受较轻

的负荷，可选用较小的过盈配合。

（四）工作温度

轴承工作时，由于摩擦发热和其他热源影响，套圈的温度会高于相配合零件的温度。内圈的热膨胀会引起它与轴颈配合的松动，而外圈的热膨胀则会引起它与壳体孔配合变紧。因此，轴承工作温度一般应低于 100℃，在高于此温度下工作的轴承，应将所选用的配合做适当修正。

（五）旋转精度和转速

对于负荷较大、有较高旋转精度要求的轴承，为了消除弹性变形和振动的影响，应避免采用间隙配合。对精密机床的轻负荷轴承，为避免孔与轴的形状误差对轴承精度影响，常采用较小的间隙配合。例如，内圈磨床磨头处的轴承，其内圈间隙 1～4μm，外圈间隙 4～10μm。对于转速较高，又在冲击振动负荷下工作的轴承，与轴颈和壳体孔的配合最好选用过盈配合。

（六）其他因素

空心轴颈比实心轴颈、薄壁壳体比厚壁壳体、轻合金壳体比钢或铸铁壳体采用的配合要紧些；剖分式壳体比整体式壳体采用的配合要松些，以避免过盈将轴承外圈夹扁，其至将轴卡住。对于 K7（包括 K7）的配合或壳体孔的标准公差小于 IT6 时，应选用整体式壳体。

滚动轴承的尺寸越大，选取的配合应越紧。但对于重型机械上使用的特别大尺寸的轴承，应采用较松的配合。为了便于安装、拆卸，特别对于重型机械，宜采用较松的配合。如果要求拆卸，而又要用较紧配合时，可采用分离型轴承或内圈带锥孔和紧定套或退卸套的轴承。当要求轴承的内圈或外圈能沿轴向游动时，该内圈与轴或外圈与壳体孔的配合，应选较松的配合。

（七）形位公差及表面粗糙度

滚动轴承的内、外圈都是薄壁零件，其径向刚度较差，易受径向负荷而产生变形，最终影响旋转精度。因此，轴颈和壳体孔应采用包容要求，为了防止套圈装配后产生变形，对轴颈和壳体孔规定了圆柱度公差和端面圆跳动公差见表 5-8。此外对表面粗糙度也做了规定，见表 5-9。

表 5-8 轴颈和壳体孔的形位公差

基本尺寸/mm		圆柱度 t				端面圆跳动 t_1			
		轴颈		外壳孔		轴肩		外壳孔肩	
		轴承公差等级							
		0	6 (6×)	0	6 (6×)	0	6 (6×)	0	6 (6×)
超过	到	公差值/μm							
—	6	2.5	1.5	4	2.5	5	3	8	5
6	10	2.5	1.5	4	2.5	6	4	10	6
10	18	3.0	2.0	5	3.0	8	5	12	8

续表

基本尺寸/mm		圆柱度 t				端面圆跳动 t_1			
		轴颈		外壳孔		轴肩		外壳孔肩	
		轴承公差等级							
		0	6 (6×)	0	6 (6×)	0	6 (6×)	0	6 (6×)
18	30	4.0	2.5	6	4.0	10	6	15	10
30	50	4.0	2.5	7	4.0	12	8	20	12
50	80	5.0	3.0	8	5.0	15	10	25	15
80	120	6.0	4.0	10	6.0	15	10	25	15
120	180	8.0	5.0	12	8.0	20	12	30	20
180	250	10.0	7.0	14	10.0	12	12	30	20
250	315	12.0	8.0	16	12.0	25	15	40	25
315	400	13.0	9.0	18	13.0	25	15	40	25
400	500	15.0	10.0	20	15.0	25	15	40	25

表 5-9　轴颈和壳体孔的表面粗糙度

与轴承配合的轴或座孔直径/mm		与轴承配合的轴或座孔配合表面直径尺寸公差等级								
		IT7			IT6			IT5		
		表面粗糙度/μm								
超过	到	Ra	Ra		Ra	Ra		Ra	Ra	
			磨	车		磨	车		磨	车
—	80	10	1.6	3.2	6.3	0.8	1.6	3.2	0.4	0.8
80	500	16	1.6	3.2	10	1.6	3.2	6.3	0.8	1.6
端面		25	3.2	6.3	25	3.2	6.3	10	1.6	3.2

【例 5-1】　如图 5-8 所示减速器装配图，已知：该减速器的输出轴两端安装了 211 深沟球轴承，轴承承受的当量径向负荷 $N=2880$N。轴颈直径 $d=55$mm，外壳孔径 $D=100$mm。确定轴颈和壳体孔的公差带代号（查表确定尺寸极限偏差）、形位公差值和表面粗糙度，并在装配图和零件图上标出。

解：减速器属于一般传动机械，轴的转速不高，所以选用 0 级轴承。

负荷类型：减速器中的齿轮啮合力的径向分力和输出轴另一端负载作用在输出轴上，两端轴承位有反作用力。因此，轴承内圈和轴颈承受定向、静止的径向负荷。内圈和轴一起旋转；外圈安装在剖分式箱体孔中，不旋转。轴承在输出轴上轴向不能移动。因此，内圈相对于负荷方向旋转，承受循环负荷，因此配合应紧一些。外圈静止，所以外圈相对负荷静止，承受局部负荷，配合应松一些。

负荷大小：211 球轴承的额定动负荷可查《机械工程手册》$C = 33354$N。由已知条件可得：$Pr/Cr = 0.086$，其中"$0.07 < Pr/Cr \leq 0.15$"之间，故轴承的负荷大小属于正常负荷。

轴颈与壳体孔的尺寸公差带在 GB/T 275—2015 规定中选取。

根据工作条件：内圈承受循环负荷、正常负荷、深沟球轴承、直径 55mm，初选 ϕ55K5，轴承精度 0 级，轴颈尺寸公差带应选择为：ϕ55K6；外圈承受局部负荷、正常负荷、轴承在轴向不能移动、剖分式外壳，可供选择公差带 H7、J7、K7，轴承精度 0 级，壳体孔尺寸公差带应选择为：ϕ100J7。

在装配图上标出配合带号如图 5-8 所示。

轴承精度 0 级，在 GB/T 275—2015 中，查得轴颈圆柱度公差为 0.005，轴肩端面圆跳动公差为 0.015，壳体孔圆柱度公差 0.010。

轴颈和壳体孔尺寸公差应用包容要求，即 $\phi55^{+0.021}_{+0.002}$ Ⓔ、$\phi100^{+0.022}_{-0.013}$ Ⓔ。

按表 5-9 选取轴颈和壳体孔的表面粗糙度参数值：轴颈 $Ra \leq 1.6\mu m$，壳体孔 $Ra \leq 3.2\mu m$。表中推荐：轴肩端面 $Ra \leq 6.3\mu m$，此处与轴承接触，考虑到与轴颈表面精度协调，推荐选用 $Ra \leq 3.2\mu m$。

图 5-8　减速器局部装配图

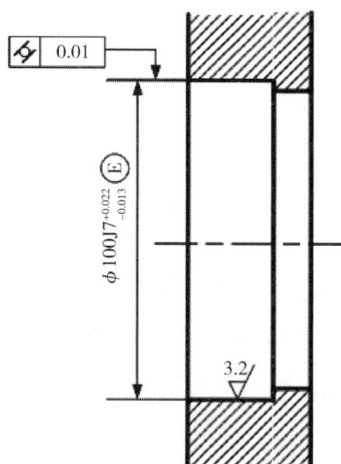

将上述选取的结果标注在样图上，如图 5-9、图 5-10 所示。

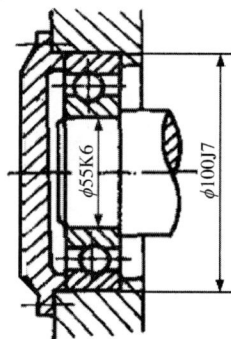

图 5-9　减速器输出轴壳体孔局部样图

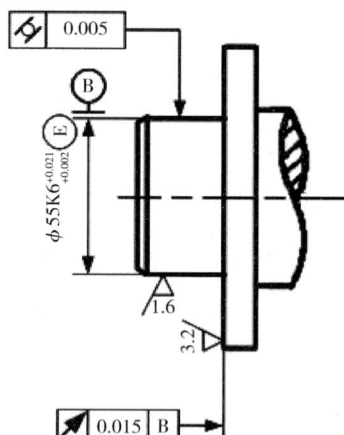

图 5-10　减速器输出轴端局部样图

第二节　键与花键连接的互换性

一、概述

1. 键连接的用途

键连接是在机械产品中应用广泛的可拆卸的机械连接结构，通常用于轴与轴上零件（如齿轮、带轮、联轴器等）之间的连接，用以传递运动和扭矩，如图 5-11 所示。必要时，配合件之间还可以有轴向相对运动（如变速箱中的滑移齿轮可以沿花键轴向移动），在轴向传动零件中起导向作用，如图 5-12 所示。

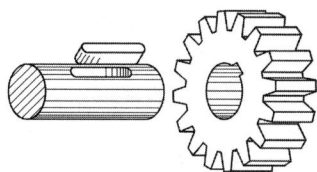

图 5-11　平键连接　　　　　　　　图 5-12　花键连接

2. 键连接的分类

键连接根据其结构形式和功能要求不同，可分为单键连接和花键连接两大类。单键连接中，以普通平键和半圆键应用最为广泛，各种单键的结构见表 5-10。花键连接按其键齿形状分为矩形花键、渐开线花键和三角形花键三种，其结构见表 5-11，其中矩形花键在生产中应用广泛。

表 5-10　单键的结构

类型		结构示意图	特点	
平键	普通平键		键两侧与键槽相配合（静连接为过渡配合，动连接为间隙配合），上端面与轮毂键槽底面有间隙。两侧面是工作面，靠键两侧面与键槽的挤压传递转矩。其特点是结构简单，装折方便，加工容易，对中性好，承载能力大，作用可靠，多用于高精度连接。但只能圆周固定，不能承受轴向力	用于静连接
	导向平键			导键用螺钉固定在轴槽中，轴上零件能沿键作轴向滑移，用于短距离动连接
	滑键			用于长距离动连接

类型		结构示意图	特点
半圆键			键为半圆板，键两侧与键槽配合，键上端面与轮毂键槽底面有间隙，键在轴上键槽中能绕其圆心转动。便于安装，对中好，锥形轴与轮毂的连接，但轴槽较深，对轴的强度削弱大，只用于轻载连接
楔键	普通楔键	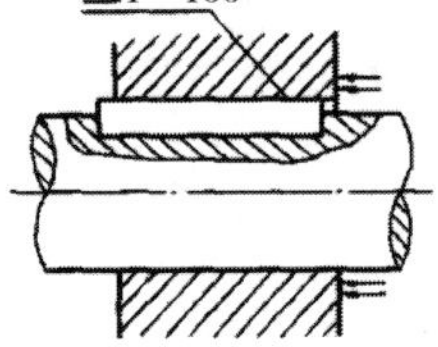	连接楔键的上、下表面为工作面，有1:100斜度（侧面有间隙），工作时打紧，靠上、下表面摩擦传递扭矩，能承受一定的单向的轴向载荷	由于楔键打入时，使轴和轮毂产生偏心，故用于定心精度不高，载荷平稳和低速场合
	钩头楔键			钩头只用于轴端连接，如在中间用键槽，应比键长2倍才能装入，且要罩安全罩即可实现轮毂在轴上单向轴向固定
切向键			两个斜度为1:100的普通楔键组成，上、下两面为工作面（打入）布置在圆周的切向，靠工作面与轴及轮毂相挤压来传递扭矩，能传递很大的转矩

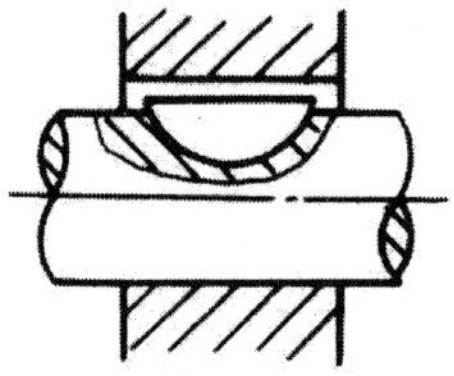

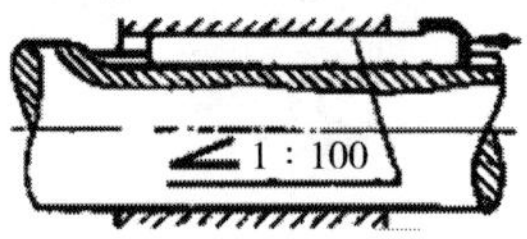

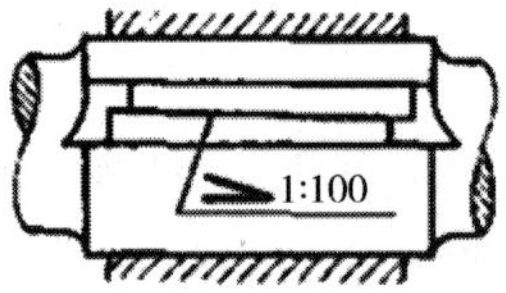

表 5-11　花键连接

矩形花键	渐开线花键	三角形花键
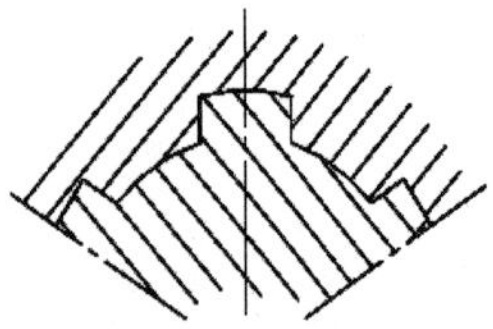	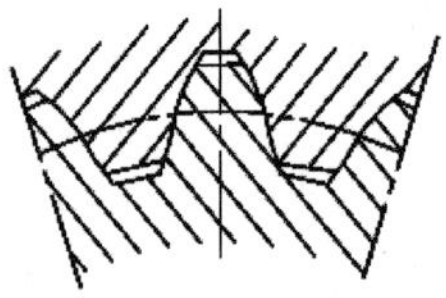	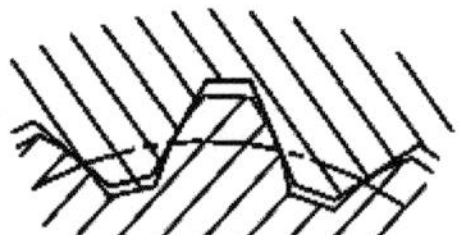

花键连接与平键连接相比有如下特点：

（1）花键与轴或孔为一整体，强度高，负荷分布均匀，可传递较大的扭矩。

（2）花键连接可靠，导向精度高，定心性好，易达到较高的同轴度要求。

（3）花键的加工制造比单键复杂，其成本比较高。

二、单键连接的公差与配合

单键连接中以普通平键连接应用广泛，普通平键连接由键、轴键槽和轮毂键槽三部分组成，如图 5-13 所示。b 为键宽，d 为轴和轮毂的公称直径，键长为 L，键高为 h，t_1 和 t_2 为轴键槽的深度和轮毂键槽深度，国家标准 GB/T 1095—2003《平键键槽的剖面尺寸》对普通平键、键槽剖面尺寸及键槽公差规定见表 5-12。

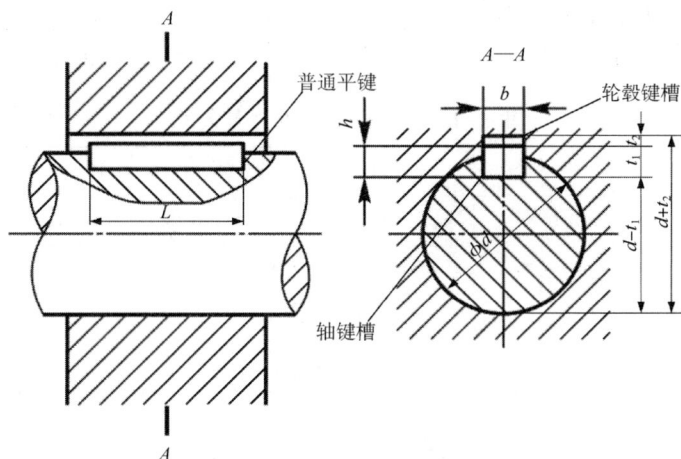

图 5-13　普通平键和键槽的尺寸

表 5-12　普通平键、键槽剖面尺寸及键槽公差　　　　　　单位：mm

轴	建	键槽										
基本尺寸	键尺寸	宽度 b						深度				半径 r
		基本尺寸	极限偏差					轴 t_1		毂 t_2		
			较松连接		正常连接		紧密连接	基本尺寸	极限偏差	基本尺寸	极限偏差	
d	$b×h$		轴 H9	毂 D10	轴 N9	毂 JS9	轴和毂 P9					min	max
>10~12	4×4	4	+0.0300 +0.030	+0.078 +0.030	0 -0.030	± 0.015	-0.012 -0.042	2.5	+0.1 0	1.8	+0.1 0	0.08	0.16
>12~17	5×5	5						3.0		2.3			
>17~22	6×6	6						3.5		2.8		0.16	0.25
>22~30	8×7	8	+0.036 0	+0.098 +0.040	0 -0.036	± 0.018	-0.015 -0.051	4.0		3.3			
>30~38	10×8	10						5.0		3.3			
>38~44	12×8	12	+0.043 0	+0.120 +0.05	0 -0.043	± 0.021	-0.018 -0.061	5.0		3.3			
>44~50	14×9	14						5.5		3.8		0.25	0.40
>50~58	16×10	16						6.0	+0.2 0	4.3	+0.2 0		
>58~65	18×11	18						7.0		4.4			
>65~75	20×12	20	+0.052 0	+0.149 +0.065	0 -0.052	± 0.026	-0.022 -0.074	7.5		4.9			
>75~85	22×14	22						9.0		5.4		4.10	0.60
>85~95	25×14	25						9.0		5.4			
>95~110	28×16	28						10.0		6.4			

注　$(d-t_1)$ 和 $(d+t_2)$ 两组尺寸的极限偏差按相应的 t_1 和 t_2 的极限偏差选取，但 $(d-t_1)$ 极限偏差值应取负号（-）。

普通平键连接通过键的侧面、轴键槽和轮毂键槽的侧面相互接触来传递扭矩，键的顶部表面与轮毂键槽的底部表面之间留有一定间隙。因此在普通平键连接中，键和轴键槽轮毂槽的宽度 b 是配合尺寸，而键的高度 h 和长度 L 均是非配合尺寸。

（一）配合尺寸的公差与配合

普通平键连接中，键宽 b 是主要配合尺寸，其尺寸与公差见表 5-13。

表5-13 普通平键的尺寸与公差

宽度 b	基本尺寸	4	5	6	8	10	12	14	16	18	20	22	25	28
	极限偏差（h8）	0，-0.018			0，-0.022		0，-0.027				0，-0.033			
高度 h	基本尺寸	4	5	6	7	8	9	10	11		12	14	16	
	极限偏差 矩形（h11）	0，-0.075			0，-0.090						0，-0.110			
	方形（h8）	0，-0.018			0，-0.022						0，-0.027			

键为标准件，键连接的配合表面由单一尺寸形成的内外表面，因此键与键槽宽 b 的配合采用基轴制，国家标准 GB/T 1095—2003《平键键槽的剖面尺寸》规定键和键槽宽度公差带均从 GB/T 1801—1999《极限与配合公差带和配合选择》中选取，对键宽（b）规定了一种公差带，代号为 h8；对轴键槽宽（b）规定了三种公差带，代号为 H9、N9、P9；对轮毂键槽宽（b）规定了三种公差带，代号为 D10、JS9、P9。键宽和键槽宽的公差带如图 5-14 所示。它们分别构成了松连接、正常连接和紧密连接三组不同的配合，其应用见表 5-14。

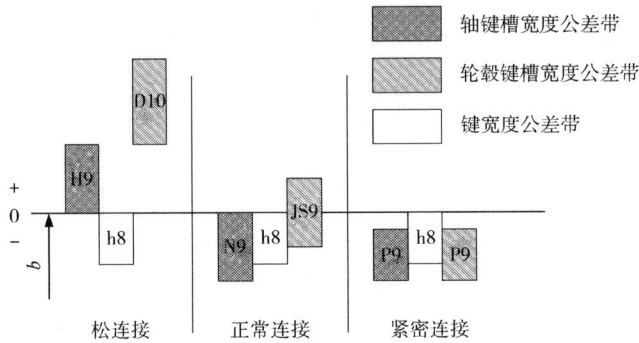

图5-14 普通平键宽度和键槽宽度 b 的公差带

表5-14 普通平键连接的三类配合及其应用

配合种类	宽度（b）的公差带			应用
	键	轴键槽	轮毂键槽	
松连接		H9	D10	导向平键，轮毂在轴上移动
正常连接	h8	N9	JS9	键在轴键槽和轮毂键槽中均固定，用于载荷不大的场合
紧密连接		P9	P9	键在轴键槽和轮毂键槽均牢固地固定，用于载荷较大、有冲击和双向转矩的场合

（二）非配合尺寸的公差

国家标准对键连接中的非配合尺寸也规定了相应的公差带，普通平键高度 h 的公差带一般采用 h11，公差值见表 5-13，平键长度 L 的公差带一般采用 h14；轴键槽长度 L 的公差带采用 H14。

为了保证键连接的装配质量，国家标准对键和键槽规定了相应的形位公差要求。

1. 轴键槽对轴的轴线和轮毂键槽对孔的轴线的对称度公差

根据不同的功能要求，该对称度公差与键槽宽公差的关系以及与孔、轴尺寸公差关系可以采用独立原则或最大实体原则，如图 5-15 所示。轴键槽和轮毂键槽的对称度公差按 GB/T 1184—1996《形状和位置公差未注公差值》选取对称度公差 IT7~IT9 级。

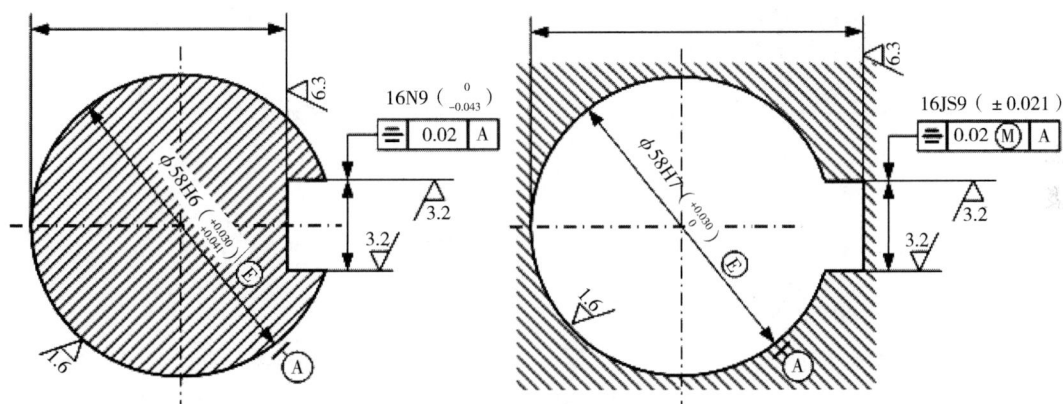

图 5-15　轴键槽和轮毂键槽的标注

2. 键的两个配合侧面的平行度公差

当键长宽比 $L/b \geqslant 8$ 时，键两侧面的平行度应按 GB/T 1184—1996 进行选取；当 $b \leqslant 6\text{mm}$ 时按 7 级选取；$b \geqslant 8 \sim 36\text{mm}$ 时按 6 级选取；$b \geqslant 40\text{mm}$ 时按 5 级选取。

轴键槽、轮毂键槽宽 b 两侧面的表面粗糙度参数 Ra 的最大值为 1.6~3.2μm。轴键槽和轮毂键槽底面的表面粗糙度参数 Ra 为 6.3~12.5μm，如图 5-15 所示。

【例 5-2】已知如图 5-16 所示的齿轮减速器输出轴与齿轮配合 $\phi60\text{H7/r6}$，采用普通平键连接传递扭矩，齿轮宽度 $B = 63\text{mm}$，选择平键的规格，确定键槽的相应尺寸及其极限偏差、形位公差和表面粗糙度，并标注在样图上。

解：查表 5-12 得键宽 $b = 18\text{mm}$，可选择平键 $b \times h = 18 \times 11\text{mm}$

齿轮宽度 $B = 63\text{mm}$，可选择键长 $L = 53\text{mm}$

根据输出轴轴颈 $d = \phi60$，该处键连接属于正常连接，查表 5-14，轴键槽选用 N9，轮毂槽选用 JS9。

查表 5-12，轴槽宽 $18\text{N}^{0}_{-0.043}\text{mm}$，轮毂槽宽 $18\text{JS}\pm0.021\text{mm}$

轴槽深 $t_1 = 7^{+0.2}_{0}\text{mm}$，轮毂槽深 $t_2 = 4.4^{+0.2}_{0}\text{mm}$

为便于测量，保证精度，在图样上标注键槽深度尺寸：

$d - t_1 = 53_{-0.2}^{0}\,\text{mm}$，$d + t_2 = 64.4_{0}^{+0.2}\,\text{mm}$

根据一般要求，键槽的对称度公差等级为 8 级，查表得公差值为 0.02mm

选择键槽各部位的表面粗糙度要求：

键槽工作表面 $Ra = 3.2\mu\text{m}$，槽底面和槽顶面 $Ra = 12.5\mu\text{m}$

将选择结果标注在样图上，如图 5-16 所示。

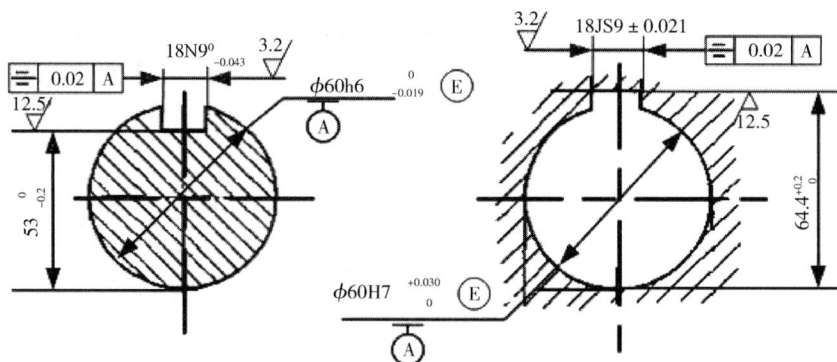

图 5-16　样图标注

三、矩形花键连接的公差与配合

矩形花键的每个键的两侧是平行的，主要配合尺寸有大径 D、小径 d 和键宽 B，如图 5-17 所示。国家标准 GB/T 1144—2001《矩形花键尺寸、公差和检验》规定矩形花键的键数 N 为偶数，分别为 6、8、10 三种，沿圆周均匀分布，便于加工和检测。根据工作载荷不同，矩形花键分为轻、中两个系列，轻系列键高尺寸较小，承载能力较低；中系列键高尺寸较大，承载能力较强。矩形花键的基本尺寸系列见表 5-15。

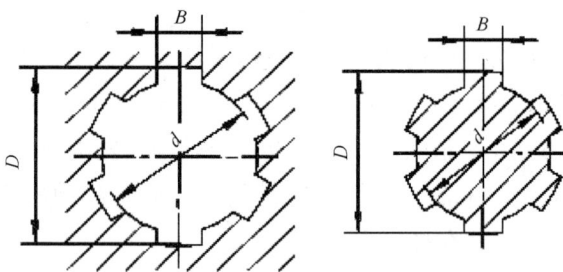

图 5-17　矩形花键的几何参数

矩形花键连接的三个主要配合尺寸同时参与配合，根据使用要求确定三者的公差与配合性。要使大径 D、小径 d 和键宽 B 都同时配合得很精确是很困难的，而且不必要。根据不同的使用要求，花键的三个结合面中，只能选取其中一个结合面为主来确定内、外花键的配合性质，确定配合性质的表面称为定心表面。每个结合面都可以作为定心表面，因此，矩形花键结合面有三种定心方式：小径 d 定心、大径 D 定心和键宽（键侧）B 定心，见表 5-16。

表 5-15　矩形花键的基本尺寸系列　　　　　　　　　　单位：mm

小径 d	轻系列				中系列			
	规格 N×d×D×B	键数 N	大径 D	键宽 B	规格 N×d×D×B	键数 N	大径 D	键宽 B
11					6×11×14×3		14	3
13					6×13×16×3.5		16	3.5
16	—	—	—	—	6×16×20×4		20	4
18					6×18×22×5		22	5
21					6×21×25×5	6	25	5
23	6×23×26×6		26	6	6×23×28×6		28	6
26	6×26×30×6	6	30	6	6×26×32×6		32	6
28	6×28×32×7		32	7	6×28×34×7		34	7
32	8×32×36×6		36	6	8×32×38×6		38	6
36	8×36×40×7		40	7	8×36×42×7		42	7
42	8×42×46×8		46	8	8×42×48×8		48	8
46	8×46×50×9	8	50	9	8×46×54×9	8	54	9
52	8×52×58×10		58	10	8×52×60×10		60	10
56	8×56×62×10		62	10	8×56×65×12		65	12
62	8×62×68×12		68	12	8×62×72×12		72	12
72	10×72×78×12		78	12	10×72×82×12		82	12
82	10×82×88×12		88	12	10×82×92×12		92	12
92	10×92×98×14	10	98	14	10×92×102×14	10	102	14
102	10×102×108×16		108	16	10×120×112×16		112	16
112	10×112×120×18		120	18	10×112×125×18		125	18

表 5-16　矩形花键定心方式

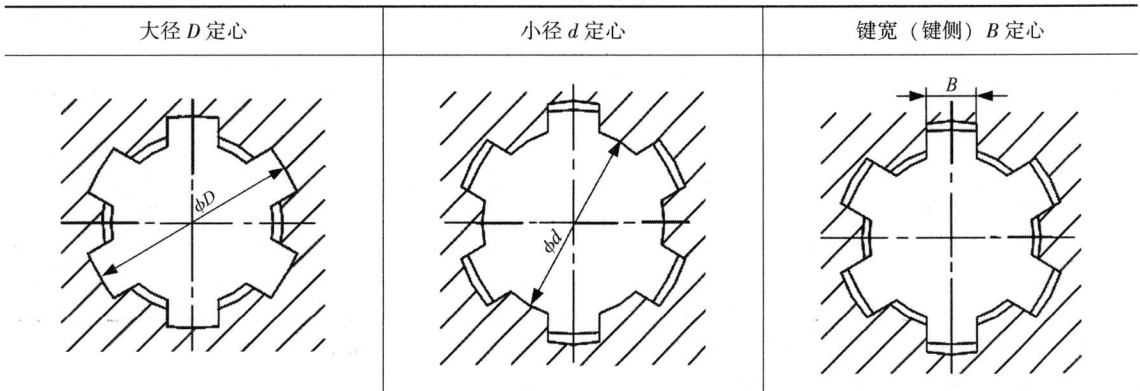

大径 D 定心	小径 d 定心	键宽（键侧）B 定心

（一）矩形花键连接的定心方式

采用大径定心，内花键定心表面的精度依靠拉刀保证。当内花键定心表面硬度要求高（40HRC 以上）时，热处理后的变形难以用拉刀修正；当内花键定心表面粗糙度要求高（$Ra<0.36\mu m$）时，用拉削工艺也难以保证；拉削加工后的花键孔要求硬度较高时，热处理后花键孔变形就很难用拉刀来修正；此外，对于定心精度和表面粗糙度要求较高的花键，拉削工艺也很难保证加工的质量要求。在单件、小批量生产及大规格花键中，内花键也难以用拉削工艺，采用大径定心的加工方法不经济。

采用小径定心，热处理后的花键孔小径的变形量可以通过内圆磨削进行修复，使其具有较高的尺寸精度和更小的表面粗糙度；同时花键轴（外花键）的小径也可通过成形磨削，达到所要求的精度。为了保证花键连接具有较高的定心精度、较好的定心稳定性、较长的使用寿命，国家标准 GB/T 1144—2001 规定了花键连接采用小径定心，非定心的大径表面公差等级较低，并有相当大的间隙，保证它们不接触。

键和键槽的侧面，无论其作为定心表面与否，因为传递扭矩和导向作用，所以键宽与键槽宽 B 的尺寸都应有足够的精度。

（二）矩形花键的公差与配合

国家标准 GB/T 1144—2001 规定，矩形花键的配合采用基孔制，其目的是减少加工和测量内花键用的定值刀具和量具的规格，降低成本。内、外花键小径、大径和键与键槽宽度相应配合面采用基孔制，即内花键各尺寸的基本偏差不变，通过改变外花键各尺寸的基本偏差来形成不同松紧要求的配合性质。矩形花键的公差与配合按配合精度不同分为一般用公差带和精密传动用公差带两种花键连接，其公差配合见表 5-17。

表 5-17　内、外花键的尺寸公差配合

内花键				外花键			装配形式
d	D	B		d	D	B	
		拉削后不热处理	拉削后热处理				
一般用（一般级别）							
H7	H10	H9	H11	f7	a11	d10	滑动
				g7		f9	紧滑动
				h7		h10	固定
精密传动用（精密级别）							
H6	H10	H7、H9		f6	a11	d8	滑动
				g6		f7	紧滑动
				h6		h8	固定
H5				f5		d8	滑动
				g5		f7	紧滑动
				h5		h8	固定

注　（1）精密传动用的内花键，当需要控制键侧配合间隙时，槽宽可选 H7，一般情况下可选 H9。

　　（2）d 为 H6 和 H7 的内花键，允许与提高一级的外花键配合。

对于一般用内花键，硬度要求不高，可以不进行热处理，公差带规定为 H9。对于需要进行热处理，且不需要校正的硬度高的内花键，公差带规定为 H11。各种配合的公差带如图 5-18 所示。

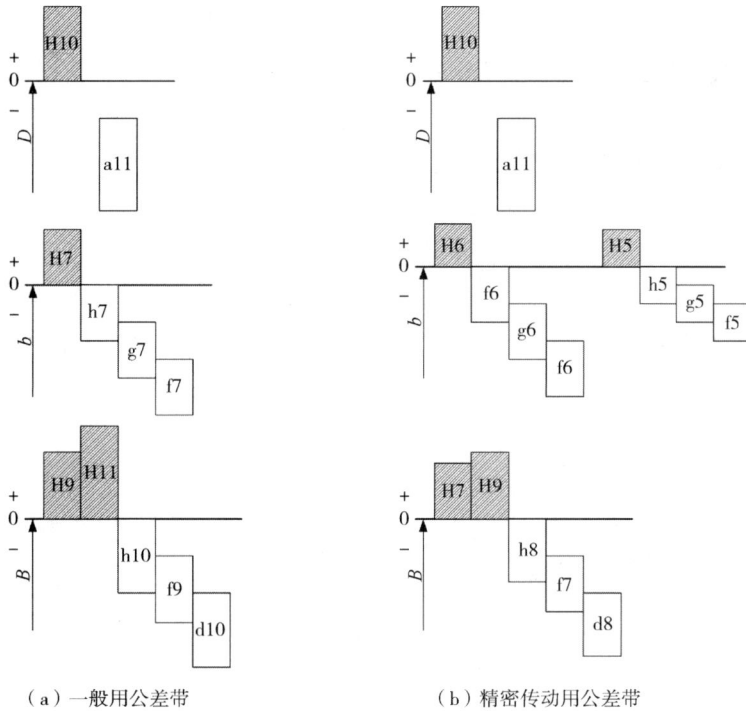

（a）一般用公差带　　　　　　　（b）精密传动用公差带

图 5-18　矩形花键配合公差带

国家标准规定矩形花键的配合形式有滑动、紧滑动和固定三种。滑动连接的间隙最大，紧滑动连接次之，这两种在工作过程中，既可传递扭矩，又可以沿花键轴做轴向移动。固定连接的间隙最小，在轴上固定不动，只用来传递扭矩。选择配合精度时，主要依据花键的使用场合，花键配合的定心精度要求越高、传递扭矩越大时，花键应选用较高的公差等级。常见汽车、拖拉机变速箱中多采用一般级别的花键；精密机床变速箱中多采用精密级别的花键。矩形花键小径配合应用的推荐见表 5-18。

表 5-18　矩形花键小径配合应用的推荐

应用	固定连接		滑动连接	
	配合	特征及应用	配合	特征及应用
精密传动	H5/h5	紧固程度较高，传递大转矩	H5/f5	滑动程度较低，定心精度高，传递大转矩
	H6/h6	传递中等转矩	H6/f6	滑动程度中等，定心精度较高，传递中等转矩

应用	固定连接		滑动连接	
一般传动	H7/h7	紧固程度较低，传递转矩较小，可经常拆卸	H7/f7	移动频率高，移动长度大，定心精度低

（三）矩形花键的形位公差和表面粗糙度

内、外花键加工时，不可避免地产生形位误差。为了避免装配困难，并且使键侧和键槽侧的受力均匀，应控制花键的形位误差，包括小径 d 的形位公差和花键的位置度公差等。

1. 小径 d 的极限尺寸遵守包容要求

为了保证内、外花键小径定心表面的配合性质，GB/T 1144—2001 规定了该表面的形状公差与尺寸公差的关系采用包容要求，即当小径 d 的实际尺寸处于最大实际状态时，它必须具有理想形状，只有当小径 d 的实际尺寸偏离最大实体状态时，才允许有形状误差，如图 5-19 所示。

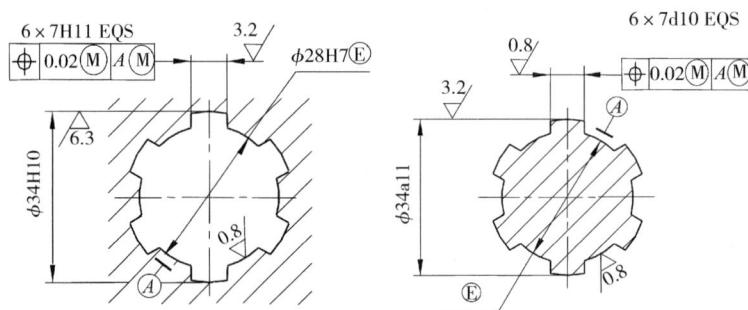

图 5-19　位置度公差标注

2. 花键的位置度公差遵守最大实体要求

花键的位置度公差综合控制花键各键之间的角位置、各键对轴线的对称度误差以及各键对轴线的平行度误差等。位置度公差与键（键槽）宽公差及小径定心表面尺寸公差的关系遵守最大实体要求，如图 5-19 所示。国家标准对键和键槽规定的位置度公差见表 5-19。

表 5-19　矩形花键的位置度公差

键槽宽或键宽 B		3	3.5~6	7~10	12~18
位置度公差 t_1					
键槽宽		0.010	0.015	0.020	0.025
键宽	滑动、固定	0.010	0.015	0.020	0.025
	紧滑动	0.006	0.010	0.013	0.016

3. 键和花键的对称度公差和等分度公差遵守独立原则

为保证装配，并能传递扭矩运动，为了控制花键形位误差，一般在图样上分别标注花键的对称度和等分度公差，如图 5-20 所示。花键的对称度公差、等分度公差均遵守独立原则，国家标准规定，花键的等分度公差等于花键的对称度公差值，花键的对称度公差见表 5-20。

表 5-20　矩形花键宽的对称度公差

键槽宽或键宽 B	3	3.5~6	7~10	12~18
对称度公差 t_2				
一般传动	0.010	0.012	0.015	0.018
精密传动	0.006	0.008	0.009	0.011

注　矩形花键的等分度公差与键宽的对称度公差相同。

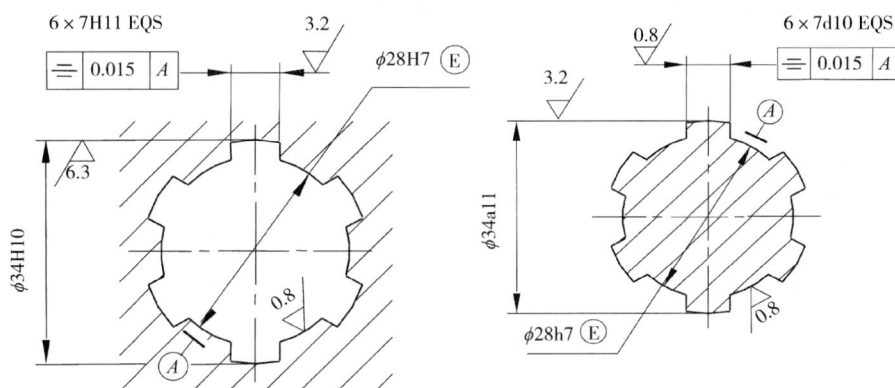

图 5-20　对称度公差标注

对较长的花键，可根据产品性能自行规定键（键槽）侧面对小径定心轴线的平行度公差。

内、外花键大径分别按 H10 和 a11 加工，它们的大径表面之间的间隙很大，因此大径表面轴线对小径定心表面轴线的同轴度误差可以用间隙来补偿。

4. 表面粗糙度

矩形花键的表面粗糙度参数 Ra 的上限值见表 5-21。

表 5-21　矩形花键表面粗糙度推荐值

加工表面	内花键	外花键
	$Ra/\mu m$（不大于）	
小径	1.6	0.8
大径	6.3	3.2
键侧	3.2	0.8

（四）矩形花键的图样标注

花键连接在图样上的标注，按顺序包括以下项目：规格，即键数 N×小径 d×大径 D×键宽

B；各自的公差带代号和精度等级。

例：对 $N=6$，$d=23\dfrac{H7}{f7}$，$D=26\dfrac{H10}{a11}$，$B=6\dfrac{H11}{d10}$ 的花键标记如下：

花键规格：$6\times23\times26\times6$；

花键副：$6\times23\dfrac{H7}{f7}\times26\times\dfrac{H10}{a11}\times6\dfrac{H11}{d10}$；

内花键：$6\times23H7\times26H10\times6H11$；

外花键：$6\times23f7\times26a11\times6d10$。

第三节　螺纹连接的互换性

一、概述

螺纹连接在机电产品中的应用十分广泛，将零、部件组合成整机或将部件、整机固定在机座上等，螺纹连接形成运动副传递运动和动力。螺纹连接是一种典型的具有互换性的连接结构。

螺纹连接按其结合性质和使用要求可分为紧固螺纹、传动螺纹和管螺纹三类。其牙型及特点见表 5-22。

表 5-22　螺纹连接分类

种类	牙型	特点
紧固螺纹	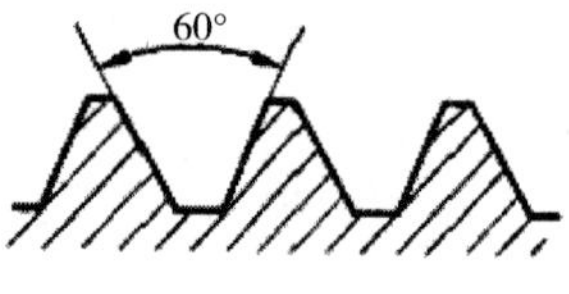	主要用于连接和紧固各种机械零部件，紧固螺纹应具有较好的可旋合性和较高的连接强度。按其配合性质分为：普通螺纹、过渡螺纹和过盈螺纹，其中普通螺纹是使用最广泛的一种螺纹连接
传动螺纹	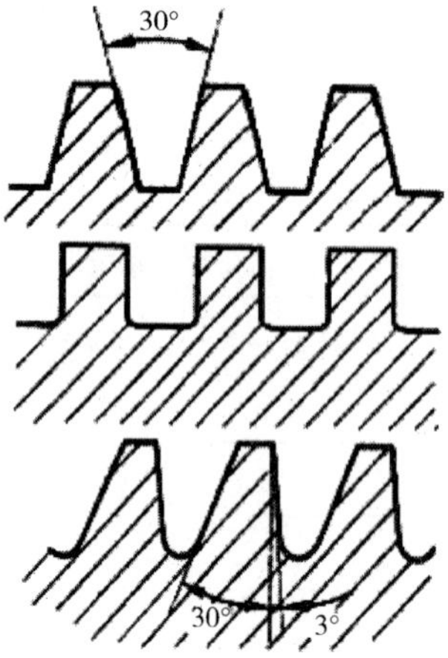	主要用于传递精确位移和传递动力，按其使用要求有传递位移螺纹和传递动力螺纹，传递位移螺纹可以能准确传递位移（即具有一定的传动精度）和传递一定载荷（如机床中的丝杠和螺母）；传递动力螺纹可以传递较大的载荷，具有较高的承载强度（如千斤顶的起重螺杆）。传动螺纹结合均有一定的侧隙，以便于存储一定的润滑油

续表

种类	牙型	特点
管螺纹		主要用于管道系统中有气密性和水密性要求的管件连接，在管道中不得漏气、漏水和漏油。管螺纹应具有良好的旋合性、连接强度及密封性

1. 螺纹的基本牙型和几何参数

普通螺纹的牙型是指通过螺纹轴线的剖面上螺纹的轮廓形状，它由牙顶、牙底以及两牙侧构成，如图 5-21 所示。国家标准规定普通螺纹的基本牙型是将原始三角形（两相邻等边三角形，高为 H）按规定的削平高度截去顶部和底部，所形成的内外螺纹共有的理论牙型。

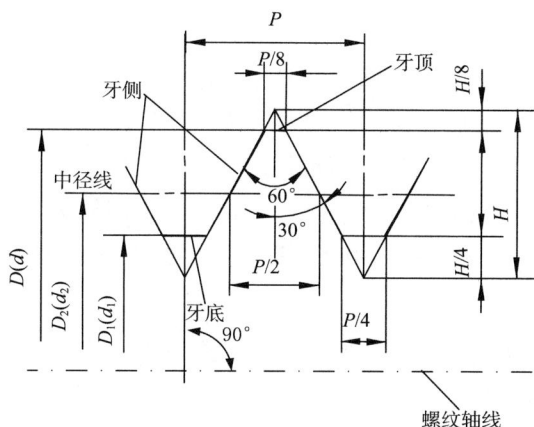

图 5-21　普通螺纹基本牙型

（1）原始三角形高度（H）和牙型高度。原始三角形高度是由原始三角形顶点沿垂直于螺纹轴线方向到其底边的距离（$H=\sqrt{3}P/2$）；牙型高度是指在螺纹牙型上，牙顶和牙底之间在垂直于螺纹轴线方向上的距离（$5H/8$），如图 5-21 所示。

（2）牙型角（α）、牙型半角（$\alpha/2$）、牙侧角。牙型角 α 是在螺纹牙型上，两相邻牙侧间的夹角，普通螺纹牙型角为 $60°$。牙型半角（$\alpha/2$）是牙型角的一半。普通螺纹牙型半角为 $30°$。牙侧角（α_1，α_2）是指在螺纹牙型上，牙侧与螺纹轴线的垂线间的夹角，普通螺纹牙侧角的基本值为 $30°$，如图 5-22 所示。

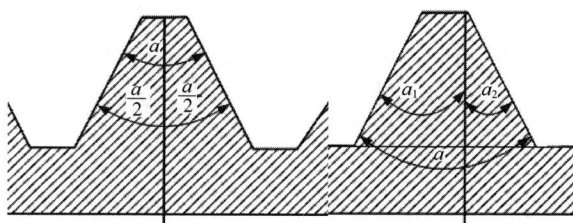

图 5-22　牙型角、牙型半角及牙侧角

133

（3）大径（D/d）。大径是指与内螺纹牙底或外螺纹牙顶相切的假想圆柱面的直径，如图5-23所示。内螺纹用 D 表示，称为底径；外螺纹用 d 表示，称为顶径，且 $D=d$，是内外螺纹的公称直径。

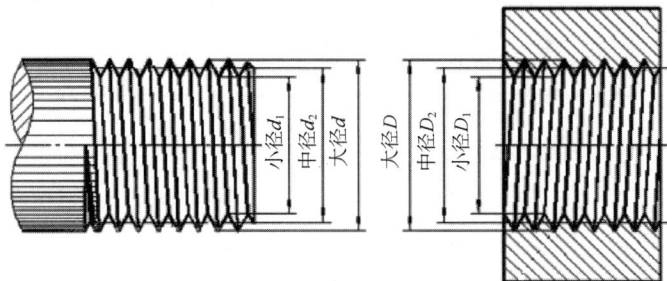

图5-23　螺纹直径系列

（4）小径（D_1/d_1）。小径是指与内螺纹的牙顶或外螺纹的牙底相切的假想圆柱面的直径，如图5-23所示。内螺纹用 D_1 表示，称为顶径；外螺纹用 d_1 表示，称为底径。

外螺纹的大径和内螺纹的小径统称为顶径，外螺纹的小径和内螺纹的大径统称为底径。

（5）中径（D_2/d_2）。中径是一个假想圆柱的直径，该圆柱的母线通过螺纹牙型上沟槽和凸起宽度相等的地方，此假想圆柱称为中径圆柱，内外螺纹中径分别用 D_2/d_2 表示，如图5-23所示。

（6）单一中径（D_{2s}，d_{2s}）单一中径是一个假想圆柱直径，该圆柱的母线通过牙型上沟槽宽度等于基本螺距值一半的地方（$P/2$），内外螺纹的单一中径用 D_{2s}，d_{2s} 表示，如图5-24所示。

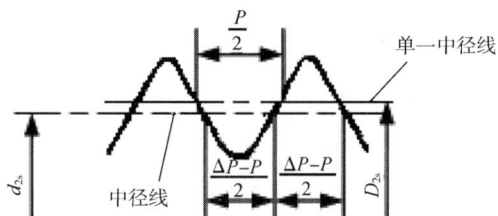

图5-24　中径与单一中径

当螺距无误差时，单一中径和实际中径相等。当螺距有误差时，单一中径和实际中径不相等。

（7）作用中径在规定的旋合长度内，恰好包容实际螺纹的一个假想螺纹的中径，这个假想螺纹有螺距、半角、牙型角等，并在牙顶、牙底外侧留有间隙以保证包容时不与实际螺纹的大、小径发生干涉。

（8）导程（P_h）、螺距（P）。导程是指同一螺旋线上的相邻两牙在中径线上对应两点间的轴向距离，用 P_h 表示。螺距是相邻两牙在中径线上对应两点间的轴向距离，用 P 表示，如

图 5-25 所示。导程与螺距的关系：$P_h = nP$，n 为线数。

图 5-25　导程、螺距

（9）螺纹升角（φ）。螺纹升角是在中径圆柱上螺旋线的切线与垂直于螺纹轴线的平面的夹角，用 φ 表示，如图 5-26 所示。它与螺距 P 和中径 d_2 之间的关系为：

$$\tan\varphi = np/\pi d_2$$

式中：n 为螺纹线数。

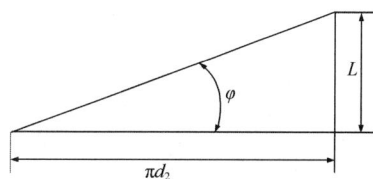

图 5-26　螺纹升角

（10）螺纹旋合长度。螺纹的旋合长度是指两个相互配合的螺纹，沿螺纹轴线方向相互旋合部分的长度，如图 5-27 所示。

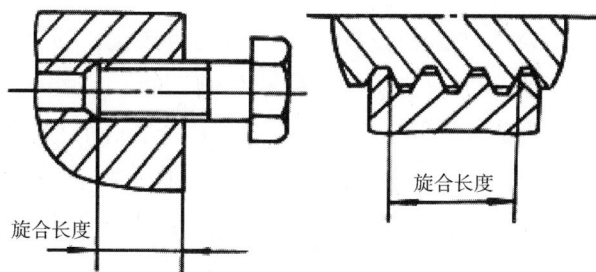

图 5-27　螺纹旋合长度

二、螺纹几何参数误差对互换性的影响

螺纹的主要几何参数有大径、小径、中径、螺距、牙型半角及螺纹升角等。在加工过程中，这些参数不可避免地产生误差，将会对螺纹的互换性产生影响。

1. 螺纹直径误差

螺纹直径（大径、小径）的误差是指螺纹加工后直径的实际尺寸与螺纹直径的基本尺寸之差。内外螺纹加工时，其中大、小径间留有很大的间隙，即外螺纹的大径和小径分别小于内螺纹的大径和小径，完全可以保证其互换性的要求。但是，外螺纹的大径和小径不能过小，内螺纹的大径和小径也不能大，否则就会降低连接强度。因此，国家标准 GB/T 197—2003

对螺纹直径实际尺寸规定了适当的极限偏差。

2. 螺距误差

螺距误差包括螺距局部误差（ΔP）和螺距累积误差（ΔP_{Σ}）。

螺距局部误差（ΔP）是指在螺纹的全长上，任意单个实际螺距对公称螺距的代数差，它与旋合长度无关；螺距累计误差（ΔP_{Σ}）是指在规定的螺纹长度内，包含若干个螺距的任意两牙，在中径线上相应两点之间的实际轴向距离对公称轴向距离的代数差，它与旋合长度有关。

相互结合的内、外螺纹的螺距基本值为 P，内螺纹为理想螺纹，外螺纹只存在螺距误差。外螺纹 n 个螺距的实际轴向距离 L 与内螺纹的实际轴向距离内 $L=nP$（公称轴向距离 nP）两者的代数差即为螺距累计误差（ΔP_{Σ}），使内、外螺纹牙侧产生干涉（阴影部分）而不能旋合，如图 5-28 所示。螺距累积误差 ΔP_{Σ} 是影响螺纹互换性的主要因素。

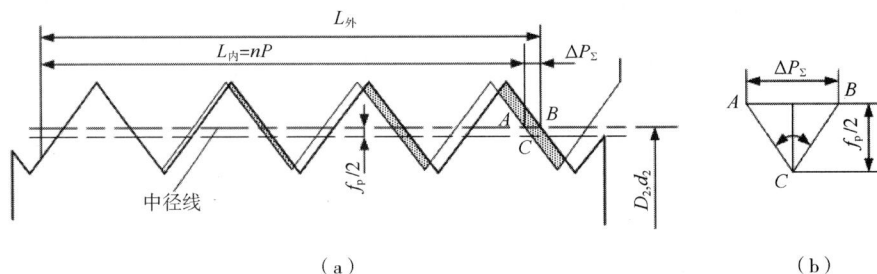

图 5-28　螺距累积误差对旋合性的影响

为了使具有螺距累计误差的外螺纹能够旋入理想的内螺纹，保证旋合性，应将外螺纹的干涉部分切除掉，使图中牙侧上的 B 点移至内螺纹牙侧上的 C 点接触，而螺纹牙另一侧的间隙不变，即将外螺纹的中径减小一个数值 F_p，使外螺纹轮廓刚好能被内螺纹轮廓包容。同理，如果内螺纹存在螺距累计误差，为了保证旋合性，则应将内螺纹的中径增大一个数值 F_p。F_p（F_p）称为螺距误差的中径当量。对于普通螺纹，牙型角为 60°，在图 5-28（b）中 $\triangle ABC$ 中计算螺距误差的中径当量为：$f_p(F_p) = 1.732\Delta P_{\Sigma}$。

国家标准中没有规定螺纹的螺距公差，而是将螺距累计误差折算成中径公差的一部分，通过控制螺纹中径公差来控制螺距误差。

在制造过程中，由于螺距误差不可避免，为了保证有螺距误差的内外螺纹能够正常旋合，采用增大内螺纹中径或减小外螺纹中径来消除螺距误差对旋合性的不利影响，但这样会使内外螺纹实际接触的螺纹牙减少，载荷集中在接触部位，造成接触压力增大，降低螺纹的连接强度。

3. 牙型半角误差

牙型半角误差是指牙型半角的实际值与其公称值的代数差。牙型半角误差主要是实际牙型角的角度误差或牙型角方向偏斜，螺纹牙型半角误差会使螺纹牙侧发生干涉而影响旋合性，同时影响接触面积，降低螺纹连接强度。

牙型半角误差的影响如图 5-29 所示，相互结合的内外螺纹的牙型半角为 30°，内螺纹为理想螺纹（粗实线），外螺纹（细实线）仅存在牙型半角误差（$\Delta\alpha_1$ 为左牙型半角误差，$\Delta\alpha_2$ 为右牙型半角误差），使内外螺纹旋合时牙侧产生干涉（阴影部分），不能旋合。

为了使具有牙型半角误差的外螺纹能够旋入理想的内螺纹，保证旋合性，应将外螺纹的干涉部分（图 5-29 中阴影部分）切除掉，把外螺纹牙径向移至虚线 3 处，使外螺纹轮廓刚好能被内螺纹轮廓包容，即将外螺纹的中径减小一个数值 f_α。同理，当内螺纹存在牙型半角误差时，为了保证旋合性，应将内螺纹的中径增大一个数值 F_α。$f_\alpha(F_\alpha)$ 称为牙型半角误差中径当量。对于普通螺纹牙型半角误差中径当量计算公式如下：

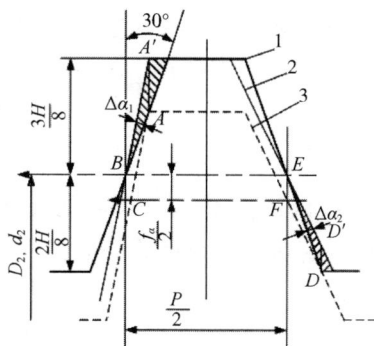

图 5-29 牙型半角误差

$$f_\alpha(F_\alpha) = 0.073P(K_1|\Delta\alpha_1| + K_2|\Delta\alpha_2|)$$

式中：P 为螺距基本值（mm）；$\Delta\alpha_1$，$\Delta\alpha_2$ 为牙型半角误差（'）K_1、K_2 为系数，其数值分别取决于牙型半角误差的正负号见表 5-23。

表 5-23 K_1、K_2 取值表

螺纹	系数取值	
	K_1、K_2	
	2	3
外螺纹	$\Delta\alpha_1$（$\Delta\alpha_2$）>0 中径与小径间产生干涉	$\Delta\alpha_1$（$\Delta\alpha_2$）<0 中径与大径间产生干涉
内螺纹	$\Delta\alpha_1$（$\Delta\alpha_2$）<0 中径与小径间产生干涉	$\Delta\alpha_1$（$\Delta\alpha_2$）>0 中径与大径间产生干涉

螺纹牙型半角误差中径当量可以消除牙型半角误差对旋合性的影响，但牙型半角误差会使内外螺纹牙侧接触面积减小，载荷相对集中到接触部位，造成接触压力增大，降低螺纹的连接强度。

4. 中径误差

中径误差是指中径实际值与公称值的代数差，内、外螺纹中径误差用 $\Delta D_{2\alpha}(\Delta d_{2\alpha})$ 表示。在螺纹制造过程中，螺纹中径也会出现误差，如果外螺纹的中径大于内螺纹的中径时，内外螺纹无法旋合；当外螺纹的中径过小时，内外螺纹旋合后间隙过大，配合过松。影响连接的紧密型和连接强度。因此对中径误差也必须加以限制。

由于螺距误差折算成中径当量值 $f_p(F_p)$，牙型半角误差折算成中径当量值 $f_\alpha(F_\alpha)$，所以对内外螺纹中径的总公差 $T_{D_2}(T_{d_2})$ 应满足如下关系：

$$T_{D_2} \geqslant \Delta D_{2\alpha} + FP + F_\alpha \tag{5-1}$$

$$Td_2 \geqslant \Delta d_{2\alpha} + fP + f_\alpha$$

当外螺纹存在螺距误差和牙型半角误差时，若不减小其中径，只能与一个中径较大的内螺纹正确旋合，相当于有误差的外螺纹中径增大；同理，当内螺纹存在螺距误差和牙型半角误差时，只能与一个中径较小的外螺纹正确旋合，相当于有误差的内螺纹中径减小。这一增大或减小的理想螺纹中径称为螺纹的作用中径，用 D_{2m}（d_{2m}）表示，如图 5-30 所示，图 5-30（a）是外螺纹作用中径；图 5-30（b）是内螺纹作用中径。计算公式如下：

$$D_{2m} = D_{2\alpha} - (FP + F_\alpha)$$
$$d_{2m} = d_{2\alpha} + (fP + f_\alpha)$$

式中：$D_{2\alpha}$、$d_{2\alpha}$ 为内、外螺纹的实际中径。

内外螺纹能够自由旋合的条件为 $d_{2m} \leqslant D_{2m}$。

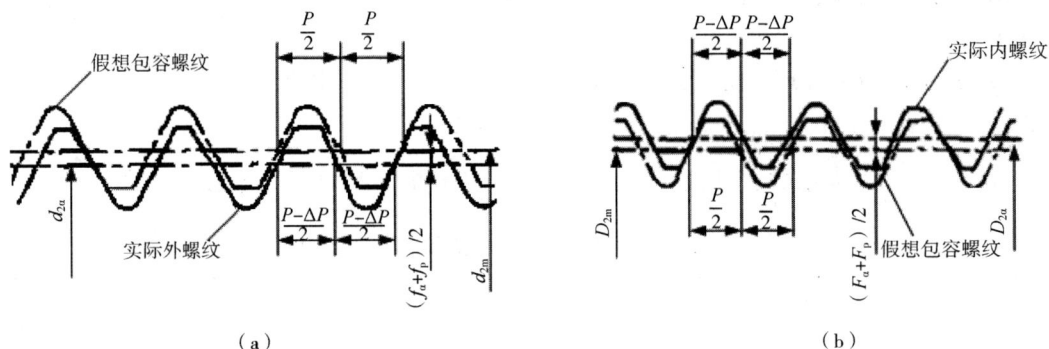

图 5-30　螺纹作用中径

三、普通螺纹的公差与配合

螺纹加工生产中，刀具、机床传动误差等因素引起中径误差、牙型半角误差及螺距误差等影响螺纹的互换性。为了保证螺纹互换性，国家标准 GB/T 197—2003《普通螺纹公差》规定了螺纹公差等级、螺纹公差带、螺纹基本偏差。

1. 螺纹公差等级

螺纹公差用来确定公差带的大小，表示螺纹直径尺寸允许变动范围。国家标准 GB/T 197—2003《普通螺纹公差》对螺纹的中径和顶径分别规定了若干个公差等级，其代号用阿拉伯数字表示，螺纹公差等级见表 5-24。

表 5-24　螺纹公差等级

螺纹直径		公差等级
外螺纹	中径 d_2	3、4、5、6、7、8、9
	大径（顶径）d	4、6、8
内螺纹	中径 D_2	4、5、6、7、8
	小径（顶径）D	4、5、6、7、8

其中6级是基本级，3级公差值最小，精度最高；9级公差值最大，精度最低。

内外螺纹的底径是在加工时和中径一起由刀具切出，其尺寸由加工保证，因此未规定公差。

螺纹公差在不同的公差等级中，内螺纹顶径（小径）公差 T_D 和外螺纹顶径（大径）公差 T_d 公差值见表5-25。内螺纹中径公差 T_{D2} 和外螺纹中径公差 T_{d2} 公差值见表5-26。

表5-25　内、外螺纹顶径的公差值

螺距 P/mm	内螺纹顶径（小径）公差 T_D					外螺纹顶径（小径）公差 T_d		
	公差等级							
	4	5	6	7	8	4	6	8
0.5	90	112	140	180	—	67	106	—
0.6	100	125	160	200	—	80	125	—
0.7	112	140	180	224	—	90	140	—
0.75	118	150	190	236	—	90	140	—
0.8	125	160	200	250	315	95	150	236
1	150	190	236	300	375	112	180	280
1.25	170	212	265	335	425	132	212	335
1.5	190	236	300	375	475	150	236	375
1.75	212	265	335	425	530	170	265	425
2	236	300	375	475	600	180	280	450
2.5	280	355	450	560	710	212	335	530
3	315	400	500	630	800	236	375	600
3.5	355	450	560	710	900	265	425	670
4	375	475	600	750	950	300	475	750

表5-26　内、外螺纹中径的公差值

基本大径/mm		螺距 P/mm	内螺纹中径公差 T_{D2}						外螺纹中径公差 T_{d2}					
>	≤		公差等级											
			4	5	6	7	8	3	4	5	6	7	8	9
2.8	5.6	0.5	63	80	100	125	—	38	48	60	75	95	—	—
		0.6	71	90	112	140	—	42	53	67	85	106	—	—
		0.7	75	95	118	150	—	45	56	71	90	112	—	—
		0.75	75	95	118	150	—	45	56	71	90	112	—	—
		0.8	80	100	125	160	200	48	60	75	95	118	150	190

续表

基本大径/mm		螺距 P/mm	内螺纹中径公差 T_{D2}					外螺纹中径公差 T_{d2}					
			公差等级										
>	≤		4	5	6	7	8	3	4	5	6	7	8	9
5.6	11.2	0.75	85	106	132	170	—	50	63	80	100	125	—	—
		1	95	118	150	190	236	56	71	90	112	140	180	224
		1.25	100	125	160	200	250	60	75	95	118	150	190	236
		1.5	112	140	180	224	280	67	85	106	132	170	212	265
11.2	22.4	1	100	125	160	200	250	60	75	95	118	150	190	236
		1.25	112	140	180	224	280	67	85	106	132	170	212	265
		1.5	118	150	190	236	300	71	90	112	140	180	224	280
		1.75	125	160	200	250	315	75	95	118	150	190	236	300
		2	132	170	212	265	335	80	100	125	160	200	250	315
		2.5	140	180	224	280	355	85	106	132	170	212	265	335
22.4	45	1	106	132	170	212	—	63	80	100	125	160	200	250
		1.5	125	160	200	250	315	75	95	118	150	190	236	300
		2	140	180	224	280	355	85	106	132	170	212	265	335
		3	170	212	265	335	425	100	125	160	200	250	315	400
		3.5	180	224	280	355	450	106	132	170	212	265	335	425
		4	190	236	300	375	475	112	140	180	224	280	355	450
		4.5	200	250	315	400	500	118	150	190	236	300	375	475

螺纹中径公差是一项综合公差综合控制中径本身的尺寸误差、螺距误差和牙型半角误差。

2. 螺纹的基本偏差

螺纹公差带相对于基本牙型的位置，与圆柱体的公差带位置一样，由基本偏差来确定。国家标准 GB/T 197—2003《普通螺纹公差》对螺纹的中径和顶径规定了基本偏差，并且它们的数值相同。对内螺纹规定了代号为 G、H 的两种基本偏差（皆为下偏差 EI），对外螺纹规定了代号为 e、f、g、h 的四种偏差（皆为上偏差 es），如图 5-31 所示。

3. 螺纹公差带

螺纹公差带是沿基本牙型的牙侧、牙顶和牙底分布的公差带，根据普通螺纹的公差等级和基本偏差，可以组成许多不同的公差带。普通螺纹的公差带代号由公差等级数字和基本偏差字母组成，即公差等级数字+基本偏差字母（如 6g、6H、5G）。如果中径公差带代号和顶径公差带代号相同，则标注时只写一个。合格的螺纹其实际牙型各个部分都应该在公差带内，即实际牙型应在图 5-31 中断面线的公差带内。

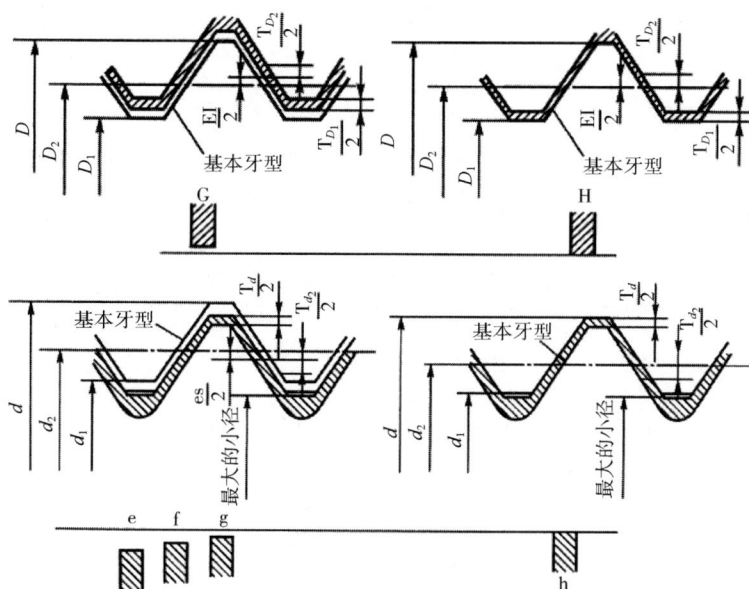

图 5-31 内外螺纹的基本偏差

4. 旋合长度

内外螺纹的旋合长度是螺纹精度设计时应该考虑的一个因素，关系到螺纹连接的配合精度和互换性。国家标准 GB/T 197—2003 根据螺纹的公称直径和螺距基本值规定了三组旋合程度，即短旋合长度组（S）、中等旋合长度组（N）和长旋合程度组（L），其中 N 组的数值见表 5-27。

表 5-27　螺纹旋合长度

基本大径 D、d		螺距 P	旋合长度			
			S	N		L
>	≤		≤	>	≤	>
2.8	5.6	0.5	1.5	1.5	4.5	4.5
		0.6	1.7	1.7	5	5
		0.7	2	2	6	6
		0.75	2.2	2.2	6.7	6.7
		0.8	2.5	2.5	7.5	7.5
5.6	11.2	0.75	2.4	2.4	7.1	7.1
		1	3	3	9	9
		1.25	4	4	12	12
		1.5	5	5	15	15

续表

基本大径 D、d		螺距 P	旋合长度					
			S		N		L	
>	≤		≤	>	≤	>		
11.2	22.4	1	3.8	3.8	11	11		
		1.25	4.5	4.5	13	13		
		1.5	5.6	5.6	16	16		
		1.75	6	6	18	18		
		2	8	8	24	24		
		2.5	10	10	30	30		
22.4	45	1	4	4	12	12		
		1.5	6.3	6.3	19	19		
		2	8.5	8.5	25	25		
		3	12	12	36	36		
		3.5	15	15	45	45		
		4	18	18	53	53		

通常选用中等旋合长度组（N），为了加强连接强度可选择长旋合程度组（L），对受力不大且有空间限制可选择短旋合长度组（S）。

四、普通螺纹公差与配合的选用

1. 螺纹公差与配合选用

螺纹的公差等级仅反映了中径和顶径精度的高低，若综合评价螺纹质量，还应考虑旋合长度，旋合长度越长的螺纹，产生的螺距累计误差越大，且越容易弯曲，对互换性产生很大的影响。因此 GB/T 197—2003《普通螺纹公差》根据螺纹的公差带和旋合长度两个因素，规定了螺纹的配合精度，分为精密级、中等级和粗糙级，精度依次由高到低。国家标准推荐的不同公差精度宜采用的公差带见表5-28。同一配合精度的螺纹的旋合长度越长，则等级就越低。若未注明旋合长度，则按照中等旋合长度组选取螺纹公差带。

表5-28 普通螺纹的推荐公差带

公差等级	内螺纹公差带			外螺纹公差带		
	S	N	L	S	N	L
精密	4H	5H	6H	(3h4h)	**4h** (4g)	(5h4h) (5g4g)

公差等级	内螺纹公差带			外螺纹公差带		
	S	N	L	S	N	L
中等	**5H** （5G）	**6H** 6G	**7H** （7G）	（5g6g） （5h6h）	**6e** **6f** **6g** 6h	（7e6e） （7g6g） （7h6h）
粗糙	—	7H （7G）	8H （8G）	—	（8e） 8g	（9e8e） （9g9g）

注　（1）选用顺序：粗体字公差带——一般字体公差带—括号内公差带。
　　（2）带方框的粗体字公差带用于大量生产的紧固件螺纹。
　　（3）推荐公差也适用于薄涂镀层的螺纹。
　　（4）选择螺纹配合精度时，一般用途采用中等级，对于配合性质要求稳定或有定心精度要求的螺纹连接采用精密级，对于螺纹加工较困难的零件不稳采用粗糙级。

2. 普通螺纹的标记

螺纹的完整标记由螺纹特征代号（M）、尺寸代号（公称直径×螺距基本值，单位为 mm）、公差带代号及其他信息（旋合长度和旋向代号）构成，并以"－"分开。

外螺纹：

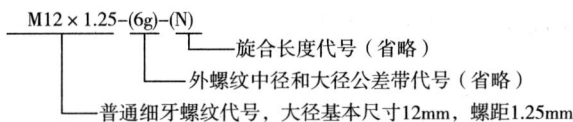

内螺纹：

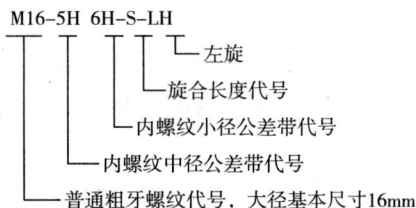

内、外螺纹装配：

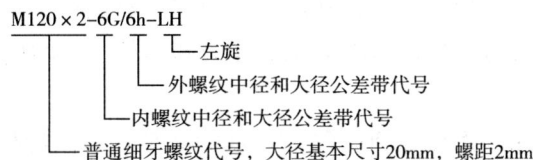

五、螺纹中径的合格性判断

螺纹中径是衡量螺纹互换性的主要指标，螺纹中径合格性的判断原则与光滑工件极限尺寸判断原则（泰勒原则）类同。泰勒原则是指为了保证旋合性，实际螺纹的作用中径不能超出最大实体牙型的中径；为了保证连接强度，实际螺纹上任何部位的单一中径不能超出最小实体牙型的中径。

所谓最大和最小实体牙型是指螺纹中径公差范围内，分别具有材料最多和最小且有与基本牙型一致的螺纹牙型。外螺纹的最大和最小实体牙型中径分别等于其中径最大和最小极限尺寸 d_{2max}、d_{2min}，内螺纹的最大和最小实体牙型中径分别等于其中径最小和最大极限尺寸 D_{2min}、D_{2max}。

按泰勒原则，螺纹中径的合格条件为：

外螺纹：$d_{2m} \leqslant d_{2max}$，且 $d_{2s} \geqslant d_{2min}$

内螺纹：$D_{2m} \geqslant D_{2min}$，且 $D_{2s} \leqslant D_{2max}$

第四节　齿轮的互换性

一、齿轮传动的使用要求

齿轮传动是用来传递运动和动力的一种常用传动机构，广泛应用于机床、汽车、仪器仪表等机械产品中。齿轮传动系统由齿轮副、轴、轴承及箱体等零、部件组成。这些零部件的制造和安装精度，都会对齿轮传动精度产生影响，其中齿轮本身的制造精度及齿轮副的安装精度起主要作用。

随着现代生产和科技的发展，要求机械产品自身重量轻，传动功率大，工作转速和工作精度高，从而对齿轮传动的精度提出了更高的要求。在不同机械中，对齿轮传动的精度要求因其用途不同而异，但归纳为以下四项：

1. 传动运动的准确性

要求齿轮在一转范围内传动比的变化尽量小，以保证从动齿轮与主动齿轮的相对运动协调一致。为保证齿轮传递运动的准确性，应限制齿轮在一转内的最大转角误差。

2. 传动的平稳性

要求齿轮在转过一个齿的范围内，瞬时传动比的变化尽量小，以保证齿轮传动平稳，降低齿轮传动过程中的冲击，减小振动和噪声。

3. 载荷分布的均匀性

要求齿轮啮合时工作齿面接触良好，载荷分布均匀，避免轮齿局部受力而引起应力集中，造成齿面局部过度磨损和折齿，保证齿轮的承载能力和延长齿轮的使用寿命。

4. 传动侧隙

要求齿轮副啮合时，非工作齿面间应留有一定的间隙，用以存储润滑油，补偿齿轮受力后的弹性变形、热变形以及齿轮传动机构的制造、安装误差，防止齿轮在传动过程中可能卡死或烧伤，但过大的间隙会在启动和反转时引起冲击，造成回程误差，因此侧隙的选择应在一个合理的范围内。

不同用途和不同工作条件的齿轮及齿轮副，对上述要求的侧重点也不同，如控制系统和随动系统的分度传动机构要求传递运动的准确性，以保证主、从齿轮的运动协调；汽车、拖拉机等变速齿轮传动则主要要求传动平稳性，以降低噪声；低速重载齿轮传动要求其载荷分布的均匀性，以保证承载能力；对蜗轮机构中高速重载齿轮传动对上述要求都很高，而且要求足够的齿侧间隙，以保证充分的润滑。

二、齿轮的加工误差

（一）齿轮加工误差的来源

在机械制造中，齿轮的加工方法很多，按齿轮廓形成原理可分为仿形法和展成法。

仿形法加工齿轮时，刀具的齿形与被加工齿轮的齿槽形状相同。常用盘铣刀和指状铣刀在铣床上铣齿，如图 5-32 所示。

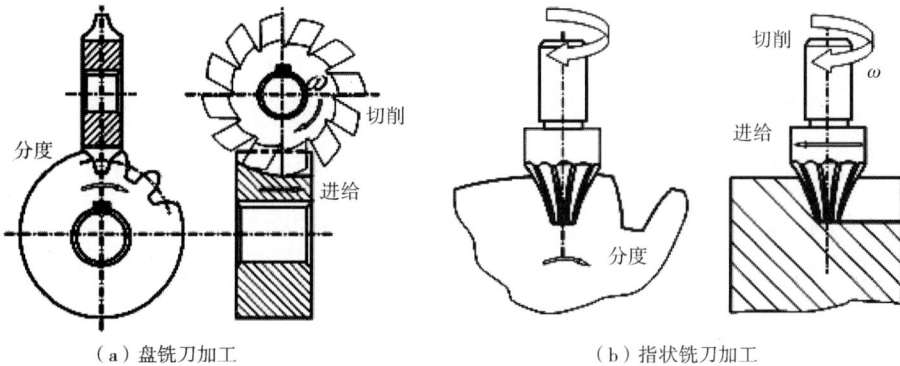

（a）盘铣刀加工　　　　　　　　　　　　（b）指状铣刀加工

图 5-32　仿形加工

展成法加工齿轮时，齿轮表面通过专用齿轮加工机床的展成运动形成渐开线齿面。常用齿轮插刀加工和齿轮滚刀加工，如图 5-33 所示。

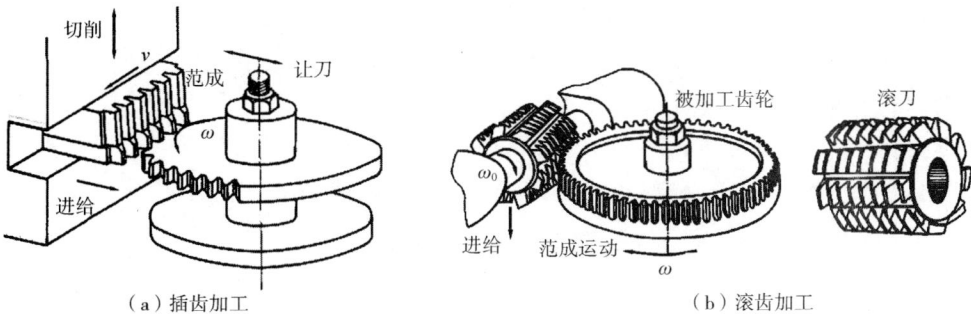

（a）插齿加工　　　　　　　　　　　　（b）滚齿加工

图 5-33　展成法加工

　　齿轮加工系统中的机床、刀具、齿坯的制造、安装等误差致使加工后的齿轮存在各种形式的误差。现以滚齿加工为例分析产生齿轮加工误差的主要原因，滚齿机切齿系统如图 5-34 所示。

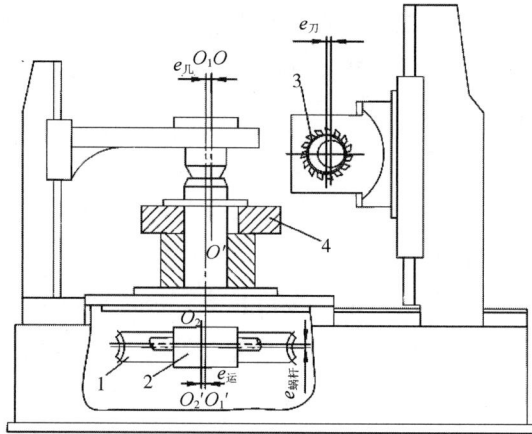

图 5-34　滚齿加工系统

1—分度蜗轮　2—分度蜗杆　3—滚刀　4—齿坯

OO'—机床工作台回转轴线　O_1O_1'—齿坯基准孔轴线　O_2O_2'—分度蜗轮几何轴线

1. 几何偏心（$e_几$）

　　几何偏心（$e_几$）是由于加工时齿坯基准孔轴线（OO'）与滚齿机工作台旋转轴线（O_1O_1'）不重合而引起的安装偏心，如图 5-35 所示。几何偏心使加工过程中齿坯基准孔轴线与滚刀的距离产生变化，切出的齿一边短而宽，一边窄而长，加工出来的齿轮如图 5-36 所示。几何偏心引起齿轮径向误差，产生径向跳动，同时齿距和齿厚也产生周期性变化。

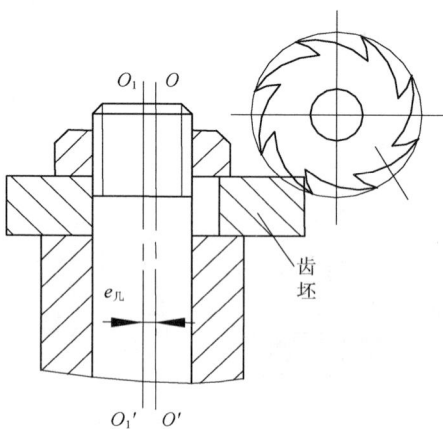

图 5-35　几何偏心

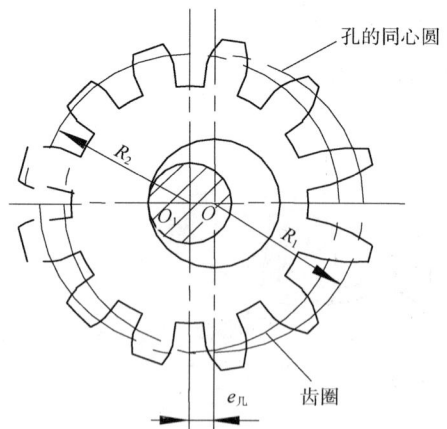

图 5-36　具有几何偏心的齿轮

2. 运动偏心（$e_{运}$）

运动偏心（$e_{运}$）是由于齿轮加工机床分度蜗轮本身的制造误差以及安装过程中分度蜗轮轴线（$O_2—O_2'$）与工作台旋转轴线（$O_1—O_1'$）不重合引起的，如图 5-37 所示。运动偏心使齿坯相对于滚刀的转速不均匀，而使被加工齿轮的齿廓产生切向位移。加工齿轮时，蜗杆的线速度恒定不变，蜗轮、蜗杆中心距周期性变化，即蜗轮（齿坯）在一转内的转速呈现周期性变化。当角速度 ω 增大一到 $\omega+\Delta\omega$ 时，使被切齿轮的齿距和公法线都变长；当角速度由 ω 减少到 $\omega-\Delta\omega$ 时，切齿滞后使齿距和公法线都变短，如图 5-38 所示，使齿轮产生切向周期性变换的切向误差。

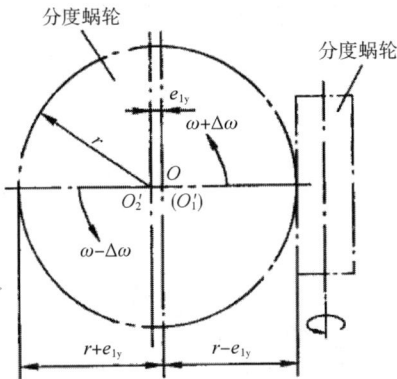

图 5-37　运动偏心图

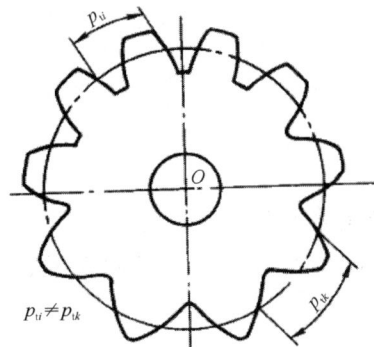

图 5-38　具有运动偏心的齿轮

3. 机床传动链误差

加工直齿轮时，传动链中分度机构各元件的误差，尤其是分度蜗杆由于安装偏心引起的径向跳动和轴向窜动，将会造成蜗轮（齿坯）在一周范围内的转速出现多次的变化，引起加工齿轮的齿距误差和齿形误差。加工斜齿轮时，除分度机构各元件的误差外，还受到传动链误差的影响。

4. 滚刀的制造和安装误差

滚刀本身在制造过程中所产生的齿距、齿形等误差，都会在作为刀具加工齿轮的过程中被复映在被加工齿轮的每一个齿上，使被加工齿轮产生齿距误差和齿廓形状误差。

滚刀由于安装偏心，会使被加工齿轮产生径向误差。滚刀的轴向窜动及轴线歪斜，会使进刀方向与轮齿的理论方向产生误差，直接造成加工齿面沿齿长方向的歪斜，造成齿廓倾斜误差，将会影响载荷分布的均匀性。

（二）齿轮误差的分类

由于齿轮加工过程中造成工艺误差的因素很多，齿轮加工后的误差形式也很多。为了便于分析齿轮各种误差的性质、规律以及对传动质量的影响，将齿轮的加工误差分类如下。

1. 按误差出现的频率分

按误差出现的频率分为长周期（低频率）误差和短周期（高频率）误差。

（1）长周期（低频率）误差是指齿轮回转一周出现一次的周期性误差，如图5-39所示。齿轮加工过程中由于几何偏心和运动偏心引起的误差均属于长周期误差，它以齿轮一转为周期，对齿轮一转内传递运动的准确性产生影响，高速时，还会影响齿轮传动的平稳性。

（2）短周期（高频率）误差是指齿轮转动一个齿距角的过程中出现一次或多次的周期性误差，如图5-40所示。齿轮加工过程中由于机床的传动链和滚刀的制造和安装误差引起的误差均属于短周期（高频率）误差，一分度蜗轮的一转或齿轮的一齿为一周期，在一转中多次出现，对齿轮传动的平稳性产生影响。

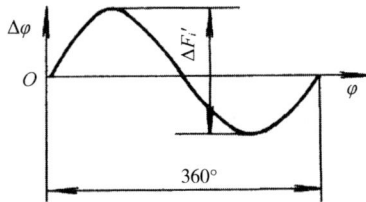

图5-39　长周期误差

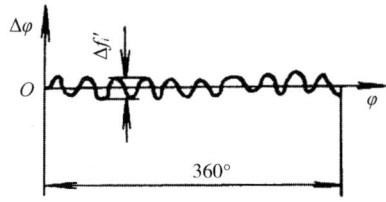

图5-40　短周期误差

2. 按误差产生的方向分

按误差产生的方向分为径向误差、切向误差和轴向误差。

（1）径向误差在齿轮加工的过程中，由于切齿刀具与齿坯之间的径向距离的变化而引起的加工误差称为齿廓的径向误差，如图5-41所示。如齿轮的几何偏心和滚刀的安装偏心，都会在切齿的过程中使齿坯相对于滚刀的距离发生变动，导致切出的齿廓相对于齿轮基准孔轴线产生径向位置变动，造成径向误差。

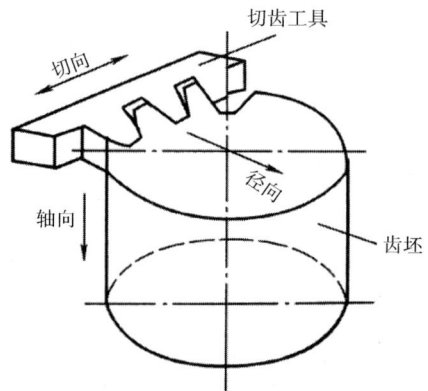

图5-41　径向误差、切向误差和轴向误差

（2）切向误差在齿轮加工的过程中，由于滚刀的运动相对于齿坯回转速度的不均匀，致使齿廓沿齿轮切线方向产生的误差称为齿廓切向误差，如图5-41所示。如分度蜗轮的运动偏心、分度蜗杆的径向跳动和轴向跳动以及滚刀的轴向跳动等，都会使齿坯相对于滚刀回转速度不均匀，产生切向误差。

（3）轴向误差在齿轮加工过程中，由于切齿刀具沿齿轮轴线方向进给运动偏斜产生的加工误差称为齿廓的轴向误差，如图5-41所示。如刀架导轨与机床工作台回转轴线不平行、齿坯安装偏斜等，均会造成齿廓的轴向误差。

三、单个齿轮传动误差及其评定指标

（一）影响传动准确性的误差及其评定指标

影响传动准确性是以齿轮一转为周期的误差（长周期误差），主要体现在齿轮轮齿中心

与旋转中心不同轴，造成各轮齿相对于旋转中心不均匀分布，任意两齿距不相等，各齿齿高不相等，且齿距由小变大，再由大变小，在传动中产生转角误差，影响传递运动的准确性。另外，由于加工刀具安装位置偏差，使加工出的齿轮上各齿轮的形状和位置相对于旋转中心产生误差，也会造成传动中产生转角误差。影响齿轮传动准确性的参数见表5-29。

表5-29 评定传动准确性的参数

参数符号	含义
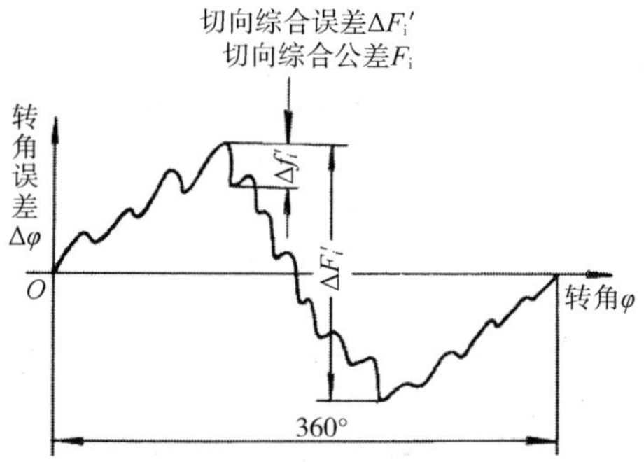 （a）	切向综合误差（$\Delta F_i'$）是指被测齿轮与理想精确的测量齿轮单面啮合时，在被测齿轮一转内，实际转角与公称转角之差的总幅度值，如图（a）所示，以分度圆弧长计值 切向综合误差反映出由机床、刀具、工件系统的周期误差所造成的齿轮一转的转角误差，说明齿轮运动的不均匀性。切向综合误差是几何偏心、运动偏心及各种短周期误差综合影响的结果。切向综合误差是评定齿轮传递运动准确性较为完善的指标，反映了齿轮总的使用质量，更接近于实际使用情况。切向综合公差（F_i'）是指切向综合误差的最大允许值。国家标准规定：切向综合误差可根据齿轮传动精度要求，选定适宜精度等级的切向综合公差来控制
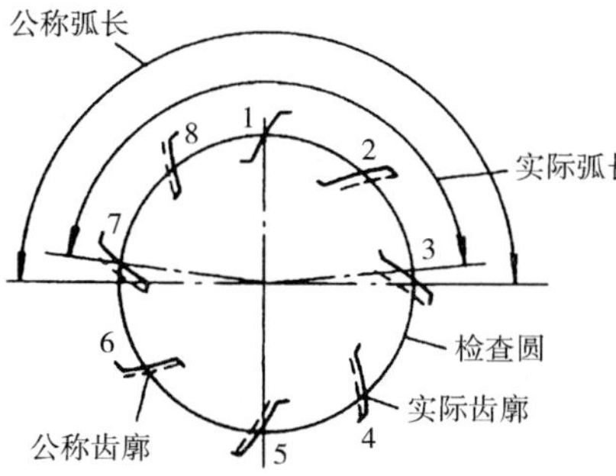 （b） 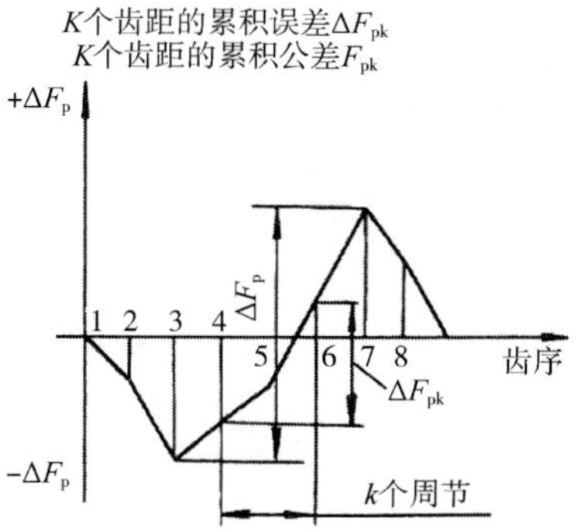 （c）	齿距累积误差（ΔF_p）是指在分度圆上（国家标准规定允许在齿高中部测量）任意两个同侧齿面间的实际弧长与公称弧长之差的最大绝对值，如图（b）所示 齿距累积公差（F_p）是齿距累积误差的最大允许值，各级精度齿轮的F_p值见表7-7。 K个齿距的累积误差（ΔF_{pk}）是指在分度圆上（国际规定允许在齿高中部测量）K个齿距间的实际弧长与公称弧长之差的最大绝对值，如图（c）所示。K值取2到小于$Z/2$的整数。通常取$Z/6$或$Z/8$的最大整数 K个齿距的累积公差（F_{pk}）是K个齿距累积误差的最大允许值 齿距累积误差主要是在滚切齿形过程中几何偏心和运动偏心造成的，它反映齿轮一转中偏心误差引起的转角误差，因此齿距累积误差可代替切向综合公差作为评定齿轮运动准确性的指标。目前工厂中常用齿距累积误差来评定齿轮的运动精度

参数符号	含义
齿圈径向跳动ΔF_r 齿圈径向跳动公差F_r 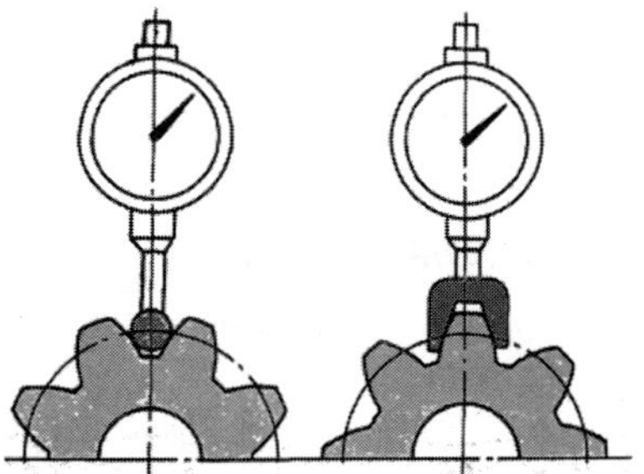 （d） 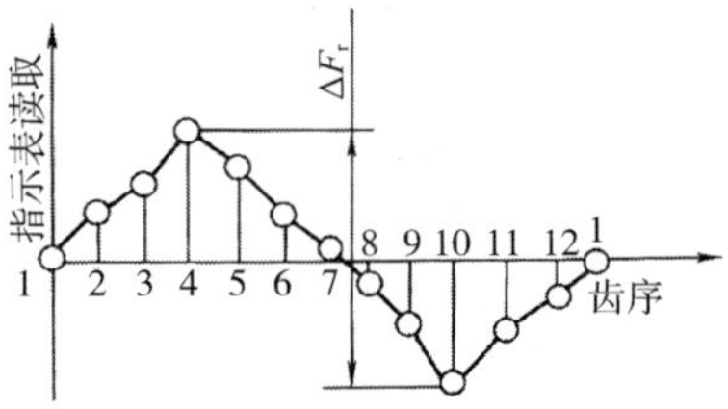 （e）	齿圈径向跳动（ΔF_r）是指在齿轮一转范围内，测头在齿槽内（或轮齿上）于齿高中部双面接触，测头相对于齿轮轴心线的最大变动量，如图（d）所示 齿圈径向跳动主要是由几何偏心引起的，反映了齿轮轮齿相对于旋转中心的偏心情况，此外，齿轮的单齿误差（齿形误差、基圆齿距偏差）对其也有影响。但是，不能反映运动偏心，所以不能完全反映齿轮传递运动的准确性 齿圈径向跳动公差（F_r）是齿圈径向跳动的最大允许值，各级精度齿轮的F_r值见表7-8
径向综合误差 $\Delta F_i''$ 径向综合公差 F_i'' 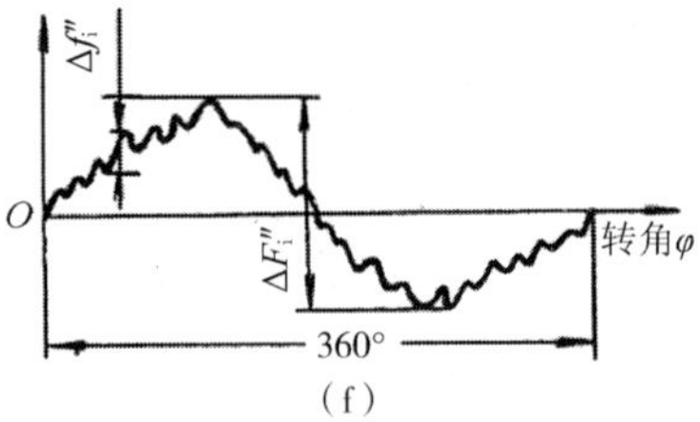 （f）	径向综合误差（$\Delta F_i''$）是指被测齿轮与理想精确的测量齿轮双面啮合时，在被测齿轮一转内的双啮中心距的最大变动量，如图（f）所示 径向综合误差反映齿轮轮齿箱对于旋转中心的偏心情况，同时对基节偏差和齿形误差也有所反映。因此可代替齿圈来评定齿轮传递运动的准确性。由于径向综合误差只能反映齿轮的径向误差，而不能反映切向误差，故径向综合误差并不能确切地和充分地用来表示齿轮的运动精度 径向综合公差（F_i''）是径向综合误差的最大允许量，各级精度齿轮的F_i''值见表7-9
公法线长度变动误差ΔF_w 公法线长度变动公差F_w 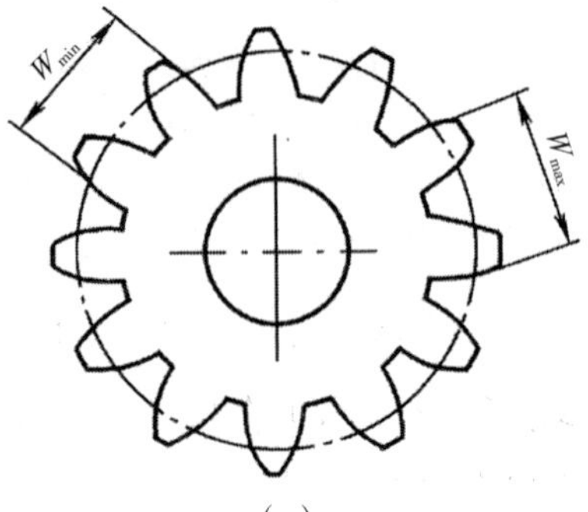 （g）	公法线长度变动误差（ΔF_w）是指在齿轮一周范围内，实际公法线长度最大值与最小值之差，如图（g）所示 公法线长度变动误差是由运动偏心引起的。运动偏心使齿坯转速不均匀，引起切向误差，使各齿廓的位置在圆周上分布不均匀，使公法线长度在齿轮一圈中呈周期性变化。齿圈径向跳动不能体现齿圈上各齿的形状和位置误差，因此采用齿圈径向跳动与公法线长度变动误差组合，以较全面反映出传递运动准确性的齿轮精度 公法线长度变动公差（F_w）是指公法线长度变动公差的最大允许值

（二）影响传动平稳性的误差及其评定指标

影响传动平稳性主要是指一齿啮合范围内引起瞬时传动比不断变化的误差（短周期误差）。主要有齿轮基圆齿距偏差和齿形误差。

1. 基圆齿距偏差

两个齿正确啮合的条件之一是两齿轮的基圆齿距相等。若两齿轮的齿距不相等时，轮齿在进入或退出啮合时会产生撞击，引起振动和噪声，影响传动的平稳性。两轮齿的基圆齿距差值越大，则引起在进入啮合过程中瞬时传动比的变化就越大，引起的振动和噪声越大。

2. 齿形误差

齿形误差是指轮齿端截面上渐开线的形状误差。由共轭齿形的啮合状态可知，当实际齿形偏离渐开线时，会使齿轮在一齿啮合范围内的传动比不断变化，而引起振动和噪声，影响传动平稳性。

齿轮上各个基圆齿距偏差和各齿形误差大小程度虽有不同，但它们都是在齿轮转动过程中重复出现的。影响齿轮传动平稳性的参数见表 5-30。

表 5-30 评定齿轮传动平稳性的参数

参数符号	含义
一齿切向综合误差 $\Delta f_i'$ 一齿切向综合公差 f_i' 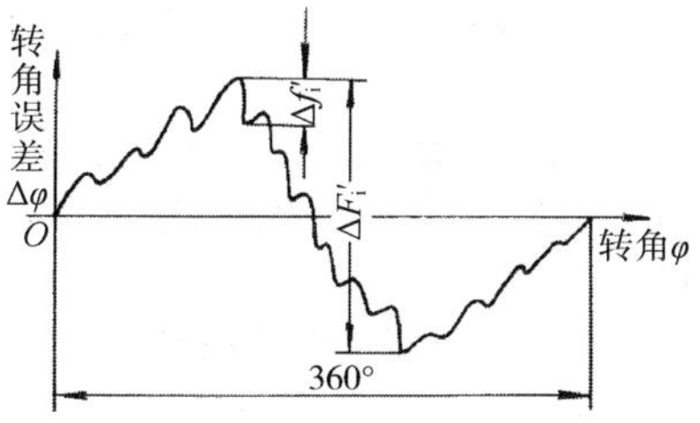 （a）	一齿切向综合误差（$\Delta f_i'$）是指被测齿轮与理想精确的测量齿轮（一般高于被测齿轮精度 3~4 级）单面啮合时，在被测齿轮一齿距角内，实际转角与公称转角之差的最大幅度值，如图（a）所示。该误差以分度圆弧长计值 一齿切向综合误差是由刀具的制造和安装误差、机床传动链的短周期误差（主要是分度蜗杆齿侧面的跳动及其蜗杆本身的制造误差）引起的。一齿切向综合误差反映齿轮一齿内的转角误差，在齿轮一转中多次重复出现，综合反映了齿轮各种短周期误差，因而能充分地表明齿轮传动平稳性的高低，是评定齿轮传动平稳性精度的一项综合性指标 一齿切向综合公差（f_i'）是指一齿切向综合误差的最大允许值。国家标准规定：齿切向综合公差按下式确定 $$f_i' = 0.6(f_{pt} + f_f)$$
一齿径向综合误差 $\Delta f_i''$ 一齿径向综合公差 f_i'' （b）	一齿径向综合误差（$\Delta f_i''$）是指被测齿轮与理想精确的测量齿轮双面啮合时，在被测齿轮一齿距角内，双啮中心距的最大变动量，如图（b）所示。 一齿径向综合误差只反映刀具制造和安装误差引起的径向误差，而不能反映出机床传动链周期切向误差。因此用一齿径向综合误差评定齿轮传动平稳性，不如用一齿切向综合误差评定完善。但由于仪器结构简单，操作简单，在成批生产中仍广泛使用。 一齿径向综合公差（f_i''）是一齿径向综合误差（$\Delta f_i''$）的最大允许值，各级精度齿轮的 f_i'' 值如表 7-9 所示

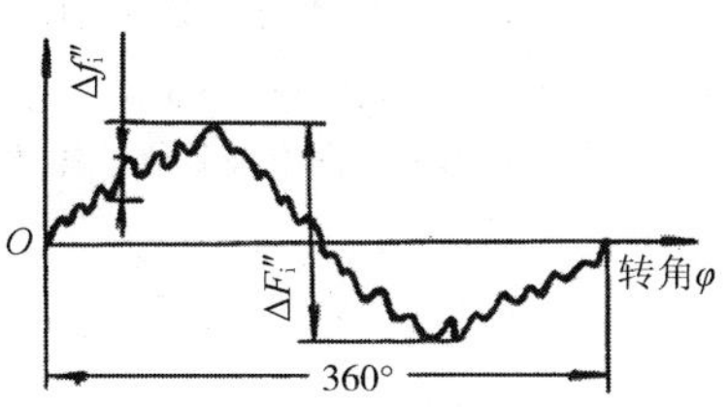

参数符号	含义
齿形误差 Δf_f 齿形公差 f_f 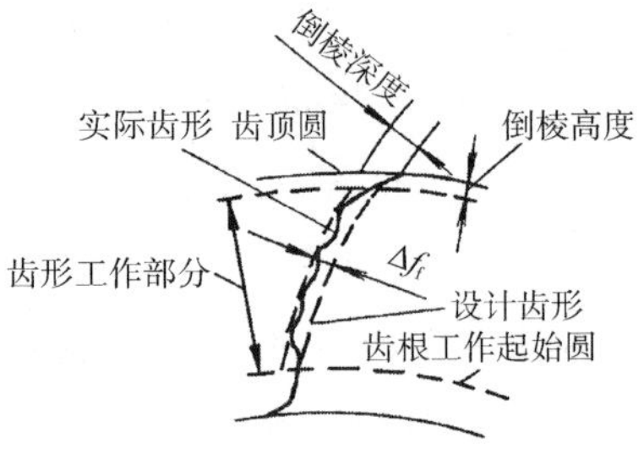 倒棱深形 实际齿形　齿顶圆　倒棱高度 齿形工作部分　　Δf_f 设计齿形 齿根工作起始圆 （c） 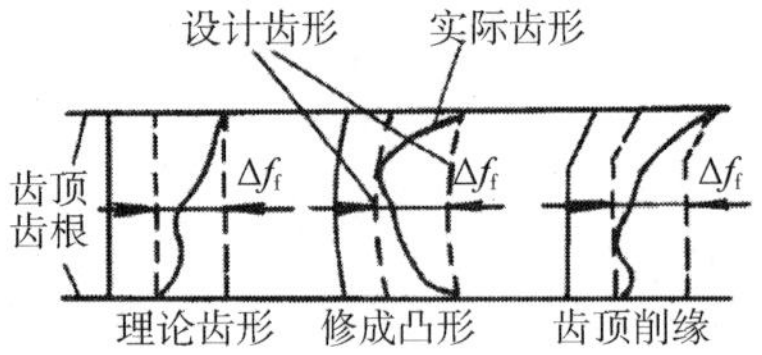 设计齿形　　实际齿形 齿顶 齿根　Δf_f　　Δf_f　　Δf_f 理论齿形　修成凸形　齿顶削缘 （d）	齿形误差（Δf_f）是指在齿轮的端截面上，齿形工作部分内（齿顶倒棱部分除外），包容实际齿形且距离最小的两条设计齿形间的法向距离，如图（c）所示 　　通常齿形工作部分为理论渐开线，在近代齿轮设计中，为了减小高速齿轮基节偏差和弹性变形引起的冲击，降低噪声，可以采用以理论渐开线齿形为基础的修正齿形，如修缘齿形、凸齿形等即设计齿形。齿形误差是由于刀具的制造误差和安装误差、刀具的轴向窜动、机床传动链误差以及工艺系统的振动所引起的。齿形误差破坏了瞬时传动比的关系，引起瞬时传动比的突变，从而影响传动平稳性，产生振动和噪声 　　齿形公差（f_f）是齿形误差的最大允许值
基节偏差 Δf_{pb} 基节极限偏差 f_{pb} 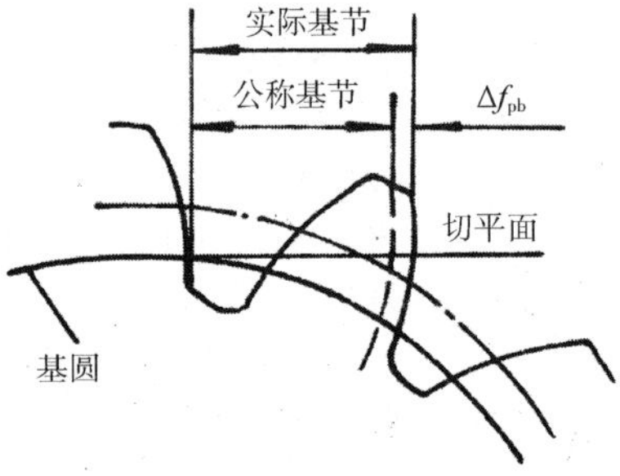 实际基节 公称基节　　Δf_{pb} 切平面 基圆 （e）	基节偏差（Δf_{pb}）是指实际基节与公称基节之差。实际基节是指基圆柱切平面所截两相邻同侧实际齿面的交线之间的法向距离，如图（e）所示 　　基节偏差主要是由刀具的制造误差，包括刀具本身基节误差和齿形角误差造成，与机床传动链误差无关。基节偏差使齿轮传动在齿与齿交替啮合瞬间发生冲击 　　基节极限偏差（f_{pb}）是允许基节偏差的两个极限值
齿距偏差 Δf_{pt} 齿距极限偏差 f_{pt} 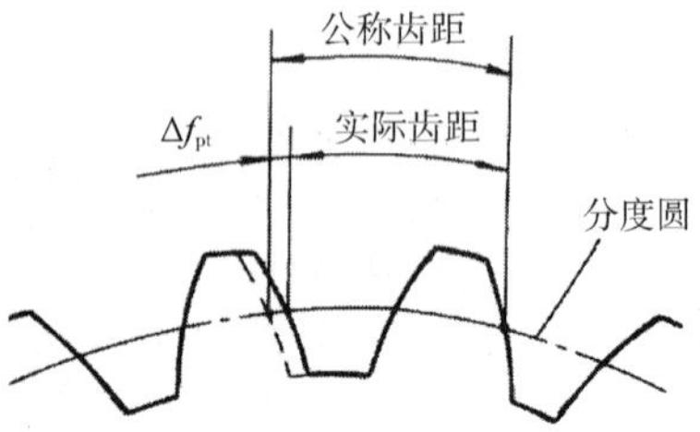 公称齿距 Δf_{pt}　实际齿距 分度圆 （f）	齿距偏差（Δf_{pt}）是指在分度圆上，实际齿距与公称齿距之差，如图（f）所示。公称齿距是指所有实际齿距的平均值 　　齿距极限偏差（f_{pt}）是允许齿距偏差的两个极限值，各级精度齿轮的 f_{pt} 值见表 7-7。

参数符号	含义
螺旋线波度误差Δf_β 螺旋线波度公差f_β 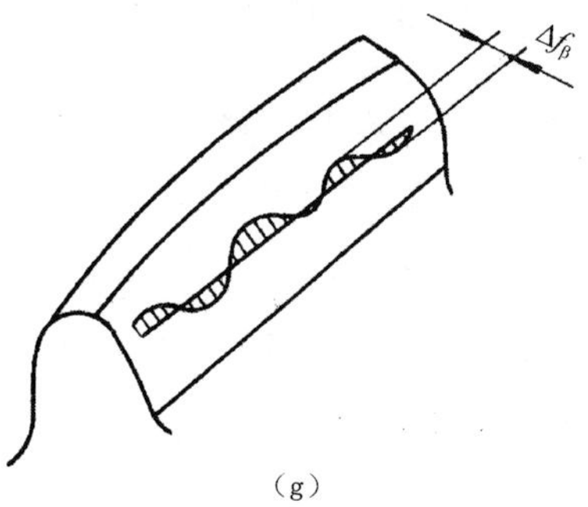 （g）	螺旋线波度误差（Δf_β）是指在宽斜齿轮高中部的圆柱面上，沿实际齿面法线方向计量的螺旋线波纹的最大波幅，如图（g）所示 螺旋线波度误差主要是由机床分度蜗杆副和进给丝杠的周期误差引起的，使齿侧面螺旋线上产生波浪形误差，使齿轮一转内的传动比发生多次重复变化，引起周期振动和噪声，严重影响传动平稳性 螺旋线波度公差（f_β）是指螺旋线波度误差的最大允许值。主要用于评定轴向重合度的 6 级及 6 级以上精度的宽斜齿轮及人字齿轮的传动平稳性。这种齿轮主要用于汽轮机减速器，其特点是功率大、速度高，对传动平稳性要求特别高，通常用高精度滚齿机加工

（三）影响载荷分布均匀性的误差及其评定指标

齿轮工作时齿面接触状况直接影响载荷分布的均匀性。影响齿面接触状态的误差可分为两个方向：一是沿齿宽方向的齿向误差；二是齿高方向的基圆齿距偏差和齿形误差，如图 5-42 所示。影响齿轮载荷分布均匀性性的参数见表 5-31。

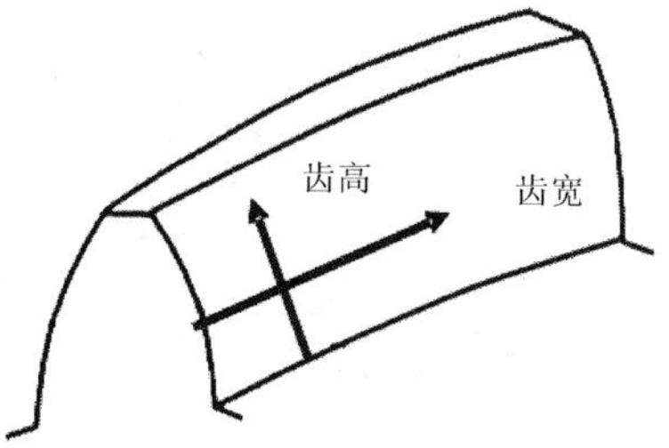

图 5-42　齿向误差

表 5-31　评定齿轮载荷分布均匀性的参数

参数符号	含义
齿向误差 ΔF_β 齿向公差 F_β 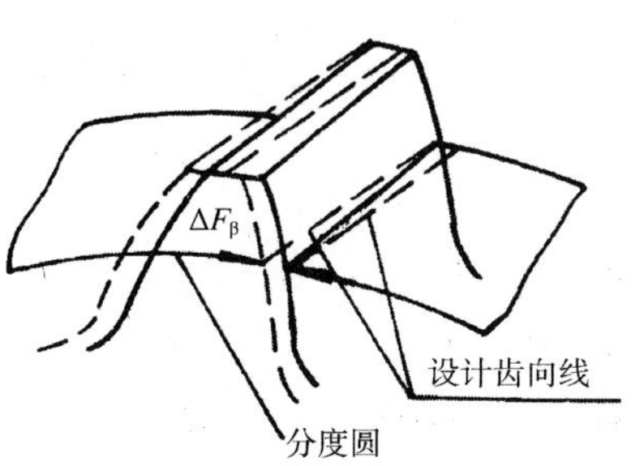 设计齿向线 分度圆 （a）	齿向误差（ΔF_β）是指分度圆柱面上，齿宽有效部分范围内（端部倒角部分除外），包容实际齿线且距离最小的两条设计齿线之间的端面距离，如图（a）所示 齿线是齿面与分度圆柱面的交线。直齿轮的设计齿线一般是直线，斜齿轮的设计齿线一般是圆柱螺旋线。为了改善齿面接触，提高齿轮承载能力，设计齿线常采用修正的圆柱螺旋线，包括鼓形线、齿端修薄线及其他修形曲线 引起齿向误差的主要原因是机床刀架导轨方向相对于工作台回转中心有倾斜误差，齿坯安装时内孔与心轴不同轴，或齿坯端面跳动量过大。对斜齿轮，除以上原因外，还受机床差动传动链的调整误差的影响 齿向公差（F_β）是指齿向误差的最大允许值。各级精度齿轮的 F_β 值见表 5-35

参数符号	含义
接触线误差ΔF_b 接触线公差F_b 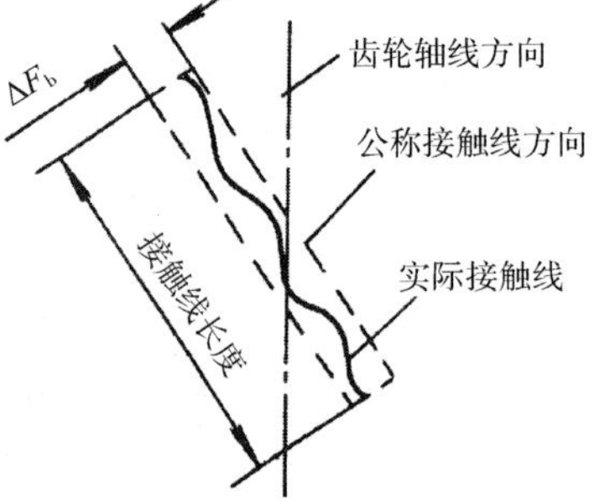 （b）	接触线误差（ΔF_b）是指在基圆柱的切平面内，平行于公称接触并包括实际接触线的两条直线的法向距离，如图（b）所示。接触线是基圆柱切平面与齿面的交线 接触线误差主要是由滚刀的制造误差和安装误差引起的。刀具的安装误差引起接触线形状误差，此项误差在端面上表现为齿形误差。滚刀齿形误差引起接触线方向误差，此项误差也是产生基节偏差的原因。所以，接触线误差实际上综合反映了斜齿轮的齿向误差和齿形误差。故通过常用检验接触线误差代替齿向误差，来评定轴向重合度的窄斜齿轮的齿面接触精度 接触公差（F_b）是指接触线误差的最大允许值
轴向齿距法向偏差ΔF_{px} 轴向齿距法向极限偏差F_{px} 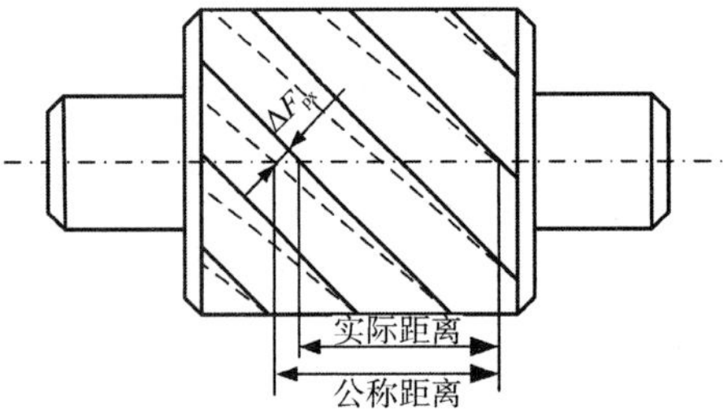 实际距离 公称距离 （c）	轴向齿距法向偏差（ΔF_{px}）是指在与齿轮基准线平行而大约通过齿高中部的一条直线上，任意两个同侧齿面间的实际距离与公称距离之差，沿齿面法线方向计值，如图（c）所示 轴向齿距法向偏差主要反映斜齿轮的螺旋角的误差。在滚齿中，它是由滚齿机差动传动链的调整误差、刀架导轨的倾斜、齿坯端面跳动和齿坯的安装误差等引起的。它将影响斜齿轮齿宽方向上的接触长度，并使宽斜齿轮有效接触齿数减少，从而影响齿轮承载能力。在验收宽斜齿轮时一般选用这一标准 轴向齿距法向极限偏差（F_{px}）是指允许轴向齿距法向偏差变化的两极限值

（四）齿轮副误差及其评定指标

相互啮合的一对齿轮组成的传动机构称为齿轮副，虽然对齿轮副中每个齿轮都提出精度要求，但齿轮副由于各种因素影响，也会影响齿轮传动的性能。齿轮副误差通常分为装配误差和传动误差两类。

1. 齿轮副的装配误差

齿轮副的装配误差也会影响齿轮副的啮合精度，也必须加以限制，齿轮副的装配误差参数见表5-32。

2. 齿轮副的传动误差

齿轮副的传动误差对齿轮传动的运动准确性、传动平稳性、齿面接触精度及侧隙都产生影响，因此对其精度误差加以评定，齿轮副的传动误差参数见表5-33。

表 5-32　齿轮副的装配误差参数

参数符号	含义
轴线的平行误差Δf_x，Δf_y 轴线平行度公差f_x，Δf_y 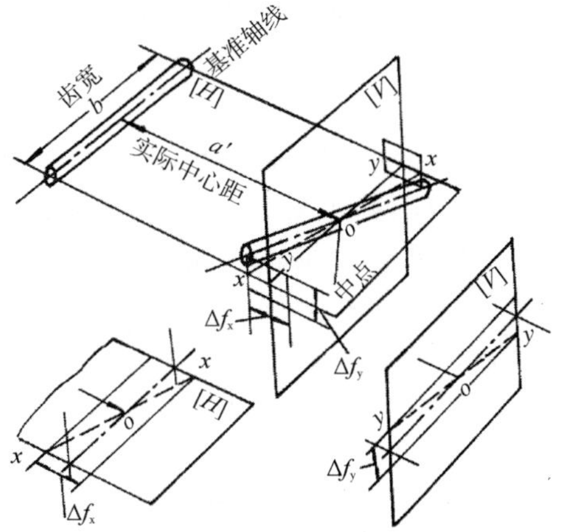 （a）	轴线的平行误差（Δf_x，Δf_y）是指一对齿轮的轴线在其基准平面上投影的平行度误差，如图（a）所示 轴线的平行误差是指一对齿轮的轴线在垂直于基准平面且平行于基准轴线的平面上投影的平行度误差 基准平面是包含基准轴线并通过由另一轴线与齿宽中间平面相交的点所以形成的平面。两条轴线中任何一条轴线都可以作为基准轴线 影响齿轮副的接触点和侧隙，都应在等于全齿宽的长度上测量 为了保证载荷分布均匀和齿面接触精度，平行度误差应分别限制在平行度公差以内。国家标准规定：齿轮副轴线平行度公差为在 x 方向的平行度公差 $f_x=F_\beta$，$f_y=1/2F_\beta$，F_β 为齿向公差
齿轮副的中心距偏差Δf_a 极限偏差 ± Δf_a 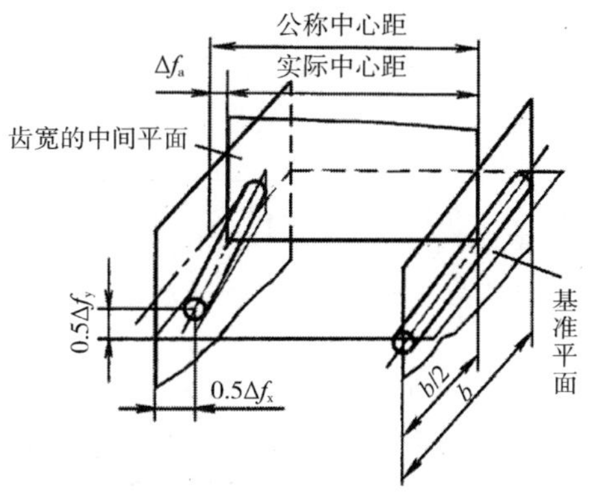 （b）	齿轮副的中心距偏差（Δf_a）是指齿轮副的齿宽中间平面内，实际中心距与公称中心距之差，如图（b）所示 极限偏差（$\pm\Delta f_a$）是允许齿轮副的中心距偏差变动的两个极限值。国家标准规定：中心距极限偏差是根据《极限与配合》标准中标准公差确定

表 5-33　评定齿轮副的传动误差参数

参数符号	含义
齿轮副的切向综合误差$\Delta F_{ic}^{\prime}$ 齿轮副的切向综合公差$F_{ic}^{\prime}$ 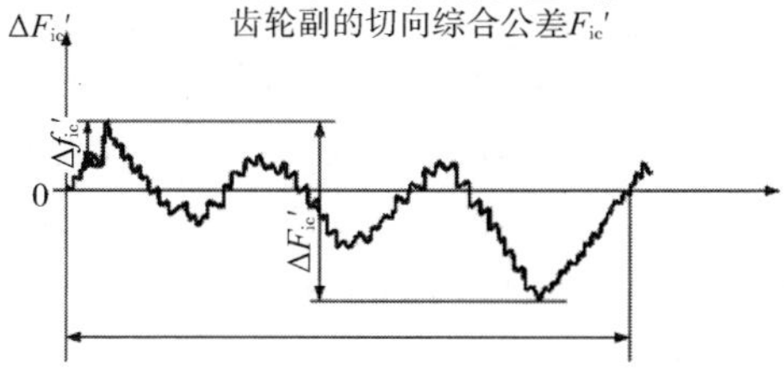 （a）	齿轮副的切向综合误差是指安装好的齿轮副，在啮合转动足够多转数内，一个齿轮相对于另一个齿轮的实际转角与公称转角之差的总幅度值，以分度圆弧长计值，如图（a）所示

参数符号	含义
齿轮副的一齿切向综合误差$\Delta f_{ic}'$ 齿轮副的一齿切向综合公差f_{ic}' $\Delta F_{ic}'$ 0 $\Delta f_{ic}'$ 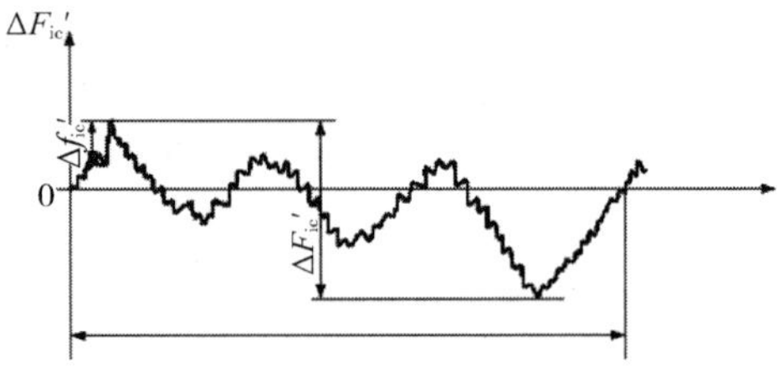 （b）	齿轮副的一齿切向综合误差是指安装好的齿轮副，在啮合转动足够多的转数内，一个齿轮相对于另一个齿轮的实际转角与公称转角之差的最大幅度值，以分度圆弧长计值，如图（b）所示 齿轮副的切向综合误差和齿轮副的一齿切向综合误差是分别评定齿轮副的传动准确性和平稳性最直接的指标，对于分度传动链用的精密齿轮，齿轮副的切向综合误差是十分重要的指标。对于高速传动用的齿轮副，两者都很重要，它们对动载系数、噪声、振动有重要影响。采用这两个指标对提高齿轮传动的质量具有重要意义 国家标准规定：齿轮副的切向综合公差等于两齿轮的齿轮副的切向综合误差之和 齿轮副的一齿切向综合公差等于两齿轮的齿轮副的一齿切向综合公差之和 齿轮副的这两项综合评定指标，比单个齿轮的两项对应指标更直接，更有效。因为单个齿轮的这两对应指标不能具体反映安装误差的影响，尤其不能反映齿轮副的综合作用
齿轮副的接触斑点 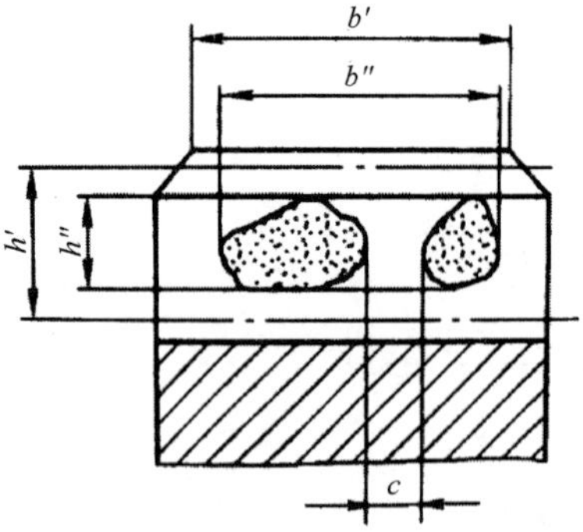 b' b'' h' h'' c （c）	齿轮副的接触斑点是指安装好的齿轮副，在轻微制动下，运转后齿面上分布的接触擦亮痕迹，如图（c）所示 接触痕迹的大小在齿面展开图上用百分数计算，沿齿长方向，接触痕迹的长度与设计长度之比的百分数，即$[(b''-c)/b']\times100\%$；沿齿高方向，接触痕迹的平均高度与设计工作高度之比的百分数，即 $$(h''/h')\times100\%$$ 所谓"轻微制动"是指所加制动扭矩应以不使啮合齿面脱离，而又不致使任何零部件产生可以察觉的弹性变形为限度 沿齿长方向的接触斑点主要影响齿轮副的承载能力，沿齿高方向的接触斑点主要影响工作平稳性 齿轮副的接触斑点综合反映了齿轮副加工误差的安装误差，是评定齿轮接触精度的一项综合性指标。对接触斑点的要求，应标注在齿轮传动装配图的技术要求中

参数符号	含义
齿轮副的侧隙 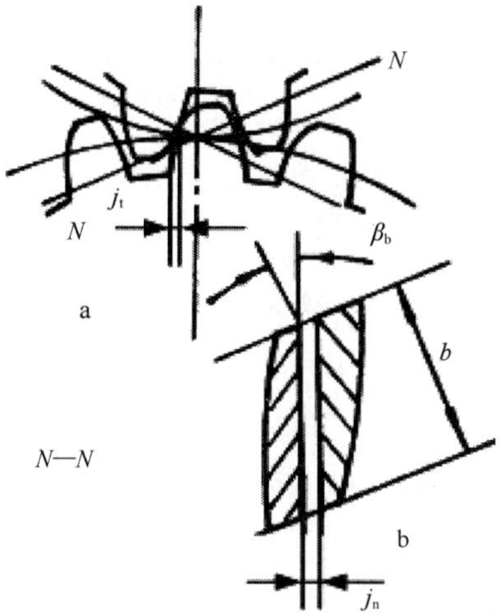 （d）	齿轮副的侧隙可分为圆周侧隙（j_t）和法向侧隙（j_n） 　圆周侧隙（j_t）是指装配好的齿轮副中一个齿轮固定时，另一个齿轮圆周的晃动量，以为分度圆上弧长计值，如图（d）中的 a 所示。 　法向侧隙（j_n）是指装配好的齿轮副中两齿轮的工作面接触时，非工作齿面之间的法向距离，如图（d）中的 b 所示 　法向侧隙与圆周侧隙之间的关系如下： $$j_n = j_t \cos\beta_b \cos\alpha$$ 　齿轮副的侧隙要求，应根据工作条件用最大极限侧隙与最小极限侧隙来规定 　齿侧间隙类似于光滑孔轴结合中的间隙，保证侧隙与齿轮的精度无关。而侧隙公差或最大侧隙则需要需要根据具体工作条件和精度要求做出计算

四、渐开线圆柱齿轮的精度设计

（一）齿轮的精度等级

GB/T 10095.1—2008 对轮齿同侧齿面偏差（双啮精度的公差 F_i''、f_i'' 除外）规定了 13 个精度等级，用数字 0~12 由高到低的顺序排列，其中 0 级精度最高，12 级精度最低。0~2 级精度齿轮的精度要求非常高，目前我国只有极少数单位能够制造和测量 2 级精度齿轮，因此 0~2 级属于有待于发展的精度等级；而 3~5 级为高精度等级，6~9 为中等精度等级，10~12 为低精度等级。

GB/T 10095.2—2008 对径向综合偏差（F_i''、f_i''）规定了 9 个精度等级，用数字 4~12 由高到低的顺序排列，其中 4 级最高，12 级最低。

（二）齿轮的公差

齿轮精度 5 级为齿轮偏差的基本精度等级，是计算其他精度等级偏差允许值的基础。5 级精度等级允许值的计算式见表 5-34。

表 5-34　5 级精度的齿轮偏差允许值计算公式

序号	齿轮偏差	计算公式
1	单个齿距偏差	$f_{pt} = 0.3(m + 0.4\sqrt{d}) + 4$
2	齿距累积偏差	$F_{PK} = f_{pt} + 1.6\sqrt{(k-1)m}$
3	齿距累积总偏差	$F_P = 0.3m + 1.25\sqrt{d} + 7$

续表

序号	齿轮偏差	计算公式
4	齿廓总偏差	$F_a = 3.2\sqrt{m} + 0.22\sqrt{d} + 0.7$
5	螺旋线总偏差	$F_\beta = 0.1\sqrt{d} + 0.63 + \sqrt{b} + 4.2$

注 各计算式中 m、d、b、k 分别表示齿轮的法向模数、分度圆直径、齿宽（mm）和测量的齿距数。

齿轮精度指标任意精度的公差值可以按 5 级精度的公差值按式（5-2）确定。

$$T_Q = T_5 \cdot 2^{0.5(Q-5)} \tag{5-2}$$

式中：T_Q 为 Q 级精度的公差计算值；T_5 为 5 级精度的公差计算值；Q 为 Q 级精度所代表的数字。

公差计算值中小数点后的数值应圆整，圆整规则遵循：如果计算值大于 10，圆整到最接近的整数；如果计算值小于 10，圆整到最接近的尾数为 0.5 的小数或整数；如果计算值小于 5，圆整到最接近尾数为 0.1 的倍数的小数或整数。齿轮各级精度指标的公差值见表 5-35~表 5-37。

表 5-35　齿轮各级精度指标的公差和极限偏差

分度圆直径 d/mm	法向模数 m_n 或齿宽 b/mm	精度等级												
		0	1	2	3	4	5	6	7	8	9	10	11	12
齿轮传递运动准确性		齿轮齿距累积总公差 F_P 值/μm												
50<d≤125	2<m_n≤3.5	3.3	4.7	6.5	9.5	13.	19.0	27.0	38.0	53.0	76.0	107.0	151.0	241.0
	3.5<m_n≤6	3.4	4.9	7.0	9.5	14.0	19.0	28.0	39.0	55.0	78.0	110.0	156.0	220.0
125<d≤280	2<m_n≤3.5	4.4	6.0	9.0	12.0	18.0	25.0	35.0	50.0	70.0	100.0	141.0	199.0	282.0
	3.5<m_n≤6	4.5	6.5	9.0	13.0	18.0	25.0	36.0	51.0	72.0	102.0	144.0	204.0	288.0
齿轮传动平稳性		齿轮单个齿距极限偏差 ±f_{pt} 值/μm												
50<d≤125	2<m_n≤3.5	1.0	1.5	2.1	2.9	4.1	6.0	8.5	12.0	17.0	23.0	33.0	47.0	66.0
	3.5<m_n≤6	1.1	1.6	2.3	3.2	4.6	6.5	9.0	13.0	18.0	26.0	36.0	52.0	73.0
125<d≤280	2<m_n≤3.5	1.1	1.6	2.3	3.2	4.6	6.5	9.0	13.0	26.0	36.0	52.0	73.0
	3.5<m_n≤6	1.2	1.8	2.5	3.5	5.0	7.0	10.0	14.0	20.0	28.0	40.0	56.0	79.0
齿轮传动平稳性		齿轮齿廓总公差 F_α 值/μm												
50<d≤125	2<m_n≤3.5	1.4	2.0	2.8	3.9	5.5	8.0	11.0	16.0	22.0	31.0	44.0	63.0	89.0
	3.5<m_n≤6	1.7	2.4	3.4	4.8	6.5	9.5	13.0	19.0	27.0	38.0	54.0	76.0	108.0
125<d≤280	2<m_n≤3.5	1.6	2.2	3.2	4.5	6.5	9.0	13.0	18.0	25.0	36.0	50.0	71.0	101.0
	3.5<m_n≤6	1.9	2.6	3.7	5.5	7.5	11.0	15.0	21.0	30.0	42.0	60.0	84.0	119.0
轮齿载荷分布均匀性		齿轮螺旋线总公差 F_β 值/μm												
50<d≤125	20<b≤40	1.5	2.1	3.0	4.2	6.0	8.5	12.0	17.0	24.0	34.0	48.0	68.0	95.0
	40<b≤80	1.7	2.5	3.5	4.9	7.0	10.0	14.0	20.0	28.0	39.0	56.0	79.0	111.0

分度圆直径 d/mm	法向模数 m_n 或齿宽 b/mm	精度等级												
		0	1	2	3	4	5	6	7	8	9	10	11	12
$125<d\leqslant280$	$20<b\leqslant40$	1.6	2.2	3.2	4.5	6.5	9.0	13.0	18.0	25.0	36.0	50.0	71.0	101.0
	$40<b\leqslant80$	1.8	2.6	3.6	5.0	7.5	10.0	15.0	21.0	29.0	41.0	58.0	82.0	117.0

表 5-36 齿轮径向跳动公差值

分度圆直径 d/mm	法向模数 m_n/mm	精度等级												
		0	1	2	3	4	5	6	7	8	9	10	11	12
$50<d\leqslant125$	$2.0<m_n\leqslant3.5$	2.5	4.0	5.5	7.5	11	15	21	30	43	61	86	121	171
	$3.5<m_n\leqslant6.0$	3.0	4.0	5.5	8.0	11	16	22	31	44	62	88	125	176
$125<d\leqslant280$	$2.0<m_n\leqslant3.5$	3.5	5.0	7.0	10	14	20	28	40	56	80	113	159	225
	$3.5<m_n\leqslant6.0$	3.5	5.0	7.0	10	14	20	29	41	58	82	115	163	231

表 5-37 齿轮双啮精度指标的公差值

分度圆直径 d/mm	法向模数 m_n/mm	精度等级								
		4	5	6	7	8	9	10	11	12
齿轮传递运动准确性		齿轮径向综合总公差 F_i'' 值/μm								
$50<d\leqslant125$	$1.5<m_n\leqslant2.5$	15	22	31	43	61	86	122	173	244
	$2.5<m_n\leqslant4.0$	18	25	36	51	72	102	144	204	288
	$4.0<m_n\leqslant6.0$	22	31	44	62	88	124	176	248	351
$125<d\leqslant280$	$1.5<m_n\leqslant2.5$	19	26	37	53	75	106	149	211	299
	$2.5<m_n\leqslant4.0$	21	30	43	61	86	121	172	243	343
	$4.0<m_n\leqslant6.0$	25	36	51	72	102	144	203	287	406
齿轮传动平稳性		齿轮—齿径向综合公差 F_i'' 值/μm								
$50<d\leqslant125$	$1.5<m_n\leqslant2.5$	4.5	6.5	9.5	13	19	26	37	53	75
	$2.5<m_n\leqslant4.0$	7.0	10	14	20	29	41	58	82	116
	$4.0<m_n\leqslant6.0$	11	15	22	31	44	62	87	123	174
$125<d\leqslant280$	$1.5<m_n\leqslant2.5$	4.5	6.5	9.5	13	19	27	38	53	75
	$2.5<m_n\leqslant4.0$	7.5	10	15	21	29	41	58	82	116
	$4.0<m_n\leqslant6.0$	11	15	22	31	44	62	87	124	175

国家标准根据齿轮加工误差的特性及它们对传动性能的影响，将齿轮各项公差与极限偏差分成三组，见表 5-38。

表 5-38 齿轮的公差组

公差组	公差与偏差项目	对传动性能的影响
I	F_i'，F_p，F_{pk}，F_i''，F_r，F_ω	传递运动的准确性
II	f_i'，f_i''，f_f，f_{pt}，f_{pb}，$f_{f\beta}$	传递运动的平稳性
III	F_β，F_b，F_{px}	载荷分布的均匀性

根据使用要求不同，对三个公差组可以选用相同的公差等级，也可以选用不同的公差等级，但在同一公差组内，各项公差与极限偏差应保持相同的精度等级。

关于齿轮的精度等级，应对三个公差组的精度等级分别说明。在设计和制造齿轮时，以三个公差组中最高级别来考虑齿轮的精度；在检查和验收时，以三个公差组中最低精度来评定齿轮的精度等级。

（三）齿坯的精度

齿坯是指切齿工序前的工件（毛坯），齿坯的精度对切齿工序的精度有很大的影响，适当提高齿坯的精度，可以获得较高的齿轮精度，而且比提高切齿工序的精度更为经济。

齿坯的尺寸公差见表 5-39。

表 5-39 齿坯尺寸公差

齿轮精度等级		5	6	7	8	9	10	11	12
孔	尺寸公差	IT5	IT6	IT7		IT8		IT9	
轴	尺寸公差	IT5		IT6		IT7		IT8	
顶圆直径/m		±0.05							

由于齿轮的齿廓、齿距和齿向等要素的精度都是相对于其轴线定义的，因此，对于齿坯的精度要求是指出基准轴线并给出相关要素的形位公差的要求。

齿坯的工作基准主要有以下三种确定方法。

（1）一个长圆柱（锥）面的轴线，如图 5-43 所示。

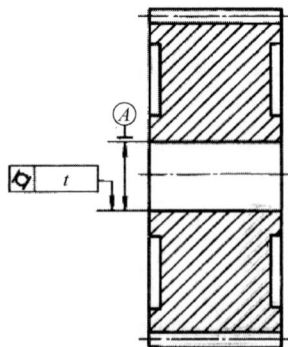

图 5-43 内孔圆柱面轴线作基准

（2）两个短圆柱（锥）面的公共轴线，如图 5-44 所示。

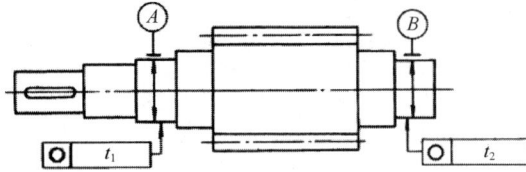

图 5-44　两个短圆柱面公共轴线作基准

（3）垂直于一个端平面且通过一个短圆柱面的轴线，如图 5-45 所示。

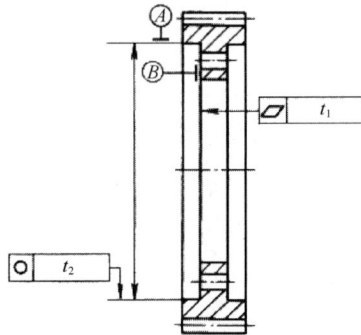

图 5-45　垂直于端面的短圆柱面轴线作基准

齿坯基准面的精度对齿轮的加工质量有很大影响，应控制其形位公差，国家标准规定值见表 5-40。

表 5-40　齿坯形位公差推荐值

公差项目		公差值
圆度		$0.04(L/b)F_\beta$ 或 $0.06F_p$ 或 $0.1F_p$ 取两者中小值
圆柱度		$0.04(L/b)F_\beta$ 或 $\sim 0.1F_p$
平面度		$0.06(D_d/b)F_\beta$
圆跳动	径向	$0.15(L/b)F_\beta$ 或 $0.3F_p$ 取两者中大值
	端面	$0.2(D_d/b)F_\beta$

齿轮各表面粗糙度 Ra 推荐值见表 5-41。

表 5-41　表面粗糙度推荐值

齿轮精度等级	Ra	
	$m<6$	$6 \leqslant m \leqslant 25$
5	0.5	0.63
6	0.8	1.00

续表

齿轮精度等级	Ra	
	$m<6$	$6 \leqslant m \leqslant 25$
7	1.25	1.60
8	2.0	2.5
9	3.2	4.0
10	5.0	6.3
11	10.0	12.5
12	20	25

（四）齿轮副侧隙

在一对装配好的齿轮副中，侧隙是相互啮合轮齿间的间隙，是齿轮在节圆上齿槽宽度超过相啮合齿轮齿厚的量。在齿轮的设计中，为了保证传动比恒定，消除反向的空程和减少冲击，都是按照无侧隙啮合进行设计。但在实际生产过程中，为了保证齿轮良好的润滑，补偿齿轮因制造误差、安装误差以及热变形等对齿轮传动造成的不良影响，必须在非工作面留有侧隙。

齿轮副侧隙是在齿轮装配后自然形成的，侧隙的大小主要取决于齿厚和中心距。在最小中心距条件下，通过改变齿厚偏差来获得大小不同的齿侧间隙。

由于侧隙用减小齿厚来获得，因此可以用齿厚极限偏差来控制侧隙大小。国家标准中规定了14种齿厚极限偏差代号，用14个大写英文字母表示，每种代号所表示的齿厚极限偏差值为该代号所对应的系数与齿距极限偏差 f_{pt} 的乘积，如图5-46所示。选取其中2个字母组成侧隙代号，前一个字母表示齿厚上偏差，后一个字母表示齿厚下偏差，由上下偏差组成齿厚公差带，以满足不同的侧隙要求。

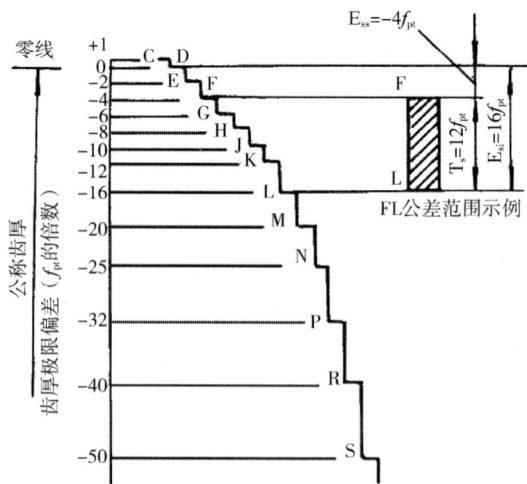

图 5-46　齿厚极限偏差

GB/T 10095—2008 规定，当所选的齿厚极限偏差超出图中所列代号时，允许自行规定。

1. 齿厚极限偏差的确定

齿厚极限偏差的确定一般采用计算法。

（1）首先确定齿轮副所需的最小法向侧隙。齿轮副的侧隙按齿轮的工作条件确定，与齿轮的精度等级无关。在工作时有较大温升的齿轮，为避免发热卡死，要求有较大的侧隙。对于需要正反转或有读数机构的齿轮，为避免空程影响，则要求较小的侧隙。设计齿轮的最小法向侧隙（$j_{n,min}$）应足以补偿齿轮工作时温升所引起的变形，并保证正常滑润。对于用黑色金属材料制造的齿轮及箱体，齿轮工作时节圆线速度小于 15m/s 时，可按式（5-3）确定，国家标准对最小侧隙推荐数值如表 5-42 所示。

$$j_{n,min} = \frac{2}{3}(0.06 + 0.0005a + 0.03m) \tag{5-3}$$

表 5-42　最小侧隙推荐数值

模数/m	中心距（a）			
	100	200	400	800
1.5	0.09	0.11	—	—
2	0.10	0.12	—	—
3	0.12	0.14	0.24	—
5	—	0.18	0.28	—
8	—	0.24	0.34	0.47

（2）确定齿厚的上偏差。确定齿轮副中两个齿轮的上偏差 E_{ss1} 和 E_{ss2} 时，应考虑除保证形成齿轮副所需的最小极限侧隙外，还要补偿由于齿轮的制造误差和安装误差所引起的侧隙减少量。因此，齿厚上偏差取决于侧隙而与齿轮精度无关。由于实际齿轮是在公称齿厚基础上减薄一定数值来获得齿侧间隙，故齿厚的上、下偏差均为负值。

在齿轮副中，两齿轮的齿厚上偏差一般采用等值分配，即 $E_{ss1} = E_{ss2} = E_{ss}$，则齿厚上偏差按式（5-4）确定。

$$E_{ss} = -\frac{j_{n,min}}{2\cos\alpha} \tag{5-4}$$

如果采用不等值分配，一般大齿轮的齿厚减薄量略大于小齿轮的齿厚减薄量，以尽量保证小齿轮的齿轮强度。

（3）确定齿厚公差 T_s 和齿厚下偏差 E_{si}。齿厚公差 T_s 反映齿厚的允许变动范围，应按齿轮加工的技术水平或由实践经验确定。齿厚公差由齿圈径向跳动公差和切齿时径向进刀公差 br 组成，可按式（5-5）确定。

$$T_s = \sqrt{Fr^2 + br^2} \cdot 2\tan\alpha_n \tag{5-5}$$

式中：Fr 为齿圈径向跳动公差；br 为切齿时径向进刀公差，见表 5-43。

表 5-43　切齿进径向进刀公差 br

公差等级	4	5	6	7	8	9
br	1.26（IT7）	IT8	1.26（IT8）	IT9	1.26（IT9）	IT10

注　表中 IT 值按齿轮分度圆直径从标准公差数值表中查取。

齿厚下偏差 E_{si} 可按式（5-6）确定：

$$E_{si} = E_{ss} - T_s \tag{5-6}$$

（4）确定齿厚极限偏差代号。按上述方法确定的齿厚上下偏差，一般应标准化，即确定相应的字母代号。将齿厚上下偏差分别除以齿距极限偏差 f_{pt}，根据 E_{ss}/f_{pt} 和 E_{si}/f_{pt} 值，从图 5-46 中选取相应的齿厚极限偏差代号。

如果齿侧间隙要求严格，不便修约，或侧隙大，无法采用国标 14 种代号表示，允许直接用齿厚极限偏差标注。

（5）计算公法线平均长度上偏差 Ewm_s、下偏差 Ewm_i 和公差 Ewm。

如前所述，公法线平均长度极限偏差能反映齿厚减薄的情况，且测量准确、方便。因此，对于外齿轮可以用公法线平均长度的极限偏差代替具厚极限偏差，换算关系如式（5-7）～式（5-9）所示。

$$Ewm_s = E_{ss}\cos\alpha_n - 0.72Fr\sin\alpha_n \tag{5-8}$$

$$Ewm_i = E_{si}\cos\alpha_n + 0.72Fr\sin\alpha_n \tag{5-9}$$

$$Ewm = T_s\cos\alpha_n - 1.442Fr\sin\alpha_n \tag{5-10}$$

用计算法确定齿厚上下偏差的代号比较麻烦。对一般的传动齿轮，也可参考《机械设计手册》，用类比法确定。

（五）齿轮精度的标注

（1）当所有齿轮精度指标的公差同为某一个精度等级时，图样上可标注该精度等级和标准号。

示例 1：齿轮三个公差组同为 7 级，齿厚上偏差为 F，下偏差为 L。

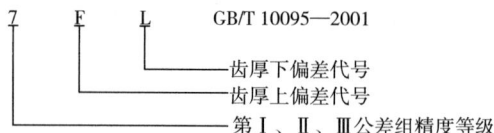

7　F　L　GB/T 10095—2001
———齿厚下偏差代号
————齿厚上偏差代号
—————第 Ⅰ、Ⅱ、Ⅲ 公差组精度等级

示例 2：齿轮 3 个公差组精度为 4 级，齿厚上偏差为 $-270\mu m$，下偏差为 $-405\mu m$。

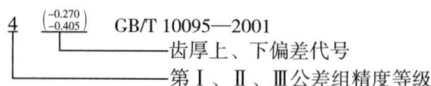

4　$\genfrac{}{}{0pt}{}{-0.270}{-0.405}$　GB/T 10095—2001
————齿厚上、下偏差代号
—————第 Ⅰ、Ⅱ、Ⅲ 公差组精度等级

（2）当齿轮各个精度指标的公差精度等级不同时，图样上可按齿轮传递运动准确性、齿轮传动平稳性和齿轮载荷分布均匀性的顺序分别标注它们的精度等级及带括号的对应公差、极限偏差符号和标准号，分别标注它们的精度等级和标准号。

示例 1：齿轮第 I 公差组精度为 7 级，第 II 公差组公差精度为 6 级，第 III 公差组精度为 6 级，齿厚上偏差为 G，下偏差为 M。

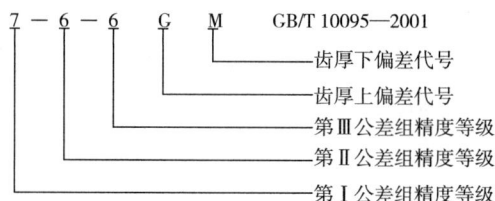

$$7 - 6 - 6 \quad G \quad M \quad \text{GB/T 10095—2001}$$

- 齿厚下偏差代号
- 齿厚上偏差代号
- 第 III 公差组精度等级
- 第 II 公差组精度等级
- 第 I 公差组精度等级

（六）齿轮精度设计

1. 确定齿轮的精度等级

选择齿轮的精度等级时，必须以齿轮传动的用途、使用条件以及对它的技术要求为依据，即要考虑齿轮的圆周速度，所传递的功率，工作持续时间，工作规范，传递运动的准确性，平稳性，无噪声和振动性的要求。

确定齿轮精度等级的方法有计算法和类比法两种。由于影响齿轮传动精度的因素多而复杂，按计算法确定齿轮精度。类比法是根据以往产品设计，性能试验，使用过程中所积累的经验以及较可靠的技术资料进行对比，从而确定齿轮的精度等级。

生产实践中各级精度等级的齿轮应用如表 5-44 所示。

表 5-44 齿轮精度等级的应用

齿轮用途	精度等级	齿轮用途	精度等级	齿轮用途	精度等级
测量齿轮	2~5	轻型汽车	5~8	轧钢机	5~10
汽轮机减速器	3~6	机车	6~7	起重机械	6~10
金属切削机床	3~8	通用减速器	6~8	矿山绞车	8~10
航空发动机	3~7	载重汽车、拖拉机	6~9	农业机械	8~10

在机械传动中应用最多的齿轮是既传递运动又传递动力，其精度等级与圆周速度密切相关，因此可计算出齿轮的最高圆周速度，齿轮精度等级的选用见表 5-45。

表 5-45 齿轮精度等级的选用

精度等级	圆周速度/$(\text{m} \cdot \text{s}^{-1})$		齿面的终加工	工作条件
	直齿	斜齿		
3 级（极精密）	~40	~75	特别精密的磨削和研齿；用精密滚刀或单边剃齿后的大多数不经淬火的齿轮	要求特别精密的或在最平稳且无噪声的特别高速下工作的齿轮传动；特别精密机构中的齿轮；特别高速传动（透平齿轮）；检测 5~6 级齿轮用的测量齿轮

精度等级	圆周速度/(m·s⁻¹)		齿面的终加工	工作条件
	直齿	斜齿		
4级 （特别精密）	~35	~70	精密磨齿；用精密滚刀和挤齿或单边剃齿后的大多数齿轮	特别精密分度机构中或在最平稳且无噪声的极高速下工作的齿轮传动；特别精密分度机构中的齿轮；调整透平传动；检测7级齿轮用的测量齿轮
5级 （高精密）	~20	~40	精密磨齿；大多数用精密滚刀加工，进而挤齿或剃齿的齿轮	精密分度机构中或要求极平稳且无噪声的高速工作的齿轮传动；精密机构用齿轮；透平齿轮；检测8和9级齿轮用测量齿轮
6级 （高精密）	~16	~30	精密磨齿或剃齿	要求最高效率且无噪声的调整下平衡工作的齿轮传动或分度机构的齿轮传动；特别重要的航空、汽车齿轮；读数装置用特别精密传动的齿轮
7级 （精密）	~10	~15	无须热处理仅用精确刀具加工的齿轮；至于淬火齿轮必需精整加工（磨齿、挤齿、珩齿等）	增速和减速用齿轮传动；金属切削机床送刀机构用齿轮；调整减速器用齿轮；航空、汽车用齿轮；读数装置用齿轮
8级 （中等精密）	~6	~10	不磨齿，必要时光整加工或对研	无须特别精密的一般机械制造用齿轮；包括在分度链中的机床传动齿轮；飞机、汽车制造业中的不重要齿轮；起重机构用齿轮；农业机械中的重要齿轮，通用减速器齿轮
9级 （较低精度）	~2	~4	无须特殊光整工作	用于粗糙工作的齿轮

2. 确定检验项目

考虑选用齿轮检验项目的因素很多，概括起来大致有以下几个方面。

（1）齿轮的精度等级和用途；

（2）检验的目的，是工序间检验还是完工检验；

（3）齿轮的切齿工艺；

（4）齿轮的生产批量；

（5）齿轮的尺寸大小和结构形式；

（6）生产企业现有测试设备情况等。

齿轮精度标准 GB/T 10095.1—2008 及其指导性技术文件中给出的偏差项目虽然很多，但作评价齿轮质量的客观标准，齿轮质量的检验项目应该主要是单向指标，即齿距偏差、齿廓总偏差、螺旋线总偏差及齿厚极限偏差。标准中给出的其他参数，一般不是必检项目，而是根据供需双方的具体要求协商确定的，推荐检验组见表5-46。

表5-46 推荐的齿轮检验组

检验组	检验项目	适用等级	测量仪器
1	F_p、F_α、F_β、E_{sn}	3~9	齿距仪、齿形仪、齿向仪、齿厚卡尺
2	F_p、F_{pk}、F_α、F_β、E_{sn}	3~9	齿距仪、齿形仪、导程仪、公法线千分尺
3	F_p、f_{pt}、F_α、F_β、E_{sn}	3~9	齿距仪、齿形仪、齿向仪、公法线千分尺
4	F_i'、f_i''、F_β、E_{sn}	6~9	双面啮合测量仪、齿厚卡尺、齿向仪
5	F_r、f_{pt}、F_β、E_{sn}	8~12	摆差测定仪、齿距仪、齿厚卡尺
6	F_i'、f_i'、F_β、E_{sn}	3~6	单啮仪、齿向仪、公法线千分尺
7	F_r、f_{pt}、F_β、E_{sn}	10~12	摆差测量仪、齿距仪、公法线千分尺

3. 确定最小侧隙和计算齿厚偏差

参照本章7.5.2节的内容，由齿轮副的中心距合理地确定最小侧隙值，计算确定齿厚极限偏差。

4. 确定齿坯公差和表面粗糙度

根据齿轮的工作条件和使用要求，参考GB/Z 18620.3—2008、GB/Z 18620.4—2008确定齿坯的尺寸公差、形位公差和表面粗糙度。

5. 绘制齿轮工作图

绘制齿轮工作图，填写规格数据表，标注相应的技术要求。

【例5-1】 如图1-1所示减速器装配图中，输出轴上直齿圆柱齿轮，已知：模数 = 3.0mm，输入轴齿数 $Z_1 = 26$，输出轴齿数 $Z_2 = 76$，齿形角 $\alpha = 20$，齿宽 $b = 63$mm，中心矩 $a = 153$mm，孔径 $D = 60$mm，输出转速 $n = 500$r/min，轴承跨距 $L = 110$mm，齿轮材料为45钢，减速器箱体为铸铁，齿轮工作温度55℃，小批量生产。

试确定齿轮的精度等级、检验组、有关侧隙的指标、齿轮坯公差和表面粗糙度，绘制齿轮工作图。

解：（1）确定齿轮的精度等级。普通减速器传动齿轮，由表5-44初步选定，齿轮的精度等级在6~8级。根据齿轮输出轴转速 $n = 500$r/min，齿轮的圆周速度为：

$$v = \frac{\pi d n}{1000 \times 60} = \frac{3.14 \times 3 \times 76 \times 500}{1000 \times 60} = 5.96\text{m/s}$$

由表5-45确定齿轮的精度等级为8级。

（2）确定检验项目。普通减速器传动齿轮，小批量生产，中等精度，无振动、噪声等特殊要求，由表5-46选用第1检验组（ F_p、F_α、F_β、E_{sn} ）。

减速器从动齿轮的分度圆直径 $d = m \times Z_2 = 3 \times 76 = 228\text{mm}$。

由表 5-35 得 $F_\text{p} = 0.070\text{mm}$；

由表 5-35 得 $F_\alpha = 0.025\text{mm}$；

齿宽 $b = 63\text{mm}$，由 5-35 表得 $F_\beta = 0.029\text{mm}$；

由 5-8 表得 $F_\text{r} = 0.056\text{mm}$。

（3）确定最小侧隙和计算齿厚偏差。

减速器中两齿轮中心距：$a = \dfrac{m(Z_1 + Z_2)}{2} = 153\text{mm}$

按式（5-3）计算或查表 5-42 得最小侧隙为：

$$j_{\text{n, min}} = \frac{2}{3}(0.06 + 0.0005a + 0.03m) = 0.151\text{mm}$$

由式（5-4）得齿厚上偏差 E_ss：

$$\text{E}_\text{ss} = -\frac{j_{\text{n, min}}}{2\cos\alpha} = -0.081\text{mm}$$

由表 5-43 得 $\text{br} = 1.26 \times \text{IT9} = 0.145\text{mm}$

由式（5-5）得齿厚公差 T_s：

$$\text{T}_\text{s} = \sqrt{\text{Fr}^2 + \text{br}^2} \cdot 2\tan\alpha = 0.112\text{mm}$$

由式（5-6）得齿厚下偏差 E_si：

$$\text{E}_\text{si} = \text{E}_\text{ss} - \text{T}_\text{s} = -0.031\text{mm}$$

（4）确定齿坯公差和表面粗糙度。

内孔尺寸偏差：内孔精度等级为 IT7；查表 5-39 得 $\phi 60\text{H7E} = \phi 60_0^{+0.030}\text{Emm}$

齿顶圆直径偏差：当以齿顶圆作为测量齿厚的基准时，齿顶圆直径为：

$$d = (Z_2 + 2)m = 234\text{mm}$$

齿顶圆直径及极限偏差：

$$\pm\text{Td} = \pm 0.05m = \pm 0.15\text{mm}$$

各基准面得形位公差：

内孔圆柱度公差 t_1，由表 5-40 得 $t_1 = 0.002\text{mm}$

端面圆跳动公差 t_2，由表 5-40 得 $t_2 = 0.015\text{mm}$

齿顶圆径向圆跳动公差 t_3，由表 5-40 得 $t_3 = 0.002\text{mm}$

齿轮表面粗糙度：查表 5-41 确定齿轮表面粗糙度。

齿轮齿面粗糙度：硬齿面 $Ra \leqslant 1.6\mu\text{m}$，齿坯内孔 Ra 上限值 $1.6\mu\text{m}$，端面 Ra 上限值 $3.2\mu\text{m}$，顶圆 Ra 上限值 $6.3\mu\text{m}$，其余表面粗糙度上限值 $12.5\mu\text{m}$。

（5）绘制齿轮工作图。绘制齿轮工作图如图 5-47 所示，填写规格数据见表 5-47，标注相应的技术要求。

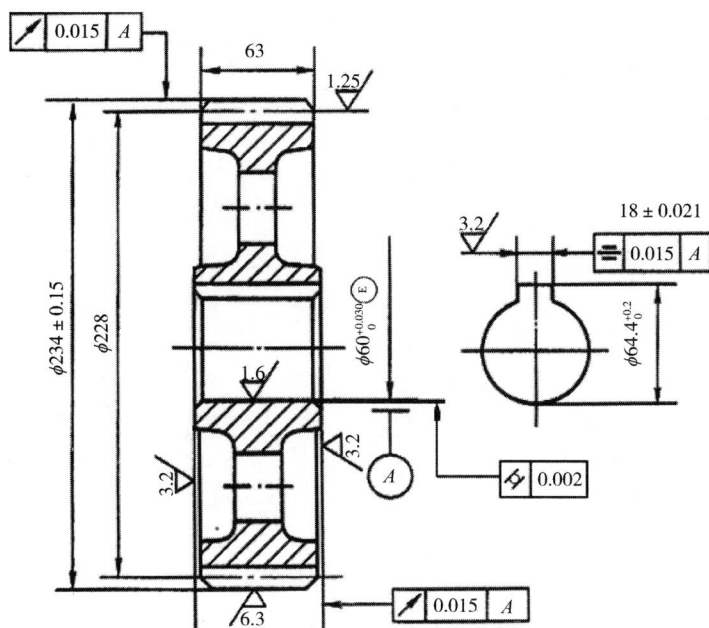

图 5-47　齿轮工作图

表 5-47　齿轮规格数据

模数	m	3
齿数	Z	76
齿形角	α	20°
精度		8GB/T 10095.1—2008
齿距累积总公差	F_p	0.070
齿轮径向跳动公差	F_r	0.056
齿廓总公差	F_α	0.025
螺旋线总公差	F_β	0.029

注　技术要求：

1. 热处理调质 210-230HBS；

2. 未注尺寸公差按 GB/T 1804-m；

3. 未注形位公差按 GB/T 1184-K。

思考题

1. 选择滚动轴承与轴颈、外壳孔配合时，应主要考虑哪些因素？

2. 为什么规定了螺纹的公差等级后，还要规定螺纹的精度等级？

3. 键宽的配合有哪三种类型？各应用在什么场合？

4. 如何选择齿轮的精度等级？

第六章 几何量测量

几何量测量是指将被测量与作为测量单位的标准量进行比较，从而确定被测量的实验过程。由测量的定义可知，任何一个测量过程都必须有明确的被测对象和确定的测量单位，还要有与被测对象相适应的测量方法，而且测量结果还要达到所要求的测量精度。因此，一个完整的测量过程应包括以下四个要素：

（1）被测对象。我们研究的被测对象是几何量，即长度、角度、形状、位置、表面粗糙度以及螺纹、齿轮等零件的几何参数。

（2）测量单位。我国采用的法定计量单位是，长度的计量单位为米（m），角度单位为弧度（rad）和度（°）、分（′）、秒（″）。在机械零件制造中，常用的长度计量单位是毫米（mm），在几何量精密测量中，常用的长度计量单位是微米（μm），在超精密测量中，常用的长度计量单位是纳米（nm）。常用的角度计量单位是弧度、微弧度（μrad）和度、分、秒。$1\mu rad = 10^{-6}\ rad$，$1° = 0.0174533\ rad$。

（3）测量方法。测量方法是指测量时所采用的测量原理、测量器具和测量条件的总和。

（4）测量精度。测量精度是指测量结果与被测量真值的一致程度。精密测量要将误差控制在允许的范围内，以保证测量精度。为此，除了合理选择测量器具和测量方法，还应正确估计测量误差的性质和大小，以便保证测量结果具有较高的置信度。

第一节　常用计量器具和测量方法

一、计量器具的分类及技术性能指标

计量器具是量具、量规、量仪和其他用于测量目的的测量装置的总称。通常把没有传动放大系统的计量器具称为量具，如游标卡尺、直角尺和量规等；把具有传动放大系统的计量器具称为量仪，如机械比较仪、测长仪和投影仪等。

（一）计量器具的分类

计量器具按其测量原理、结构特点和用途可分为以下几类。

1. 基准量具

基准量具是用来调整和校对一些计量器具或作为标准尺寸进行比较测量的器具。它又可分为以下两类。

（1）定值基准量具，如量块、角度块等。

（2）变值基准量具，如线纹尺等。

2. 极限量规

极限量规是一种没有刻度的用于检验零件的尺寸和形位误差的专用计量器具。它只能用来判断被测几何量是否合格，而不能得到被测几何量的具体数值。如光滑极限量规、位置和螺纹量规等。

3. 检验夹具

检验夹具也是一种专用计量器具，它与有关计量器具配合使用，可以方便、快速地测得零件的多个几何参数。如检验滚动轴承的专用检验夹具可同时测得内、外圈尺寸和径向与端面圆跳动误差等。

4. 通用计量器具

通用计量器具是指能将被测几何量的量值转换成可直接观测的指示值或等效信息的器具。按其工作原理不同，又可分为以下几类。

（1）游标量具，如游标卡尺、游标深度尺和游标量角器等。

（2）微动螺旋量具，如外径千分尺和内径千分尺等。

（3）机械比较仪，即用机械传动方法实现信息转换的量仪，齿轮杠杆比较仪、扭簧比较仪等。

（4）光学量仪，即用光学方法实现信息转换的量仪，如光学比较仪、工具显微镜、投影仪和光波干涉仪等。

（5）电动量仪，即将原始信息转换成电路参数的量仪，如电感测微仪、电容测微仪和轮廓仪等。

（6）气动量仪，即通过气动系统的流量或压力的变化来实现原始信息转换的量仪，如游标式气动量仪、薄膜式气动量仪和波纹管式气动量仪等。

5. 微机化量仪

微机化量仪是指在微机系统控制下，可实现数据的自动采集、自动处理、自动显示和打印测量结果的机电一体化量仪，如计算机圆度仪、计算机形位误差测量仪和计算机表面粗糙度测量仪等。

（二）计量器具的技术性能指标

1. 刻度间距（分度间距）

刻度间距是指刻度尺或刻度盘上相邻两刻线中心线间的距离，一般为 0.75~2.5mm。

2. 分度值（刻度值）

分度值是指计量器具的刻度尺或刻度盘上相邻两刻线所代表的量值之差。例如，千分尺的微分套筒上相邻两刻线所代表的量值之差为 0.01，即分度值为 0.01mm。分度值通常取 1、2、5 的倍数，几何量计量器具的常用分度值有 0.1mm，0.05mm，0.02mm，0.01mm，0.002mm 和 0.001mm。

3. 示值范围

示值范围是指由计量器具所显示或指示的最小值到最大值的范围。例如，机械比较仪的示值范围是±0.1mm。

4. 测量范围

测量范围是指在允许误差限内，计量器具所能测量的最小和最大被测量值的范围。例如，某一千分尺的测量范围是 50~75mm。某些计量器具的测量范围和示值范围是相同的，如游标卡尺和千分尺。

5. 灵敏度和放大比

灵敏度是指计量器具对被测量变化的反应能力。若被测量变化为 ΔX，所引起的计量器具的相应变化为 ΔL，则灵敏度 S 为：

$$S = \frac{\Delta L}{\Delta X}$$

对于一般长度计量器具，灵敏度又称放大比。对于具有等分刻度的刻度尺或刻度盘的量仪，放大比 K 等于刻度间距 a 与分度值 i 之比，即：

$$K = a/i \tag{6-1}$$

6. 灵敏限

灵敏限是指引起计量器具示值可察觉变化的被测量的最小变化值。它表示量仪反映被测量微小变化的能力。

7. 测量力

测量力是指在测量过程中，计量器具与被测表面之间的接触力。在接触测量时，测量力可保证接触可靠，但过大的测量力会使量仪和被测零件变形和磨损，而测量力的变化会使示值不稳定，影响测量精度。

8. 示值误差

示值误差是指测量仪器的示值与被测量真值之差。

9. 示值变动

示值变动是指在测量条件不变的情况下，对同一被测量进行多次重复测量（一般 5~10 次）时，各测得值的最大差值。

10. 回程误差

回程误差是指在相同条件下，对同一被测量进行往返两个方向测量时，测量示值的变化范围。

11. 修正值（校正值）

修正值是指为了消除或减少系统误差，用代数法加到未修正测量结果上的数值。修正值等于示值误差的负值。例如，若示值误差为-0.003mm，则修正值为+0.003mm。

12. 测量不确定度

测量不确定度是指由于测量误差的影响而使测量结果不能肯定的程度。不确定度用误差界限表示。如分度值为 0.01mm 的外径千分尺，在车间条件下，测量一个尺寸小于 50mm 的零件时，其不确定度为±0.004mm。

二、计量器具的基本度量指标

量块又称块规，是指用耐磨材料制造（多用铬锰钢制成），横截面为矩形，并具有一对相互平行测量面的实物量具，具有尺寸稳定，不易变形和耐磨性好等特点。量块广泛用于计量器具的校准和检出以及精带设备的调整、精密划线和精密工件的测量等。

量块通常制成正六面体，它有 2 个相互平行的测量面和 4 个非测量面，如图 6-1（a）所示。其中两个表面光洁（$R_z < 0.08\mu m$）且平面度误差很小的平行平面，称为测量面或工作面。量块的精度极高，但是两个工作面也不是绝对平行的。因此，量块的尺寸规定为：把量块的一个工作面研合在平晶的工作平面上，另一个工作面的中心到平晶平面的垂直距离称为量块尺寸，如图 6-1（b）所示。量块上表示出尺寸称为量块的标称尺寸。标称尺寸（即名义尺寸）小于 6mm 的量块，有数字的一面为上测量面；大于或等于 6mm 的量块，有数字面的右侧面为上测量面。

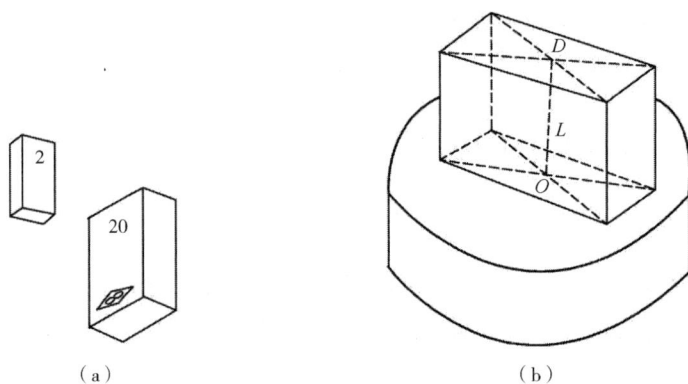

（a）   （b）

图 6-1　量块的形状与尺寸

为了满足不同生产的要求，量块按其制造精度分为 00、0、K、1、2、3 级。其中 00 级精度最高，3 级精度最低，K 级为校准级。按级使用时，各级量块的标称长度偏差（极限偏差±）和长度变动量的允许值见表 6-1。

表 6-1　各级量块的精度指标

标称长度范围/mm		量块制造精度										
		00 级		0 级		K 级		1 级		2 级		3 级	
		①	②	①	②	①	②	①	②	①	②	①	②
大于	至	允许值/μm											
—	10	0.06	0.05	0.12	0.10	0.20	0.05	0.20	0.16	0.45	0.30	1.0	0.50
10	25	0.07	0.05	0.14	0.10	0.30	0.05	0.30	0.16	0.60	0.30	1.2	0.50
25	50	0.10	0.06	0.20	0.10	0.40	0.06	0.40	0.18	0.80	0.30	1.6	0.55
50	75	0.12	0.06	0.25	0.12	0.50	0.06	0.50	0.18	1.00	0.35	2.0	0.55
75	100	0.14	0.07	0.30	0.12	0.60	0.07	0.60	0.20	1.20	0.35	2.5	0.60
100	150	0.20	0.08	0.40	0.14	0.80	0.08	0.80	0.20	1.60	0.40	3.0	0.65
150	200	0.25	0.09	0.50	0.16	1.00	0.09	1.00	0.25	2.00	0.40	4.0	0.70
200	250	0.30	0.10	0.60	0.16	1.20	0.10	1.20	0.25	2.40	0.45	5.0	0.75

标称长度 范围/mm		量块制造精度											
		00级		0级		K级		1级		2级		3级	
		①	②	①	②	①	②	①	②	①	②	①	②
大于	至	允许值/μm											
250	300	0.35	0.10	0.70	0.18	1.40	0.10	1.40	0.25	2.80	0.50	6.0	0.80
300	400	0.45	0.12	0.90	0.20	1.80	0.12	1.80	0.30	3.60	0.50	7.0	0.90
400	500	0.50	0.14	1.10	0.25	2.20	0.14	2.00	0.35	4.40	0.60	9.0	1.00
500	600	0.60	0.16	1.30	0.25	2.60	0.16	2.60	0.40	5.00	0.70	11.0	1.10
600	700	0.70	0.18	1.50	0.30	3.00	0.18	3.00	0.45	6.00	0.70	12.0	1.20
700	800	0.80	0.20	1.70	0.30	3.40	0.20	3.40	0.50	6.50	0.80	14.0	1.30
800	900	0.90	0.20	1.90	0.35	3.80	0.20	3.80	0.50	7.50	0.90	15.0	1.40
900	1000	1.00	0.25	2.00	0.40	4.20	0.25	4.20	0.60	8.00	1.00	17.0	1.50

注　1. ①表示量块的标称长度偏差（极限偏差±）；②表示长度变动量的允许值。

　　2. 根据特殊订货要求，对00级、0级和K级量块可以供给成套量块中心长度的实测值。

　　3. 表中所列偏差为保证值。

　　4. 距测量面边缘0.5mm的范围内不计。

JJG 146—2011《量块》按检定精度分5等。其中1等精度最高，5等精度最低。量块的"等"主要依据各等量块长度测量的不确定度和量块长度变动量的允许值来划分，各等量块的精度指标见表6-2。

表6-2　各等量块的精度指标

标称长度 ln/mm		量块检定精度									
		1 等		2 等		3 等		4 等		5 等	
		长度									
		①	②	①	②	①	②	①	②	①	②
大于	至	最大允许值/μm									
0.5	10	0.022	0.05	0.06	0.10	0.11	0.16	0.22	0.30	0.6	0.50
10	25	0.025	0.05	0.07	0.10	0.12	0.16	0.25	0.30	0.6	0.50
25	50	0.030	0.06	0.08	0.10	0.15	0.18	0.30	0.30	0.8	0.55
50	75	0.035	0.06	0.09	0.12	0.18	0.18	0.35	0.35	0.9	0.55
75	100	0.040	0.07	0.10	0.12	0.20	0.20	0.40	0.35	1.0	0.60
100	150	0.05	0.08	0.12	0.14	0.25	0.20	0.50	0.40	1.2	0.65
150	200	0.06	0.09	0.15	0.16	0.30	0.25	0.60	0.40	1.5	0.70
200	250	0.07	0.10	0.18	0.16	0.35	0.25	0.70	0.45	1.8	0.75

注　距离测量面边缘0.8mm范围内不计。

①表示测量不确定度；②表示长度变动量。

量块按级使用时，应以量块的标称长度为工作尺寸。该尺寸包含了量块的制造误差，制造误差将被引入测量结果中去，因不需要加修正值，故使用较方便。

量块按等使用时，应以经检定所得到的量块中心长度的实际尺寸为工作尺寸，该尺寸不受制造误差的影响，只包含检定时较小的测量误差。因此，量块按"等"使用比按"级"使用时的精度高。例如，按"级"使用量块时，使用 1 级，30mm 的量块，标称长度极限偏差为（30 ± 0.0004）mm。按"等"使用量块时，使用 3 等量块，该量块检定尺寸为30.0002mm，其中心长度的测量不确定度的极限偏差为（30.0002±0.00015）mm。

为了能用较少的块数组合成所需要的尺寸，量块按一定的尺寸系列成套生产。根据 GB/T 6093—2001 的规定，我国生产的成套量块系列有 91 块、83 块、46 块、38 块、12 块、10 块、8 块、6 块、5 块等 17 种，成套量块的尺寸见表 6-3。

表 6-3　成套量块的尺寸

套别	总块数	级别	尺寸系列/mm	间隔/mm	块数
1	91	00, 0, 1	0.5	—	1
			1	—	1
			0.001, 0.002, …, 1.009	0.001	9
			1.01, 1.02, …, 1.49	0.01	49
			1.5, 1.6, …, 1.9	0.1	5
			2.0, 2.5, …, 9.5	0.5	16
			10, 20, …, 100	10	10
2	83	0, 1, 2	0.5	—	1
			1	—	1
			1.005	—	1
			1.01, 1.02, …, 1.49	0.01	49
			1.5, 1.6, …, 1.9	0.1	5
			2.0, 2.5, …, 9.5	0.5	16
			10, 20, …, 100	10	10
3	46	0, 1, 2	1	—	1
			1.001, 1.002, …, 1.009	0.001	9
			1.01, 1.02, …, 1.09	0.01	9
			1.1, 1.2, …, 1.9	0.1	9
			2, 3, …, 9	1	8
			10, 20, …, 100	10	10
4	38	0, 1, 2, (3)	1	—	1
			1.005	—	1
			1.01, 1.02, …, 1.09	0.01	9
			1.1, 1.2, …, 1.9	0.1	9
			2, 3, …, 9	1	8
			10, 20, …, 100	10	10

套别	总块数	级别	尺寸系列/mm	间隔/mm	块数
5	……	……	……	……	……
6	10	00, 0, 1	1, 1.001, …, 1.009	0.001	10

注　带 "（ ）" 的等级，根据订货供应。

由于量块测量面的平面度误差和表面粗糙度数值均很小，所以当测量面上有一层极薄的油膜时，两个量块的测量面相互接触，在不大的压力下作切向相对滑动，就能使两个量块贴附在一起。于是，就可以用不同尺寸的量块在一定尺寸范围内组合成所需要的尺寸。为了减少量块的组合误差，保证测量精度，应尽量减少量块的数目，一般不应超过 4 块，并使各量块的中心长度在同一直线上。实际组合时，应从消去所需尺寸的最小尾数开始，每选一块量块应至少减少所需尺寸的一位小数。

例如：用 83 块一套的量块，组成尺寸 58.785 mm，其组合方法如下。

量块组的尺寸：　　　　　　　　　　　58.785

第一块量块的尺寸：－) 1.005

剩余尺寸：　　　　　　　　　　　　　57.78

第二块量块的尺寸：－)　　　　 1.28

剩余尺寸：　　　　　　　　　　　　　56.50

第三块量块的尺寸：－)　　　　 6.5

剩余尺寸（即第四块量块的尺寸）：　　50

三、测量方法的分类

测量方法是指测量原理、测量器具、测量条件的总和。但在实际工作中，往往从获得测量结果的方式来划分测量方法的种类。

1. 按计量器具的示值是否是被测量的全值分类

可分为绝对测量和相对测量。

（1）绝对测量。计量器具的示值就是被测量的全值。例如，用游标卡尺、千分尺测量轴、孔的直径就属于绝对测量。

（2）相对测量。相对测量又称比较测量，它是指计量器具的示值只表示被测量相对于已知标准量的偏差值，而被测量为已知标准量与该偏差值的代数和。例如，用比较仪测量轴的直径尺寸，首先用与被测轴径的基本尺寸相同的量块将比较仪调零，然后换上被测轴，测得被测直径相对量块的偏差。该偏差值与量块尺寸的代数和就是被测轴直径的实际尺寸。

2. 按实测之量是否是被测的量分类

可分为直接测量和间接测量。

（1）直接测量。直接测量是指无须对被测的量与其他实测的量进行函数关系的辅助计算，而直接测得被测量值的测量方法。例如，用外径千分尺测量轴的直径就属于直接测量法。

（2）间接测量。测量与被测量之间有已知函数关系的其他量，经过计算求得被测量值的方法就是间接测量法。例如，采用"弓高弦长法"间接测量圆弧样板的半径 R，只要测得弓高 h 和弦长 L 的量值，然后按照有关公式进行计算，就可获得样板的半径 R 的量值。这种方法属于间接测量法。

3. 按零件上是否同时测量多个被测量分类

可分为单项测量和综合测量。

（1）单项测量。单项测量是指对被测的量分别进行的测量。例如，在工具显微镜上分别测量中径、螺距和牙型半角的实际值。

（2）综合测量。综合测量是指对零件上一些相关联的几何参数误差的综合结果进行测量。例如齿轮的综合误差的测量。

单项测量结果便于工艺分析，但综合测量的效率比单项测量高。综合测量反映的结果比较符合工件的实际工作情况。

4. 按被测工件表面与计量器具的测头之间是否接触分类

可分为接触测量和非接触测量

（1）接触测量。接触测量是指计量器具的测头与被测表面相接触的测量方法，并存在机械作用的测量力的测量方法。例如，用比较仪测量轴径，用卡尺、千分尺测量工件。

（2）非接触测量。非接触测量是指计量器具的测头与被测表面不接触的测量方法，因而不存在机械作用的测量力的测量。例如，用光切显微镜测量表面粗糙度，用气动量仪测量孔径。

接触测量有测量力，会引起被测表面和计量器具有关部分产生弹性变形，从而影响测量精度，非接触测量则无此影响。

5. 按测量过程进行的时段分类

可分为离线测量和在线测量。

（1）离线测量。离线测量是指对完工零件进行的测量。测量结果仅限于发现并剔出不合格品。

（2）在线测量。在线测量是指在零件加工过程中所进行的测量。此时测量结果可直接用来控制加工过程，以防止废品的产生。例如，在磨削滚动轴承内、外圈的外、内滚道过程中，测量头测量磨削直径尺寸。当达到尺寸合格范围时，则停止磨削。

在线测量使检测与加工过程紧密结合，能及时防止废品，以保证产品质量，因此是检测技术的发展方向。

6. 按被测零件在测量中所处的状态分类

可分为静态测量和动态测量。

（1）静态测量。静态测量是指在测量时，被测表面与测头相对静止的测量。例如，用千分尺测量零件的直径。

（2）动态测量。动态测量是指在测量时，被测表面与测头之间有相对运动的测量。它能测得误差的瞬时值及其随时间变化的规律，反映被测参数的变化过程。例如，电动轮廓仪测量表面粗糙度，在磨削过程中测量零件的直径，用激光丝杠动态检查仪测量丝杠。

在线测量和动态测量是测量技术的主要发展方向，前者能将加工和测量紧密结合起来，从根本上改变测量技术的被动局面；后者能较大地提高测量效率和保证零件的质量。

第二节　尺寸的检测与测量

一、尺寸的检测

尺寸检测通常有两大类方法：通用计量器具检测和光滑极限量规检测。

1. 通用计量器具测量

用通用计量器具检测尺寸时，主要遵照 GB/T 3177—2009 的有关规定。其中，主要规定了验收原则、验收极限、计量器具的选择等。

（1）验收原则。为了保证产品质量，只允许误废，不允许误收。

（2）验收极限。验收工作时，判断合格与否的尺寸界线，通常有：

$$上验收极限=工件上极限尺寸-A$$

$$下验收极限=工件下极限尺寸+A$$

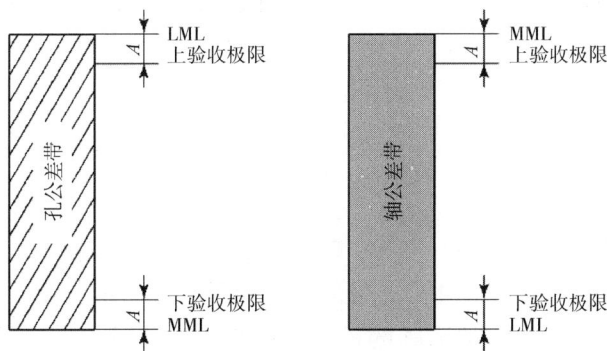

图 6-2　验收极限

即向公差带内缩一个 A，A 称为安全裕度，A 越大，越安全，但制造更困难。标准规定，A 等于工件公差的 1/10。

对于精度要求较低的尺寸，工艺上可以充分保障其精度的尺寸，可以用图样上标注的极限尺寸作为验收极限，此时 $A=0$。

（3）计量器具的选择。除了考虑其测量范围应与工件的形状、被测尺寸的位置、大小等相适应外，还要考虑测量器具的不确定度小于或等于测量不确定度的允许值。这主要是为了既要保证测量精度，又不致使测量的成本太高。

2. 光滑极限量规检测

用光滑极限量规检测尺寸时，不能测得工件实际尺寸的大小，而只能确定被测工件的尺寸是否在其极限尺寸范围内，从而对工件做出合格性判断。光滑极限量规的基本尺寸就是工件的基本尺寸，通常把检验孔径的光滑极限量规称为塞规，把检验轴径的光滑极限量规称为环规或卡规。不论塞规还是环规都包括两个量规：一个是按被测工件的最大实体尺寸制造的，称为通规，又称通端；另一个是按被测工件的最小实体尺寸制造的，称为止规，又称止端。检验时，塞规或环规都必须把通规和止规联合使用。例如使用塞规检验工件孔时［图6-3（a）］，如果塞规的通规通过被检验孔，说明被测孔径大于孔的最小极限尺寸；塞规的止规塞不进被检验孔，说明被测孔径小于孔的最大极限尺寸。于是，可知被测孔径大于最小极限尺寸且小于最大极限尺寸，即孔的作用尺寸和实际尺寸在规定的极限范围内，因此被测孔是合格的。同理，用卡规的通规和止规检验工件轴径时［图6-3（b）］，通规通过轴，止规通不过轴，说明被测轴径的作用尺寸和实际尺寸在规定的极限范围内，因此被测轴径是合格的。由此可知，不论塞规还是卡规，如果通规通不过被测工件，或者止规通过了被测工件，即可确定被测工件是不合格的。

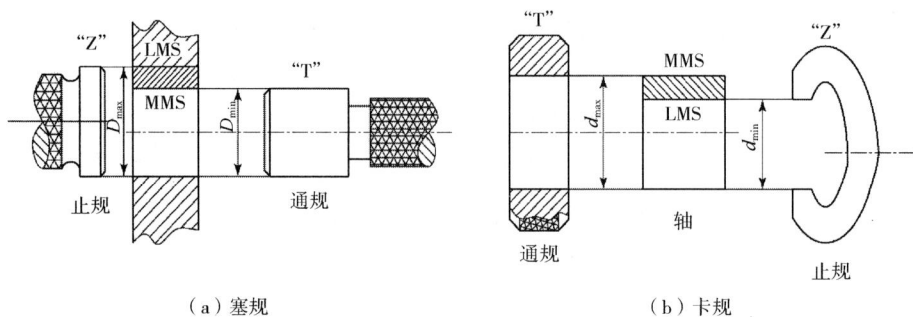

（a）塞规　　　　　　　　　　　（b）卡规

图6-3　光滑极限量规

为了确保产品质量，GB/T 1957—2006规定量规定形尺寸公差带不得超过被测孔、轴公差带。孔用和轴用工作量规定形尺寸公差带的配置如图6-4所示。图中，D_M、D_L为被测孔的最大、最小实体尺寸，d_M、d_L为被测轴的最大、最小实体尺寸，T为量规定形尺寸公差，Z为通规定形尺寸公差带中心到被测孔、轴最大实体尺寸之间的距离（位置要素）。通规的磨

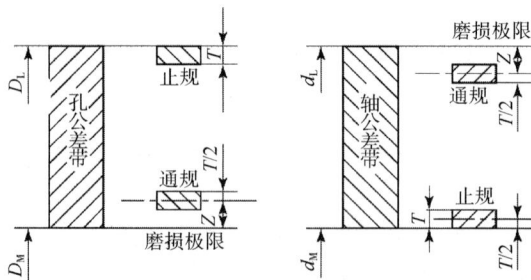

图6-4　工作量规定形尺寸公差带示意图

损极限为被测孔、轴的最大实体尺寸。测量极限误差一般取为被测孔、轴尺寸公差的 1/10～1/3。对于标准公差等级相同而公称尺寸不同的孔、轴，这个比值基本上相同。随孔、轴的标准公差等级的降低，这个比值逐渐减小。量规定形尺寸公差带的大小和位置就是按照这一原则规定的。

二、尺寸的测量

尺寸的测量除常用的游标类、螺旋测微类、指示表类等器具外，图 6-5 中所列为常用的精密测量仪器及其基本原理。

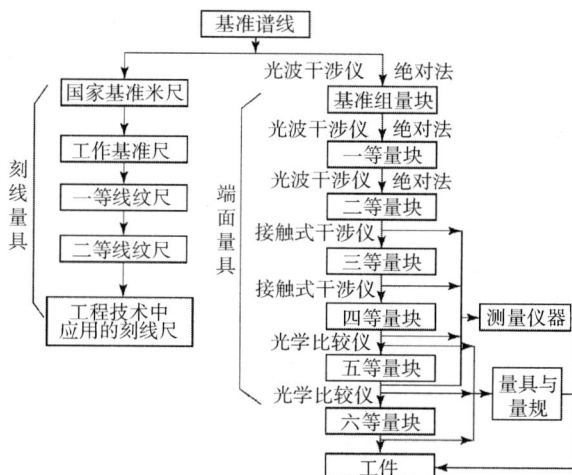

图 6-5 尺寸的常用测量方法

第三节 几何误差的评定与测量

一、几何误差的评定

在测量被测实际要素的几何误差值时，首先应确定理想要素对被测实际要素的具体方位。因为不同方位的理想要素与被测实际要素上各点的距离是不相同的，所以测量所得的几何误差值也不相同。确定理想要素方位的常用方法为最小包容区域法。

最小包容区域法是用两个等距的理想要素包容实际要素，并使两理想要素之间的距离为最小。应用最小包容区域法评定几何误差是完全满足"最小条件"的。所谓"最小条件"，即被测实际要素对其理想要素的最大变动量为最小。

如图 6-6 所示，理想直线（或平面）的方位可取 A_1—B_1，A_2—B_2、A_3—B_3 等，相应评定直线度误差值分别为 f_1、f_2、f_3，其中 f_1 为最小。故理想直线应选择符合最小条件的方向 A_1—B_1，f_1 即为实际被测直线的直线度误差值，应小于或等于给定的公差值。

直线度误差用最小包容区域法来评定。如图 6-7 所示，由两条平行直线包容实际被测直线时，实际被测直线上至少有高、低相间三点分别与这两条平行直线接触，称为相间准则，这两条平行直线之间的区域即为最小包容区域，该区域的宽度 f 即为符合定义的直线度误差值。

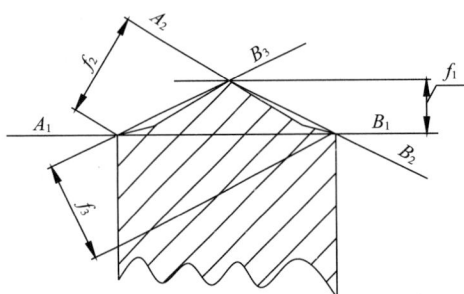

图 6-6　最小条件

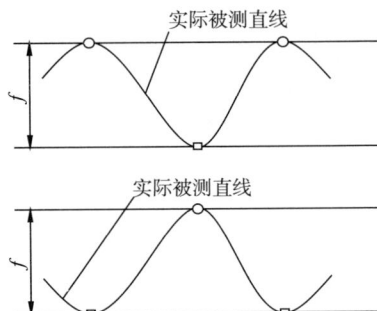

图 6-7　相间准则

对于圆形轮廓，用两同心圆去包容被测实际轮廓，半径差为最小的两同心圆，即为符合最小包容区域的理想轮廓。此时圆度误差值为两同心圆的半径差 Δ，如图 6-8 所示。

评定方向误差时，理想要素的方向由基准确定；评定位置误差时，理想要素的位置由基准和理论正确尺寸确定。对于同轴度和对称度，理论正确尺寸为零。如图 6-9 所示，包容被测实际要素的理想要素应与基准成理论正确的角度。

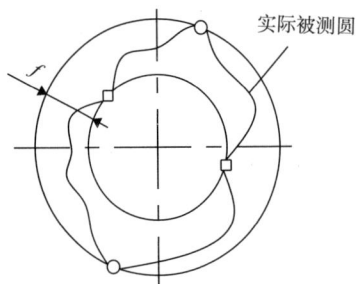

图 6-8　圆度误差最小包容区域判别

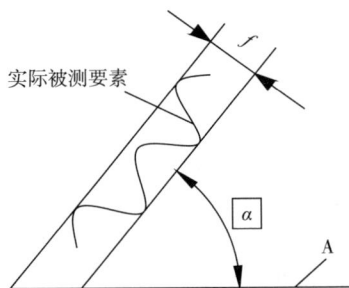

图 6-9　按最小包容区域法评定方向误差

确定理想要素方位的评定方法还有最小二乘法、贴切法和简易法等。

二、几何误差的检测原则

几何误差的项目较多，为了能正确地测量几何误差，便于选择合理的检测方案，国家标准规定了几何误差的五个检测原则。这些检测原则是各种检测方法的概括，可以按照这些原则，根据被测对象的特点和有关条件，选择最合理的检测方案；也可以根据这些检测原则，采用其他的检测方法和测量装置。一般的检测原则如下：

1. 与理想要素比较原则

与理想要素比较原则是指测量时将实际被测要素与相应的理想要素做比较，在比较过程中获得测量数据，按这些数据来评定形位误差值。该检测原则应用最为广泛。

运用该检测原则时，必须要有理想要素作为测量时的标准。根据形位误差的定义，理想要素是几何学上的概念，测量时采用模拟法将其具体地体现出来。例如，刀口尺的刃口、平尺的轮廓线、一条拉紧的弦线、一束光线都可作为理想直线；平台和平板的工作面、水平面、样板的轮廓面等可作为理想平面，用自准仪和水平仪测量直线度和平面度误差时就是应用这样的要素。理想要素也可以用运动的轨迹来体现，例如纵向、横向导轨的移动构成了一个平面；一个点绕一轴线作等距回转运动构成了一个理想圆，由此形成了圆度误差的测量方案。模拟理想要素是形位误差测量中的标准样件，它的误差将直接反映到测得值中，是测量总误差的重要组成部分。形位误差测量的极限测量总误差通常占给定公差值的 $10\% \sim 33\%$，因此，模拟理想要素必须具有足够的精度。

2. 测量坐标值原则

由于几何要素的特征总是可以在坐标系中反映出来，因此，利用坐标测量机或其他测量装置，对被测要素测出一系列坐标值，再经数据处理，就可以获得形位误差值。测量坐标值原则是形位误差中的重要检测原则，尤其在轮廓度和位置度误差测量中的应用更为广泛。

3. 测量特征参数原则

特征参数是指被测要素上能直接反映形位误差变动的，具有代表性的参数。测量特征参数原则就是通过测量被测要素上具有代表性的参数来评定形位误差，例如，圆度误差一般反映在直径的变动上，因此，常以直径作为圆度的特征参数，即用千分尺在实际表面同一正截面内的几个方向上测量直径的变动量，取最大的直径差值的二分之一，作为该截面内的圆度误差值。显然，应用测量特征参数原则测得的形位误差，与按定义确定的形位误差相比，只是一个近似值，因为特征参数的变动量与形位误差值之间一般没有确定的函数关系，但测量特征参数原则在生产中易于实现，是一种应用较为普遍的检测原则。

4. 测量跳动原则

测量跳动原则是针对测量圆跳动和全跳动的方法而提出的检测原则。例如，测量径向圆跳动和端面圆跳动，被测实际圆柱面绕基准轴线回转一周的过程中，被测实际圆柱面的形状误差和位置误差使位置固定的指示表的测头作径向移动，指示表最大与最小示值之差，即为在该测量截面内的径向圆跳动误差。实际被测端面绕基准轴线回转一周的过程中，位置固定的指示表的测头做轴向移动，指示表最大与最小示值之差即为端面圆跳动误差。

5. 控制实效边界原则

这个原则适用于采用最大实体要求的场合，按最大实体要求给出形位公差时，要求被测实际要素不得超越图样上给定的实效边界。判断被测实际要素是否超越实效边界的有效方法是综合量规检验法，即采用光滑极限量规或位置量规的工作表面来模拟体现图样上给定的边界、检测实际被测要素。若被测要素的实际轮廓能被量规通过，则表示合格，否则为不合格。

三、几何误差的测量

（一）形状误差的测量

1. 直线度误差的测量

根据测量原理，直线度误差测量分为线差法和角差法两类。

（1）线差法。用模拟法建立理想直线，然后把被测实际线与其进行比较，测得实际线各点的偏差值，最后通过数据处理求出直线度误差值。

（2）角差法。用自然水平面或一束光线作为测量基准，将被测表面分为若干段，用小角度测量仪器（水平仪、准直仪等）逐段地测出每段前后两点连线与测量基准之间的微小夹角，然后经过数据处理，求出直线度误差值。

2. 平面度误差的测量

平面度误差通常采用与理想平面比较的测量方法，确定被测实际平面相对理想平面变动量的大小，检测方法主要有以下几种：

（1）直接测量法。直接测出平面各点相对测量基面的坐标值经计算求出误差，或直接评定平面度误差值。图 6-10 为指示器测量平面度误差，用带指示器的测量装置测出被测面相对测量基面的偏差，然后根据偏差评定被测面的平面度误差值，测量基面大都采用平板体现。

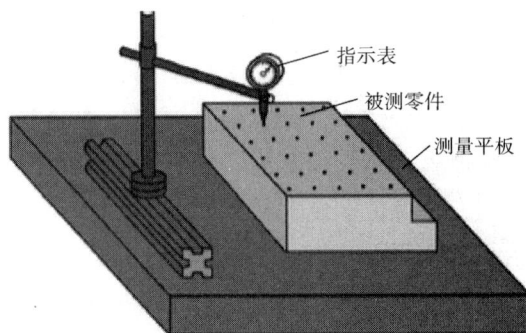

图 6-10　指示器法测量平面度误差

（2）间接测量法。测得值需经数据处理才能转化为相对测量基面的坐标值，再经处理求出误差。

（3）组合测量法。通过误差分离技术，消除测量基线（或基面）本身误差的方法。

3. 圆度误差的测量

圆度误差的测量需在被测零件的若干截面上进行，以各截面中的误差最大值作为零件的圆度误差。实际测量中也可采用近似测量方法，如两点法、三点法、两点三点组合法等。

两点测量法适合测量偶数棱圆的零件，测出零件的最大直径和最小直径，其差值之半即为圆度误差。

图 6-11 所示为在 V 形块上用三点法测量圆度误差，测量时被测零件在 V 形块中旋转一周，读出指示表的最大与最小示值之差 Δ，再除反映系数 F，即可求出圆度误差为：

$$f = \Delta / F \tag{6-2}$$

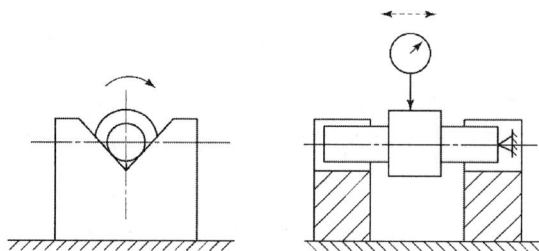

图 6-11　三点法测量圆度误差

反映系数 F 可根据被测零件的棱边数 n，V 形块和测量偏角从有关手册中查出。当零件的棱边数未知时，应采用两点法和三点法组合测量，或用不同角的 V 形块组合测量。三点法适合奇数棱的圆度误差测量。

（二）方向位置误差的测量

1. 平行度误差的测量

由于被测要素可以是线或平面，基准要素也可以是线或平面，因而可分为线对面、面对面、线对线及面对线四种平行度误差。一般采用"与理想要素比较原则"，理想要素可用模拟法体现。

面对面平行度误差的测量如图 6-12 所示。测量时以平板体现基准，指示表在整个被测表面上的最大、最小读数之差即为平行度误差。

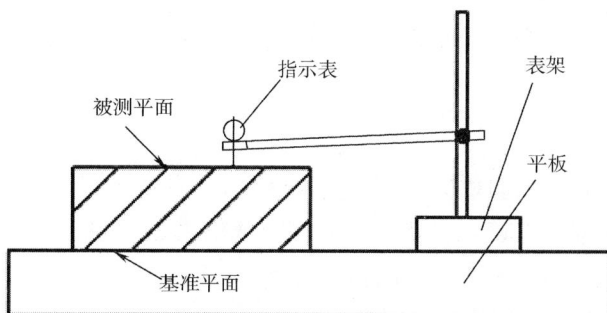

图 6-12　面对面平行度误差的测量

线对面平行度误差测量的基准平面由精密平板体现，被测轴线由（胀式或与孔成无间隙配合）芯轴体现。在芯轴长度 L_1 两端测得的最大、最小读数之差为 a，则在被测件给定长度 L_2 内的平行度误差 f 为：

$$f = a \cdot L_2 / L_1 \tag{6-3}$$

线对线平行度误差测量时以芯轴模拟被测轴线与基准轴线，测量两个相互垂直方向上的平行度误差 f_1、f_2，则任意方向上的平行度误差 f 为：

$$f = \sqrt{f_1^2 + f_2^2} \tag{6-4}$$

185

2. 同轴度误差的测量

轴类零件同轴度误差测量：基准轴线由 V 形架体现，指示器安装在同一截面的对径方向上。零件旋转一周取作为该截面内的同轴度误差，然后在轴向移动指示器，取各横截面中误差最大值作为零件的同轴度误差。

孔类零件同轴度误差测量（图 6-13）：两孔的轴线用芯轴模拟，调整零件使基准轴线与平板平行。靠近 A、B 两点测量，分别得出两点与基准轴线的差值 f_{Ax} 和 f_{Bx}，然后将零件向前或向后翻转 90°，同样测得 f_{By} 和 f_{Ay}，则：

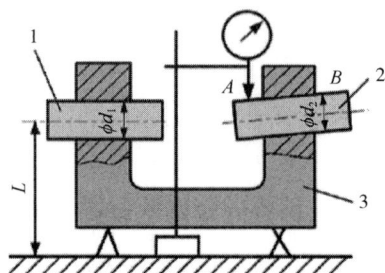

图 6-13　测量孔类零件同轴度误差
1—基准孔芯轴　2—被测孔芯轴　3—被测件

A 点同轴度误差：

$$f_A = 2\sqrt{f_{Ax}^2 + f_{Ay}^2} \tag{6-5}$$

B 点同轴度误差：

$$f_B = 2\sqrt{f_{Bx}^2 + f_{By}^2} \tag{6-6}$$

取其中较大值作为零件的同轴度误差。

第四节　表面粗糙度的测量

常用表面粗糙度测量的方法有比较法、光切法、干涉法和针描法。

一、比较法

比较法是将被测表面和表面粗糙度样板（图 6-14）直接进行比较，两者的加工方法和材料应尽可能相同，否则将产生较大误差。可用肉眼或借助放大镜、比较显微镜比较；也可用手摸、指甲划动的感觉来判断被测表面的粗糙程度。

图 6-14　表面粗糙度样板

这种方法多用于车间，评定一些表面粗糙度参数值较大的工作表面，评定的准确性在很大程度上取决于检验人员的经验。

二、光切法

应用光切原理来测量表面粗糙度的方法称为光切法，其原理如图 6-15 所示。常用的仪器是双管显微镜。该种仪器适于测量车、铣、刨或其他类似加工方法所加工的零件平面和外圆表面。常用于测量 Rz 值为 $0.5\sim60\mu m$。

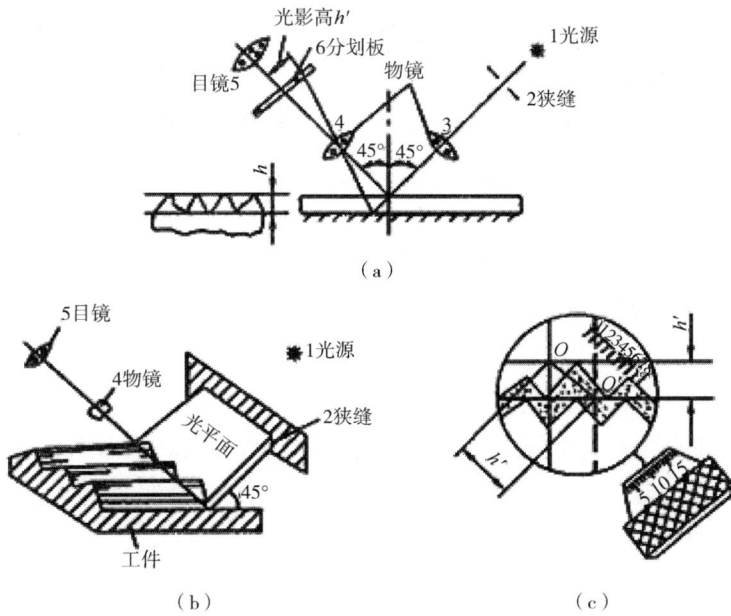

图 6-15　光切法测量原理

三、干涉法

干涉法是利用光波干涉原理来测量表面粗糙度的。被测表面直接参与光路，用同一标准反射镜比较，以光波波长来度量干涉条纹弯曲程度，从而测得该表面的表面粗糙度值。

干涉法测量表面粗糙度的仪器是干涉显微镜。目前国内生产的干涉显微镜有 6J 型、6JA 型等。干涉法通常用于测量表面粗糙度参数 Rz 值。

四、针描法

表面粗糙度利用针尖曲率半径为 $2\mu m$ 左右的金刚石触针沿被测表面缓慢滑行，金刚石触针的上下位移量由电学式长度传感器转换为电信号，经放大、滤波、计算后由显示仪表指示出表面粗糙度数值，也可用记录器记录被测截面轮廓曲线。一般将仅能显示表面粗糙度数值的测量工具称为表面粗糙度测量仪，同时能记录表面轮廓曲线的称为表面粗糙度轮廓仪。这两种测量工具都有电子计算电路或电子计算机，它能自动计算出轮廓算术平均偏差 Ra，微观不平度十点高度 Rz，轮廓最大高度 Ry 和其他多种评定参数，测量效率高，适用于测量 Ra 为 $0.025{\sim}6.3\mu m$ 的表面粗糙度。

第五节　测量误差及数据处理

一、测量误差的基本概念

测量误差是指测得值与被测量的真值之差。在实际中，由于测量器具本身的误差以及测量方法和条件的限制，任何测量过程都不可避免地存在误差，因此一般说来，真值是难以得到的。在实际测量中，常用相对真值或不存在系统误差情况下的算术平均值来代替真值。例如，用量块检定千分尺时，对千分尺的示值来说，量块的尺寸就可作为约定真值。

测量误差可用绝对误差和相对误差来表示。

1. 绝对误差

绝对误差 Δ 是指被测量的实际值 x 与其真值 μ_0 之差，即：

$$\Delta = x - \mu_0 \tag{6-7}$$

绝对误差是代数值，即它可能是正值、负值或零。

例如，用外径千分尺测量某轴的直径，若轴的实际直径为 $40.005mm$，而用高精度量仪测得的结果为 $40.015mm$（可看作是约定真值），则用千分尺测得的实际直径值的绝对误差为：

$$\Delta = 40.005 - 40.015 = -0.01(mm)$$

2. 相对误差

相对误差 ε 是指绝对误差的绝对值与被测量的真值（或用约定测得值 x_i 代替真值）之比，即：

$$\varepsilon = \frac{|\Delta|}{\mu_0} \times 100\% \approx \frac{|\Delta|}{x_i} \times 100\% \tag{6-8}$$

则上述测量的相对误差为：

$$\varepsilon \approx \frac{|-0.01|}{40.015} \times 100\% = 0.02\%$$

当被测量的大小相同时，可用绝对误差的大小来比较测量精度的高低。而当被测量的大小不同时，则用相对误差的大小来比较测量精度的高低。例如，有 $(20\pm0.002)mm$ 和 $(250\pm0.02)mm$ 两个测量结果。倘若用绝对误差进行比较，则无法判断测量精度高低，这就需要用相对误差进行比较。

$$\varepsilon_1 = \frac{0.002}{20} \times 100\% = 0.01\%$$

$$\varepsilon_2 = \frac{0.02}{250} \times 100\% = 0.008\%$$

可见，后者的测量精度较前者高。

在长度测量中，"相对误差"的术语应用比较少，通常所说的测量误差是指绝对误差。

二、测量误差的来源及处理

在测量过程中产生误差的原因很多，主要的误差来源如下。

(一) 计量器具的误差

计量器具误差是指计量器具本身所具有的误差。计量器具误差的来源十分复杂，它与计量器具的结构设计、制造和安装调试不良等许多因素有关，其主要来源有以下几个方面。

1. 基准件误差

任何计量器具都有用来比较的基准，而作为基准的已知量也不可避免地会存在误差，称为基准件误差。例如，刻线尺的划线误差、分度盘的分度误差、量块长度的极限偏差等。

显然，标准件的误差将直接反映到测量结果之中，它是计量器具的主要误差来源。例如，在立式光学仪上用 2 级量块作基准测量 $\phi 25mm$ 的零件时，由于量块制造误差 $\pm 0.6\mu m$，测得值中就有可能带入 $\pm 0.6\mu m$ 的测量误差。

很明显，要减少计量器具误差对测量结果的影响，最重要的措施是提高基准件的精度或对基准件的误差进行修正。

2. 原理误差

在设计计量器具时，为了简化结构，有时采用近似设计，用近似机构代替理论上所要求的机构而产生原理误差。或者设计的器具在结构布置上，未能保证被测长度与标准长度安置在同一直线上，不符合阿贝原则而引起阿贝误差，这些都会产生测量误差。再如，用标准尺的等分刻度代替理论上应为不等分的刻度而引起的示值误差等。在这种情况下即使计量器具制造得绝对正确，仍然会有测量误差，故称为原理误差。当然，这种设计带来的固有原理误差通常是较小的，否则这种设计便不能采用。

在几何量计量中有两个重要的测量原则，即长度测量中的阿贝比长原则和圆周分度测量中的封闭原则。

阿贝比长原则是指在长度测量中，为使测量误差最小应将标准量安放在被测量的延长线上，也就是说，量具或仪器的标准量系统和被测尺寸应按串联的形式排列。

圆周封闭原则是指对于圆周分度器件（如刻度盘、圆柱齿轮等）的角度量值测量，利用"在同一圆周上所有夹角之和等于 360°，也即同一圆周上所有夹角误差之和等于零"这一自然封闭特性进行测量。

3. 制造误差

计量器具在制造过程中必然产生误差。例如，传递系统零件制造不准确引起的放大比误差，刻线尺划线不准确引起的误差，机构间隙引起的误差，千分尺的测微螺杆的螺距制造误差。由于量仪装配、调整不良而引起的误差。例如，使千分表刻度盘的刻度中心与指针回转中心不重合而引起的偏心误差。

为了减少计量器具误差的影响，应适当地提高关键零部件的制造和装配精度。对于可以进行修正的误差，应设法加以修正。

4. 测量力引起的误差

在接触测量中，由于测量力的存在，使被测零件和量仪产生弹性变形（包括接触变形、结构变形、支承变形），这种变形虽不大，但在精密测量中就需要加以考虑。由于测头形状、零件表面形状和材料的不同，因测量力而引起的压陷量也不同。为了减小测量力引起的测量误差，多数计量仪器上都有测量力稳定装置。

（二）测量方法的误差

测量方法的误差是指采用近似测量方法或测量方法不完善而引起的测量误差。

例如，用 V 形块和指示计（如千分表、测微仪等）测量圆度误差时，取指示计的最大和最小读数之差作为圆度误差；用测量径向圆跳动的方法测量同轴度误差；用 π 尺测量大型零件的外径（测量圆周长 S，按 $d = S/\pi$ 计算出直径，按此式算得的是平均直径，当被测截面轮廓存在较大的椭圆形状误差时，可能出现最大和最小实际直径已超差但平均直径仍合格的情况，从而作出错误的判断）；以及测量圆柱表面的素线直线度误差代替测量轴线直线度误差等。

为了减少或消除测量方法误差，应采用正确的测量方法。例如，对于用 V 形块测量圆度误差的方法，应根据所用 V 形块的角度和测头的安装角度，对各次谐波分量进行修正，再使用经过修正的各个读数，按符合圆度误差定义的数学模型进行数据处理，求得真实的圆度误差。为了得到真实的同轴度误差，应按符合定义的同轴度误差的数学模型进行数据采集、数据处理，求得同轴度误差。

另外，同一参数可用不同的方法测量。例如，对大尺寸轴径的测量值，可用大型千分尺按两点法测量，也可用弓高仪按三点法测量，还可用间接测量法通过测量圆周长度，并按照公式求得直径等测量方法。这些测量方法所得的测量结果往往不同，当采用不妥当的测量方法时，就存在测量方法误差。

（三）环境条件的误差

环境条件误差是指测量时的环境条件不符合标准条件而引起的测量误差。测量环境的温度、湿度、气压、振动和灰尘等都会引起测量误差。这些影响测量误差的诸因素中，温度的影响是主要的，而其余各因素一般在精密测量时才予以考虑。

在长度测量中，特别是在测量大尺寸零件时，温度的影响尤为明显。当温度变化时，由于被测件、量仪和基准件的材料不同，其线膨胀系数也不同，测量时的温度偏离标准温度（20℃）所引起的测量误差 ΔL 可按式（6-9）计算：

$$\Delta L = L[\alpha_2(t_2 - 20) - \alpha_1(t_1 - 20)] \tag{6-9}$$

式中：L 为被测长度尺寸；α_1，α_2 为计量器具、被测零件材料的线膨胀系数；t_1，t_2 为计量器具、被测零件的实际温度（℃）。

式（6-9）可改写成：

$$\Delta L = L[(\alpha_2 - \alpha_1)(t_2 - 20) + \alpha_1(t_2 - t_1)] \tag{6-10}$$

由式（6-10）可见，当标准件与被测零件材料的线膨胀系数相同（$\alpha_1 = \alpha_2$）时，只要使两者在测量时的实际温度相等（$t_1 = t_2$），即使偏离标准温度，也不存在温度引起的测量误差。

由温度变化和被测零件与测量器具的温差引起的未定系统误差，可按随机误差处理，由式（6-11）计算：

$$\Delta_{\lim} = L\sqrt{(\alpha_2 - \alpha_1)^2 \Delta t_2^2 + \alpha_1^2 (t_2 - t_1)^2} \tag{6-11}$$

式中：L 为被测长度尺寸；α_1，α_2 为计量器具、被测零件材料的线膨胀系数；Δt_2 为测量温度（环境温度）的最大变化量；$t_2 - t_1$ 为被测零件与计量器具的极限温度差。

为了减小温度引起的测量误差，应尽量使测量时的实际温度接近标准温度，或进行等精度处理，也可按式（3-8）的计算结果，对测得值进行修正。

（四）人为误差

人为误差是指测量人员的主观因素所引起的误差，常为测量者的估计判断误差、眼睛分辨能力的误差、斜视误差等。

三、测量误差的分类

为了提高测量精度就必须减小测量误差，而要减小测量误差，就必须了解和掌握测量误差的性质及其规律。根据误差的性质和出现的规律，可以将测量误差分为系统误差、随机误差和粗大误差三类。

（一）系统误差及其消除

1. 系统误差

系统误差是指在一定的测量条件下，多次重复测量某一被测几何量时，误差的绝对值和符号保持不变或按一定规律变化的误差。前者称为定值（或已定）系统误差，后者称为变值（或未定）系统误差。变值系统误差又可分为线性变化的、周期性变化的和复杂变化的几种类型。计量器具本身性能不完善、测量方法不完善、测量者对仪器使用不当、环境条件的变化等原因都可能产生系统误差。例如，在光学比较仪上用相对测量法测量轴的直径时，按量块的标称尺寸调整光学比较仪的零点，由量块的制造误差所引起的测量误差就是定值系统误差。而千分表指针的回转中心与刻度盘上各条刻线中心的偏心所产生的示值误差则是变值系统误差。

系统误差的大小表明测量结果的准确度、它说明测量结果相对真值有一定的误差。系统误差越小，测量结果的准确度则越高。系统误差对测量结果的影响较大。故在测量过程中，应尽量消除或减小系统误差，以提高测量结果的正确度。

2. 系统误差的消除

在一定的测量条件下，定值系统误差对连续多次测量的各测得值影响相同，一般不影响误差的分布规律。根据等精度测量列，无法断定是否存在定值系统误差。只能通过改变测量条件，用更精确的测量进行对比实验，发现定值系统误差，并取其反号作为修正值，对原测量结果加以修正。例如，在比较仪上测量零件尺寸时，按级使用量块调整比较仪零点，测量结果中将包含由量块制造误差所引起的定值系统误差，此时可用更高精度的仪器检定量块，得到修正值，对测量结果进行修正。

对于某些定值系统误差可用抵消法来消除。例如，在工具显微镜上测量螺距时，由于安装误差使左、右牙型侧面的螺距产生绝对值相等、符号相反的定值系统误差，因此可分别测出左、右牙型侧面的螺距，以两者的平均值作为测量结果。

对于变值系统误差，可根据它对测得值的残差的影响，采用残差观察法来发现变值系统误差。即将各测得值的残差按测量顺序排列，若各残差大体上正、负相间，又无显著变化[图6-16（a）]，则可认为不存在变值系统误差。若各残差大体上按线性规律递增或递减[图6-16（b）]，则可认定存在线性变值系统误差。若各残差的变化基本呈周期性[图6-16（c）]，则可认为存在周期性变值系统误差。

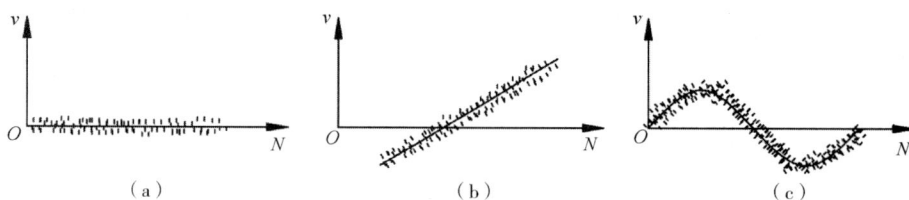

图6-16 变值系统误差的发现

（二）随机误差的特性及其评定

随机误差是指在一定的测量条件下，多次测量同一被测量时，绝对值和符号以不可预定方式变化的误差。对于随机误差，虽然每一单次测量所产生的误差的绝对值和符号不能预料，但若以足够多的次数重复测量，随机误差的总体将服从一定的统计规律。

随机误差是由测量过程中未加控制又不起显著作用的多种随机因素引起的。这些随机因素包括温度的波动、测量力的变动、量仪中油膜的变化、传动件之间的摩擦力变化以及读数时的视差等。

随机误差是难以消除的，但可用概率论和数理统计的方法，估算随机误差对测量结果的影响程度，并通过对测量数据的适当处理减小其对测量结果的影响程度。

试进行以下实验，即在同样的测量条件下，对某一个工件的同一部位用同一方法进行150次重复测量，得到150个测得值。然后将150个测得值按尺寸的大小分为11组，分组间隔为0.001mm。其中，最大值为7.1415mm，最小值为7.1305mm。有关数据见表6-4。

表6-4 测量数据统计表

组号	测得值分组区间/mm	区间中心值/mm	频数（n_i）	频率（n_i/N）
1	7.1305～7.1315	$x_1 = 7.131$	$n_1 = 1$	0.007
2	7.1315～7.1325	$x_2 = 7.132$	$n_2 = 3$	0.020
3	7.1325～7.1335	$x_3 = 7.133$	$n_3 = 8$	0.053
4	7.1335～7.1345	$x_4 = 7.134$	$n_4 = 18$	0.120

组号	测得值分组区间/mm	区间中心值/mm	频数（n_i）	频率（n_i/N）
5	7.1345～7.1355	$x_5 = 7.135$	$n_5 = 28$	0.187
6	7.1355～7.1365	$x_6 = 7.136$	$n_6 = 34$	0.227
7	7.1365～7.1375	$x_7 = 7.137$	$n_7 = 29$	0.193
8	7.1375～7.1385	$x_8 = 7.138$	$n_8 = 17$	0.113
9	7.1385～7.1395	$x_9 = 7.139$	$n_9 = 9$	0.060
10	7.1395～7.1405	$x_{10} = 7.140$	$n_{10} = 2$	0.013
11	7.1405～7.1415	$x_{11} = 7.141$	$n_{11} = 1$	0.007
测得值的平均值：7.136			$N = \sum n_i = 150$	$\sum (n_i/N) = 1$

将表中的数据画成图形，以测得值 x 为横坐标，以频率 n_i/N 为纵坐标，并以每组的区间与相应的频率为边长画成长方形，从而得到频率直方图。连接每个直方块上部中点，得到一条折线，称为测得值的实际分布曲线，如图 6-17（a）所示。若将上述试验次数 N 无限增大，而分组间隔 Δx 区间趋于无限小，则该折线就变成一条光滑的曲线，称为理论分布曲线。

如果横坐标用测量的随机误差 δ 代替测得尺寸 x_i，纵坐标用表示对应各随机误差的概率密度 y 代替频率 n_i/N，即得随机误差的正态分布密度曲线，如图 6-17（b）所示。

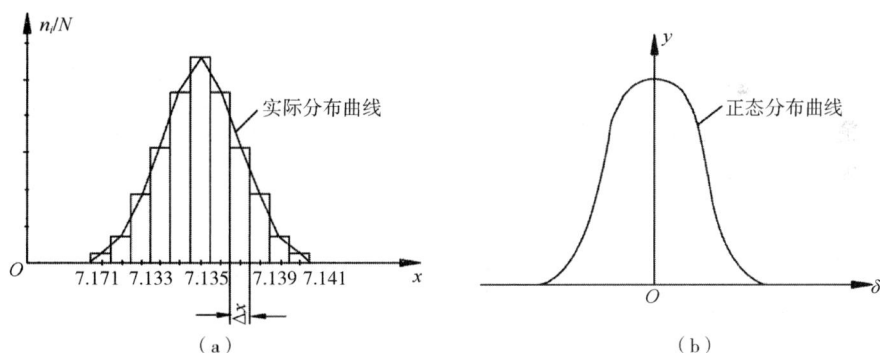

图 6-17　频率直方图与正态分布曲线

大量的观测实践表明，测量时的随机误差通常服从正态分布规律。正态分布的随机误差具有下列四个基本特性。

（1）单峰性。绝对值小的随机误差比绝对值大的随机误差出现的次数多。

（2）离散性（或分散性）。随机误差的绝对值有大有小、有正有负，即随机误差呈离散型分布。

（3）对称性（或相消性）。绝对值相等的正负随机误差出现的次数相等。

（4）有界性。在一定的测量条件下，随机误差的绝对值不会超出一定的界限。

随机误差除了按正态分布之外，也可能按其他规律分布，如等概率分布、三角形分布等。

本章讨论的随机误差为服从正态分布的随机误差。

评定随机误差的特性时，以服从正态分布曲线的标准偏差作为评定指标。根据概率论，正态分布曲线的数学表达式为：

$$y = \frac{1}{\sigma\sqrt{2\pi}}e^{-\frac{\delta^2}{2\sigma^2}}$$ (6-12)

式中：y 为随机误差的概率分布密度；e 为自然对数的底；σ 为标准偏差；δ 为随机误差。

从式（6-12）可知，概率密度 y 与随机误差 δ 及标准偏差 σ 有关。当 $\delta = 0$ 时，概率密度最大，且有 $y_{max} = \frac{1}{\sigma\sqrt{2\pi}}$。概率密度的最大值 y_{max} 与标准偏差 σ 成反比。在图 6-18 中有三条不同标准偏差的正态分布曲线，即 $\sigma_1 < \sigma_2 < \sigma_3$，$y_{1max} > y_{2max} > y_{3max}$。标准偏差 σ 表示了随机误差的离散（或分散）程度。可见，σ 越小，y_{max} 越大，分布曲线越陡峭，测得值越集中，即测量精度越高。反之，σ 越大，y_{max} 越小，分布曲线越平坦，测得值越分散，测量精度越低。

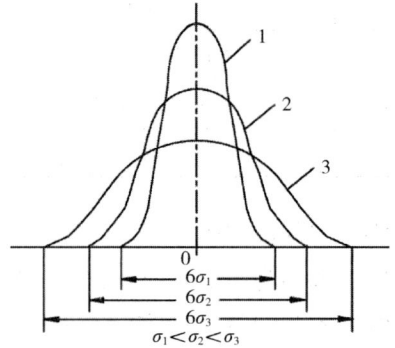

图 6-18　不同标准偏差的正态分布曲线

按照误差理论，随机误差的标准偏差 σ 的计算公式为：

$$\sigma = \sqrt{\frac{\sum\limits_{i=1}^{n}\delta_i^2}{n}}$$ (6-13)

式中：$\delta_i (i = 1, 2, \cdots, n)$ 为各测得值的随机误差；n 为测量次数。

由概率论可知，全部随机误差的概率之和为 1，即：

$$P = \int_{-\infty}^{+\infty} y\mathrm{d}\delta = \frac{1}{\sigma\sqrt{2\pi}}\int_{-\infty}^{+\infty}e^{-\frac{\delta^2}{2\sigma^2}}\mathrm{d}\delta = 1$$

随机误差出现在区间（$+\delta$，$-\delta$）内的概率为：

$$P = \frac{1}{\sigma\sqrt{2\pi}}\int_{-\delta}^{+\delta}e^{-\frac{\delta^2}{2\sigma^2}}\mathrm{d}\delta$$ (6-14)

若令 $t = \frac{\delta}{\sigma}$，则 $\mathrm{d}t = \frac{\mathrm{d}\delta}{\sigma}$，于是有：

$$P = \frac{1}{\sqrt{2\pi}}\int_{-t}^{+t}e^{-\frac{t^2}{2}}\mathrm{d}t = \frac{2}{\sqrt{2\pi}}\int_{0}^{t}e^{-\frac{t^2}{2}}\mathrm{d}t = 2\varphi(t)$$ (6-15)

式中，$\varphi(t) = \frac{1}{\sqrt{2\pi}}\int_{0}^{t}e^{-\frac{t^2}{2}}\mathrm{d}t$，函数 $\varphi(t)$ 称为拉普拉斯函数。

当已知 t 时，在拉普拉斯函数表中可查得函数 $\varphi(t)$ 之值。

例如：当 $t = 1$ 时，即 $\delta = \pm\sigma$ 时，$2\varphi(t) = 68.27\%$。

当 $t = 2$ 时，即 $\delta = \pm2\sigma$ 时，$2\varphi(t) = 95.44\%$。

当 $t=3$ 时，即 $\delta = \pm 3\sigma$ 时，$2\varphi(t) = 99.73\%$。

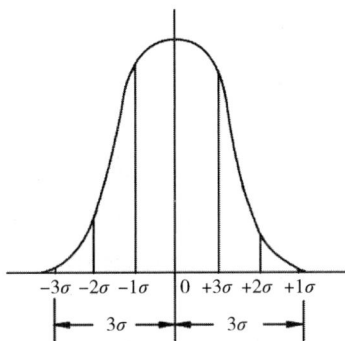

图 6-19　随机误差的极限误差

由于超出 $\pm 3\sigma$ 范围的随机误差的概率仅为 0.27%，因此，可将随机误差的极限值取作 $\pm 3\sigma$，并记作：$\Delta_{\lim} = \pm 3\sigma$，如图 6-19 所示。

在式（6-16）中，随机误差 δ_i 是指消除系统误差后的各测量值 x_i 减其真值 μ_0 之差，即

$$\delta_i = x_i - \mu_0 \ (i=1, 2, \cdots, n) \tag{6-16}$$

但在实际测量工作中，被测量的真值 μ_0 是未知的，当然 δ_i 也是未知的，因此无法根据式（6-16）求得标准偏差 σ。

在消除系统误差的条件下，对被测几何量进行等精度、有限次测量，若测量列为 x_1，x_2，$\cdots x_n$，则其算术平均值为：

$$\bar{x} = \frac{1}{n} \sum_{i=1}^{n} x_i \tag{6-17}$$

式中：$\bar{x}$ 为被测量真值 μ_0 的最佳估计值。

测得值 x_i 与算术平均值 $\bar{x}$ 之差称为残余误差（简称残差），并记作：

$$v_i = x_i - \bar{x} \ (i=1, 2, \cdots, n) \tag{6-18}$$

由于随机误差 δ_i 是未知的，所以在实际应用中，采用贝塞尔（Bessel）公式（7-14）计算标准偏差 σ 的估计值 S，即：

$$S = \sqrt{\frac{\sum_{i=1}^{n} v_i^2}{n-1}} \tag{6-19}$$

按上式计算出标准偏差的估计值 S 之后，若只考虑随机误差的影响，则单次测量结果可表示为：

$$d_i = x_i \pm 3S \tag{6-20}$$

这表明：被测量真值 μ_0 在 $(x_i \pm 3S)$ 中的概率是 99.73%。

若在相同条件下，对同一被测量值重复进行若干组的"n 次测量"，虽然每组 n 次测量的算术平均值不会完全相同，但这些算术平均值的分布范围要比单次测量值（一组 n 次测量）的分布范围小得多。算术平均值 $\bar{x}$ 的分散程度可用算术平均值的标准偏差 $\sigma_{\bar{x}}$ 来表示，$\sigma_{\bar{x}}$ 与单次测量的标准偏差 σ 存在下列关系：

$$\sigma_{\bar{x}} = \frac{\sigma}{\sqrt{n}} \tag{6-21}$$

式中：n 为重复测量次数。

在正态分布情况下，测量列算术平均值的极限偏差可取作：

$$\Delta_{\bar{x}\lim} = \pm 3\sigma_{\bar{x}} \tag{6-22}$$

相应的置信概率为 99.73%。

综上所述，为了减小随机误差的影响，可用多次重复测得值的算术平均值 $\bar{x}$ 作为最终测量结果，而用标准偏差 δ 或极限误差 $\Delta_{\lim}$ 表示随机误差对单次系列测得值的影响，即用以评定这些测得值的精密度。而用算术平均值的标准偏差 $\sigma_{\bar{x}}$ 或算术平均值的极限误差 $\Delta_{\bar{x}\lim}$ 表示随机误差对算术平均值的影响，即用以评定测量列的算术平均值的精密度。

（三）粗大误差及其剔除方法

粗大误差（简称粗误差）又称过失误差，它是指超出在一定测量条件下预计的测量误差。粗大误差是由某些不正常的原因造成的。例如，测量者的粗心大意所造成的读数错误或记录错误，被测零件或计量器具的突然振动等。由于粗大误差会明显歪曲对测量结果，因此要从测量数据中将粗大误差剔除。

判断是否存在粗大误差，可以随机误差的分布范围为依据，凡超出规定范围的误差，就可视为粗大误差。例如，对于服从正态分布的等精度多次测量结果，测得值的残差绝对值超出 $\pm 3S$ 的概率仅为 0.27%，因此可按 3δ 准则剔除粗大误差。

3δ 准则又称拉依达准则。对于服从正态分布的误差，应按公式计算标准偏差的估计值 S，然后用 $3S$ 作为准则来检查所有的残余误差 v_i。若某一个或若干个 $|v_i| > 3S$，则该残差（或若干个残差）为粗大误差，相对应的测量值应从测量列中剔除。然后将剔除了粗大误差的测量列重新按式（6-12）~式（6-14）计算标准偏差 S，再根据新计算出的残余误差进行判断，直到无粗大误差为止。

四、测量精度

在实际测量过程中，常用测量精度来描述测量误差的大小。测量精度是指测得值与其真值的接近程度，而测量误差是指测得值与其真值的差别量。它和测量误差是从两个不同角度说明同一概念的术语。测量误差越大，则测量精度就越低；反之，则测量精度就越高。为了反映不同性质的测量误差对测量结果的不同影响，测量精度可分为以下几类。

1. 精密度

精密度指在规定的测量条件下连续多次测量时，各测得值的一致程度。它表示测量结果中随机误差的大小。随机误差小，则精密度高。

2. 精确度

精确度指在一定条件下进行多次测量时，各测得值与其真值的接近程度。它表示测量结果中系统误差与随机误差的综合影响程度。系统误差和随机误差越小，精确度越高。

3. 准确度

准确度指在规定的条件下，进行多次测量时，测量结果中系统误差影响程度。系统误差小，则准确度高。

通常精密度高的，准确度不一定高，反之亦然；但精确度高时，则准确度和精密度必定都高。如图 6-20 所示，圆圈表示靶心，黑点表示弹孔。图 6-20（a）表示随机误差小而系统误差大，即精密度高，准确度低。图 6-20（b）表示随机误差大而系统误差小，即精密度低，准确度高。图 6-20（c）表示随机误差和系统误差均较大，即精密度和准确度均较低，即精确度低。图 6-20（d）表示随机误差和系统误差都较小，即精密度和准确度均较高，即精确度高。

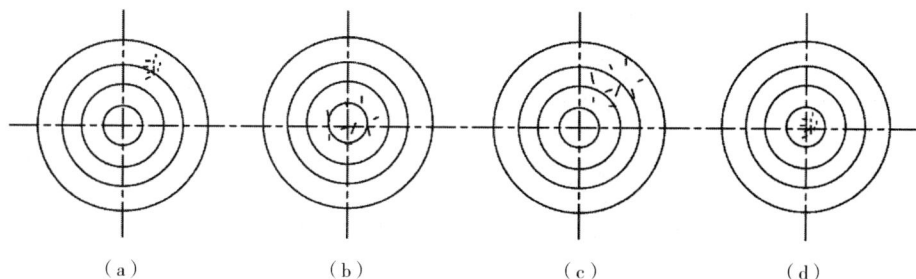

（a）　　　　　（b）　　　　　（c）　　　　　（d）

图 6-20　靶示测量精度与测量误差

五、测量列的数据处理

通过对某一被测几何量进行连续多次的重复测量，得到一系列的测量数据（测得值）即测量列，可以对该测量列进行数据处理，以消除或减小测量误差的影响，提高测量精度。

（一）直接测量数据的处理

在测得值中，可能含有系统误差、随机误差和粗大误差，为了获得可靠的测量结果，应对这些测量数据进行如下处理。

（1）对于粗大误差应剔除。

（2）对于已定系统误差按代数和合成，即：

$$\Delta_{总,系} = \sum_{i=1}^{n} \Delta_{i,系} \tag{6-23}$$

式中：$\Delta_{总,系}$，$\Delta_{i,系}$ 为测量结果总的系统误差，各误差来源的系统误差。

（3）对于服从正态分布、彼此独立的随机误差和未定系统误差，按方和根法合成，即：

$$\Delta_{总,lim} = \sqrt{\sum_{i=1}^{n} \Delta_{i,lim}^2} \tag{6-24}$$

式中：$\Delta_{总,lim}$，$\Delta_{i,lim}$ 为测量结果总的极限误差，各误差来源的极限误差。

【例 6-1】用外径千分尺测量铬钢轴的直径。测得的实际直径为 $d_a = 35.105\text{mm}$，千分尺的极限误差为 $\Delta_{lim} = 4\mu\text{m}$，车间温度为（23±2.5）℃，测量时被测零件与千分尺的温差不超过 1℃，千分尺未调零，有 +0.005mm 的误差，试求单次测量结果。（已知：千分尺材料的线膨胀系数 $\alpha_1 = 11.5 \times 10^{-6}/℃$，铬钢的线膨胀系数 $\alpha_2 = 13 \times 10^{-6}/℃$）。

解：①确定各种误差。

已定系统误差（千分尺未调零而引起的误差）$\Delta_{1,系} = +0.005\text{mm} = +5(\mu\text{m})$。

温度引起的误差（偏离标准温度引起的误差）按式（6-4）计算，即：

$$\begin{aligned}\Delta_{2,系} &= L[\alpha_2(t_2 - 20) - \alpha_1(t_1 - 20)] \\ &= 35.105 \times [13 \times (23 - 20) - 11.5 \times (23 - 20)] \times 10^{-6} \\ &= +0.000158(\text{mm}) \\ &\approx +0.16(\mu\text{m})\end{aligned}$$

随机误差（千分尺的极限误差）$\Delta_{1,\,lim} = \pm 4\ \mu m$，未定系统误差（车间温度变化、被测零件与千分尺的温度差引起的误差）按下式计算，即：

$$
\begin{aligned}
\Delta_{2,\,lim} &= L\sqrt{(\alpha_2 - \alpha_1)^2 \Delta t_2^2 + \alpha_1^2 (t_2 - t_1)^2} \\
&= 35.105 \times \sqrt{(13 - 11.5)^2 \times 5^2 + 11.5^2 \times 1^2} \times 10^{-6} \\
&= 0.00048(\text{mm}) \\
&= 0.48(\mu m)
\end{aligned}
$$

②将以上各项误差分别合成。

$$
\Delta_{\text{总},\,系} = \Delta_{1,\,系} + \Delta_{2,\,系} = +5 + 0.16 = +5.16(\mu m)
$$

$$
\Delta_{\text{总},\,lim} = \sqrt{\Delta_{1,\,lim}^2 + \Delta_{2,\,lim}^2} = \sqrt{4^2 + 0.48^2} = 4.03(\mu m)
$$

③单次测量结果为：

$$
d = (d_a - \Delta_{\text{总},\,系}) \pm \Delta_{\text{总},\,lim} = (35.105 - 0.00516) \pm 0.00403 \approx 35.1 \pm 0.004(\text{mm})
$$

即真值在 35.096~35.104 的概率为 99.73%。

（二）间接测量数据的处理

间接测量是指测量与被测量有确定函数关系的其他量，并按照这种确定的函数关系通过计算求得被测量。

若令被测量 y 与实际测量的其他有关量 x_1，x_2，$\cdots$，x_k 的函数表达式为 $y = f(x_1,\ x_2,\ \cdots,\ x_k)$，则被测量 y 的已定系统误差为：

$$
\Delta y = \sum_{i=1}^{k} C_i \Delta x_i \tag{6-25}
$$

式中：Δx_i 为各实测量的系统误差；C_i 为各实测量 x_i 对确定函数的偏导数，称为误差传递函数，$C_i = \dfrac{\partial f}{\partial x_i}$。

若各实测量 x_i 的随机误差服从正态分布，则被测量 y 的极限误差为：

$$
\Delta_{y,\,lim} = \sqrt{\sum_{i=1}^{k} C_i^2 \Delta_{i,\,lim}^2} \tag{6-26}
$$

式中：$\Delta_{i,\,lim}$ 为各实测量的极限误差。

【例 6-2】 在万能工具显微镜上，用弓高弦长法间接测量某样板的圆弧半径。测得弓高 $h = 6\text{mm}$，弦长 $L = 36\text{mm}$，若 $\Delta_{h,\,lim} = \pm 3\mu m$，$\Delta_{L,\,lim} = \pm 4\mu m$，求圆弧半径 R 的测量结果。

解： 已知：弓高和弦长，求圆弧半径 R 的几何关系式为：

$$
R = \frac{L^2}{8h} + \frac{h}{2}
$$

代入实测数据得：

$$
R = \frac{L^2}{8h} + \frac{h}{2} = \frac{36^2}{8 \times 6} + \frac{6}{2} = 30(\text{mm})
$$

又

$$
C_L = \frac{\partial R}{\partial L} = \frac{L}{4h} = \frac{36}{4 \times 6} = 1.5
$$

$$
C_h = \frac{\partial R}{\partial h} = -\frac{L^2}{8h^2} + \frac{1}{2} = -\frac{36^2}{8 \times 6^2} + \frac{1}{2} = -4
$$

则 $\qquad \Delta_{R,\text{lim}} = \sqrt{C_L^2 \Delta_{L,\text{lim}}^2 + C_h^2 \Delta_{h,\text{lim}}^2} = \sqrt{1.5^2 \times 4^2 + (-4)^2 \times 3^2} = 13.4(\mu\text{m})$

测量结果为：

$$R = 30 \pm 0.0134 \approx 30 \pm 0.013(\text{mm})$$

☞ 思考题

1. 试述光滑极限量规的作用和分类。

2. 列出几种检测尺寸的通用器具的名称。

3. 形位误差的检测方法有哪些？各类检测方法主要应用于什么场合？

4. 常用的表面粗糙度测量方法适合哪些评定参数？

第七章　尺寸链设计

在设计机器及其零件时，除了需要进行运动分析以及强度、刚度计算之外，还需要进行几何精度的分析和计算。整机的精度是由部件所要求的精度决定的，而部件的精度则由零件的精度来保证。为了能保证零件、机器获得经济的加工和顺利的装配，必须合理地确定机械零件的尺寸公差和几何公差，这种分析和研究整机、部件与零件精度间的关系所应用的基本理论即为尺寸链原理。在充分考虑整机、部件的装配精度与零件的加工精度的前提下，可以运用尺寸链原理确定零件的尺寸公差与位置公差，在此基础上，通过合理分配零件和产品的公差，优化产品设计，从而以最小的成本和最高的质量制造产品，创造最佳的技术经济效益。

第一节　尺寸链的基本概念

构造各种尺寸链是直接反映几何形状描述参数之间相互关系的技术手段之一，而尺寸链原理与应用就是在设计、加工、装配几个环节中研究各种参数（尺寸公差、形状和位置公差）相互依赖、相互制约的关系，从而保证合理、经济、方便地满足用户对产品质量的要求。

一、尺寸链的有关术语

尺寸链是在机器装配或零件加工过程中，由相互连接的尺寸形成的封闭尺寸组（图7-1）。尺寸链研究的主要对象是机械零件之间的几何参数，包括长度尺寸与角度尺寸微小变化的关系。这些尺寸的微小变化最终体现为对机器质量各个相应性能指标的影响。尺寸链具有以下两个基本特征。

（1）封闭性。全部尺寸依次连接构成封闭图形，这是尺寸链的外部形式。

（2）相关性。其中某一尺寸随其余所有独立尺寸的变动而变动，这是尺寸链的内在实质。

如图7-1所示，半联轴器的轴向尺寸由法兰边缘厚度 A_0、法兰全长 A_1 和法兰肩 A_2 组成一个简单的封闭尺寸链。显然，尺寸链至少由三个尺寸组成，它们的大小相互影响，具有封闭性。

研究尺寸链过程中涉及的基本术语及其定义与说明见表7-1。

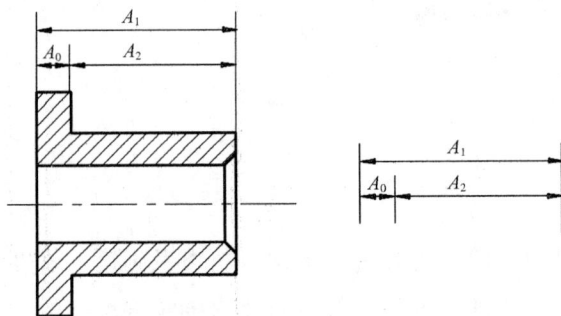

图 7-1　尺寸链图

表 7-1　尺寸链的基本术语及其定义与说明

基本术语	定义与说明
环	构成尺寸链的各个尺寸称为环，图 7-1 中的 A_0、A_1、A_2 都称为环，可分为封闭环和组成环
封闭环	加工或装配过程中最后自然形成的那个尺寸，如图 7-1 中的 A_0 所示。一个尺寸链中只能有一个封闭环
组成环	尺寸链中除封闭环以外的其他环。这些环中任一环的变动必然引起封闭环的变动。组成环用下角标阿拉伯数字表示各组成环的序号，如图 7-1 中 A_1、A_2。
增环	与封闭环同向变动的组成环称为增环，即当该组成环尺寸增大（或减小）而其他组成环不变时，封闭环也随之增大（减小），如图 7-1 中的 A_1 所示
减环	与封闭环反向变动的组成环称为减环，即当该组成环尺寸增大（或减小）而其他组成环不变时，封闭环的尺寸却随之减小（或增大），如图 7-1 中的 A_2 所示
传递系数	各组成环对封闭环影响大小的系数，称为传递系数，用 ξ 表示。尺寸链中，封闭环与组成环的关系，表现为函数关系。封闭环是所有环的函数，即：$$A_0 = f(A_1, A_2, \cdots, A_m)$$ 式中：A_0 为封闭环；A_1，A_2，$\cdots$，A_m 为组成环；m 为组成环的环数。若以 ξ_i 表示第 i 个组成环的传递函数，则有：$$\xi_i = \frac{\partial f}{\partial A_i}$$ 式中：ξ_i 为第 i 个组成环的传递函数；A_i 为第 i 个组成环。对于增环，ξ_i 为正值；对于减环，ξ_i 为负值

二、尺寸链的分类

尺寸链的研究对象是一个误差彼此制约的广义尺寸系统，其基本关系就是组成环及封闭环之间的相互影响关系。对尺寸链进行分类，有利于从不同需要，针对性地研究特定领域的某些问题。按 GB/T 5847—2004 规定，尺寸链有以下几种分类形式可以从不同角度对尺寸链进行分类，见表 7-2。

表 7-2 尺寸链分类一览表

分类依据	分类形式	特点与说明
组成环的几何性质	线性尺寸链	各环均为长度尺寸，长度环的代号用大写斜体英文字母 A、B、C 表示，如图 7-1 所示
	角度尺寸链	各环均为角度，角度环的代号用小写斜体希腊字母 α、β、γ 表示，如图 7-2 所示
组成环的空间位置	直线尺寸链	各个组成环平行，如图 7-1 所示
	平面尺寸链	如图 7-3 所示，床身 2 上的齿条与走刀箱 3 上齿轮，通过床鞍 1 及两块过渡导板组成一个平面尺寸链，其封闭环 A_0 反映齿轮副的啮合间隙
	空间尺寸链	如图 7-4 所示，组成环位于几个不平行平面内的尺寸链
尺寸链结构形式	串联尺寸链	两个尺寸链之间有一个公共基准面，大多数轴类零件的轴向尺寸会形成若干个串联尺寸链
	并联尺寸链	两个尺寸链之间有一个或几个公共环
	混联尺寸链	由若干个并联尺寸链和串联尺寸链混合组成的复杂尺寸链
尺寸链的应用范围	装配尺寸链	如图 7-7 所示，组成环为不同零件设计尺寸所形成
	零件尺寸链	如图 7-1 所示，全部组成环为同一零件尺寸所形成
	工艺尺寸链	如图 7-5 所示，车外圆、铣键槽、磨外圆、保证键槽深度的工艺过程形成的尺寸链

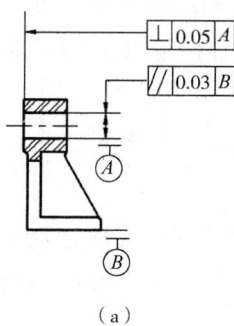

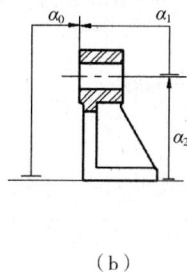

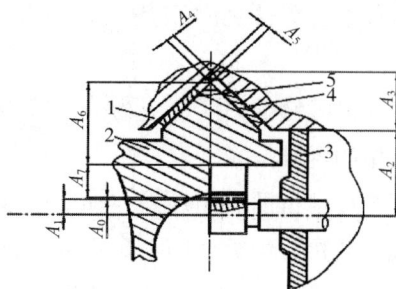

（a）　　　　　　　（b）

图 7-2　角度尺寸链

图 7-3　平面尺寸链

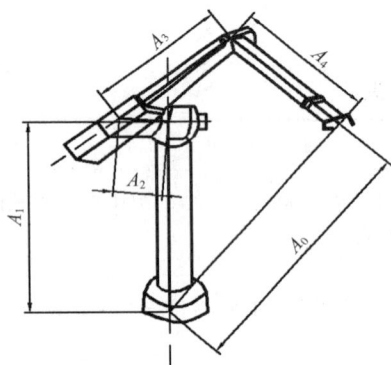

图 7-4 空间尺寸链

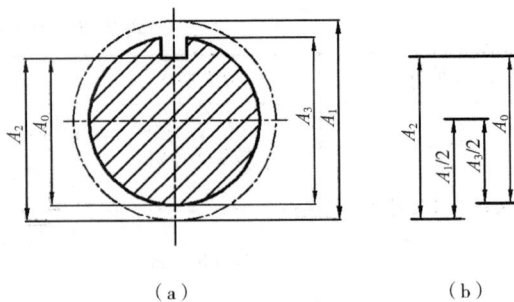

（a）　　　　　　（b）

图 7-5 工艺尺寸链

本章重点讨论线性尺寸链的解算问题。在后续尺寸链计算中，广义孔和轴具有同样重要的意义，不予区分。尺寸和公差符号均用统一的大写字母表示。

三、尺寸链的建立

尺寸链原理是控制工艺误差、保证设计精度的科学。建立尺寸链的基本关系是解算尺寸链，进行精度设计的关键。只有正确地构造尺寸链，选择具有代表意义的封闭环，才可能在精度设计中正确分配组成环公差、合理协调设计对象各项精度指标的要求。

建立尺寸链时一般需要以下三个步骤：确认封闭环、查明组成环和绘制尺寸链简图，下面分别详细进行叙述。

1. 步骤 1：确认封闭环

分析机器的装配形式，找出体现最终自然尺寸或者性能需要的封闭环是构造尺寸链必须完成的第一步，也是将机械设计各项功能指标形式化处理的第一步。一般而言，封闭环是尺寸链中在装配过程或加工过程最后形成的一环，它直接反映机器或零部件的主要性能指标。一个尺寸链中只有一个封闭环。

装配尺寸链的封闭环是在装配之后形成的，往往是产品上有装配精度要求的尺寸，如同一个部件中各零件之间相互位置要求的尺寸或保证相互配合零件配合性能要求的间隙或过盈量。

零件尺寸链的封闭环应为公差等级要求最低的环，一般在零件图上不进行标注，以免引起加工中的混乱。

工艺尺寸链的封闭环是在加工中最后自然形成的环，一般为被加工零件要求达到的设计尺寸或工艺过程中需要的余量尺寸。加工顺序不同，封闭环不同。所以工艺尺寸链的封闭环必须在加工顺序确定之后才能判断。

2. 步骤 2：查明组成环

在建立尺寸链时应遵守"最短尺寸链原则"，即对于某一封闭环，若存在多个尺寸链，应选择组成环数量最少的尺寸链进行分析计算，可以利用尺寸链的封闭性特点发现尺寸链的组成要素。

所谓尺寸链的封闭性是指尺寸链中的组成环首尾相接与封闭环可以形成一个闭环的链型结构，因此，从封闭环两端相连的任一组成环开始，依次查找相互联系而又影响的封闭环的尺寸，直至封闭环的另一端为止，这其中的每一个尺寸都是尺寸链的组成环。

值得注意的是，每个零件由很多几何要素组成，但是，并不一定是所有特征要素都参与组成尺寸链。为了便于查询尺寸链的组成环，应以功能为线索，实现功能的若干参与功能链的零件体素特征即作为相应尺寸链组成环。

3. 步骤3：绘制尺寸链图、判断增减环

从封闭环的某一端开始，依次绘制出所有组成环，直至封闭环的另一端，形成的封闭图形，成为尺寸链图。尺寸链图只表达尺寸之间的相对位置关系，因此，不需要按比例画出。在尺寸链图中，常用带单箭头的线段表示各环，箭头仅表示查找尺寸链组成环的方向。这其中不仅包括长度尺寸，还包括角度尺寸及其他相关的形状和位置公差。所有这些都将以影响尺寸的传递系数统一其量纲，反映组成环对封闭环影响的大小程度和方向，便于尺寸链解算。

判断增减环。对于简单的尺寸链，可根据增减的定义直接判断。对于环数较多、比较复杂的尺寸链，可以用回路法进行判断。

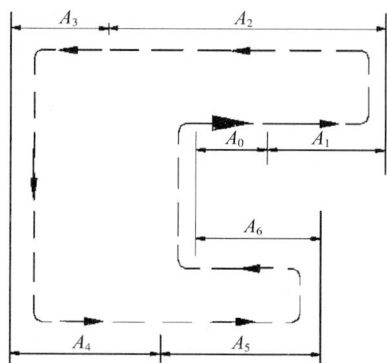

图 7-6　增减环的判别

回路法。画尺寸链时，从封闭环开始用带箭头的线段表示各环，箭头仅表示查找组成环的方向，如图7-6所示。其中，箭头方向与封闭环上箭头方向一致的环为减环，箭头方向与封闭环上箭头方向相反的环为增环。

例如，图5-8（a）中，轴向零件的精确定位除了各个组成要素的轴向长度尺寸外，各个轴上零件的端面平面度或端面对轴线的垂直度都会影响零件的实际轴向位置，因此，类似于轴、孔配合中的作用尺寸，这些零件的轴向定位取决于组成载体各自尺寸及形状、位置的综合作用，而组成特征载体的尺寸、形状和位置在其各自设计公差范围的具体位置并没有表现出来。

第二节　尺寸链的计算

一、尺寸链计算的类型

分析和计算尺寸链是为了正确合理地确定尺寸链中各环的尺寸公差和极限偏差。根据计算原理和已知条件的不同，尺寸链计算方式见表7-3。

表7-3 尺寸链计算方式

计算方式	特点与说明	适用场合
正计算	已知各组成环的公称尺寸和极限偏差，求封闭环的公称尺寸和极限偏差	验算设计的正确性，又称校核计算
反计算	已知封闭环的公称尺寸、极限偏差及各组成环基本尺寸，求各组成环的极限偏差	根据机器的使用要求来分配各零件的公差
中间计算	已知封闭环和部分组成环的公称尺寸和极限偏差，求某一组成环的公称尺寸和极限偏差	工艺尺寸链计算

二、尺寸链的计算方法

尺寸链的计算方法是以等公差法或等精度法为基础发展起来的。从原理上讲，一般可分为三种方式：极值法、概率法和全微分法。从不同的优化目标出发，还可能按照制造费用最低来分配公差，如田口质量损失法等。此外，根据尺寸链中是否存在补偿环将达到封闭环精度要求的方法，分为互换性法和补偿法两大类。

1. 基本计算方法

完全互换法（极值法）从尺寸链各环的最大与最小极限尺寸出发进行尺寸链计算，不考虑各环实际尺寸的分布情况。按照此方法计算出来的尺寸来加工各组成环，装配时各组成环不需要挑选或辅助加工，装配后即能满足封闭环的公差要求，实现完全互换。

概率法（大数互换法）在绝大多数产品中，装配时各组成环不需挑选或改变其大小或位置，装配后即能达到装配精度的要求。但少数产品有出现废品的可能性，所以应有适当的工艺措施，以排除或恢复超出公差范围或极限偏差的个别零件。

修配法装配时去除补偿环的部分材料以改变其实际尺寸，使封闭环达到其公差或极限偏差要求。

调整法装配时用调整的方法改变补偿环的实际尺寸或位置，使封闭环达到其公差或极限偏差要求。

完全互换法是尺寸链计算中最基本的方法，可以用于上述几种算法类型，下面重点介绍。

2. 完全互换法基本计算公式

设尺寸链的组成环数为 m，其中 n 个增环，$m-n$ 个减环，A_0 为封闭环的公称尺寸，A_i 为组成环的公称尺寸，则其封闭环的公称尺寸为：

$$A_0 = \sum_{i=1}^{n} \xi_i A_i - \sum_{i=n+1}^{m} \xi_i A_i \tag{7-1}$$

对于直线尺寸链，式（5-1）中各项传递系数 $\xi_i = 1$，封闭环的上、下极限尺寸为：

$$A_{0max} = \sum_{i=1}^{n} \xi_i A_{imax} - \sum_{i=n+1}^{m} \xi_i A_{imin} \tag{7-2}$$

$$A_{0min} = \sum_{i=1}^{n} \xi_i A_{imin} - \sum_{i=n+1}^{m} \xi_i A_{imax} \tag{7-3}$$

封闭环的上、下极限偏差为：

$$ES_0 = \sum_{i=1}^{n} \xi_i ES_i - \sum_{i=n+1}^{m} \xi_i EI_i \tag{7-4}$$

$$EI_0 = \sum_{i=1}^{n} \xi_i EI_i - \sum_{i=n+1}^{m} \xi_i ES_i \tag{7-5}$$

封闭环的公差为：

$$T_0 = \sum_{i=1}^{n} |\xi_i| T_i \tag{7-6}$$

3. 实例分析

正计算（校核计算）。根据已确定的各组成环的公称尺寸、公差及极限偏差，计算封闭环的公称尺寸、公差及极限偏差。

【例7-1】 如图7-7所示的齿轮部件，已知各组成环的公称尺寸和极限偏差分别为：$A_1 = 30_{-0.100}^{0}$ mm，$A_2 = A5 = 5_{-0.050}^{0}$ mm，$A_3 = 43_{+0.100}^{+0.200}$ mm，$A_4 = 3_{-0.050}^{0}$ mm，试用完全互换法计算封闭环公称尺寸和极限偏差。若设计要求间隙 $A_0 = 0.1 \sim 0.45$mm，试验算能否满足该要求。

解：（1）确定封闭环由于间隙 A_0 是装配后自然形成的，所以确定以间隙 A_0 为封闭环，即 $A_0 = 0.1 \sim 0.45$mm。

（2）查找组成环，画尺寸链图，判断增减环依据查找组成环的方法，找出全部组成环 A_1、A_2、A_3、A_4 和 A_5，尺寸链图如图7-8所示。依据回路法判断出 A_3 为增环，A_1、A_2、A_4 和 A_5 为减环。

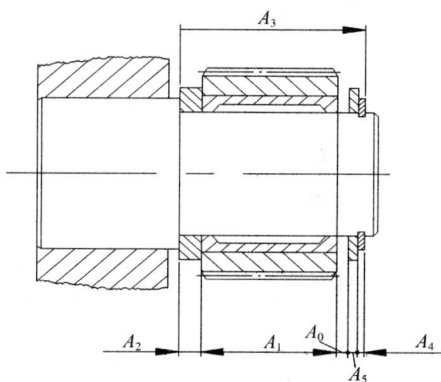

图7-7　齿轮装配

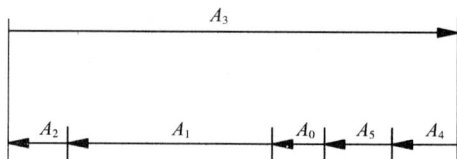

图7-8　尺寸链

（3）计算封闭环的公称尺寸。

$$A_0 = A_3 - (A_1 + A_2 + A_4 + A_5) = 43 - (30 + 5 + 3 + 5) = 0$$

（4）计算封闭环的极限偏差。

$$ES_0 = ES_3 - (EI_1 + EI_2 + EI_4 + EI_5) = +0.2 - (-0.1 - 0.05 - 0.05 - 0.05) = +0.45\text{mm}$$

$$EI_0 = EI_3 - (ES_1 + ES_2 + ES_4 + ES_5) = 0.10 - 0 = +0.10\text{mm}$$

校核结果表明，封闭环的上、下限偏差及公差均满足规定要求。

反计算（设计计算）用于设计过程中，按产品的设计要求或装配要求来分配各零件的公差及极限偏差。分配公差是一个综合性问题，必须综合考虑设计过程中各个零部件制造的经济性、装配的方便性。

在具体分配各组成环的公差时,可采用等公差法或等精度法。

等公差法比较简单,即平均分配封闭环公差于每一个组成环,取 $\xi_i = 1$ 则:

$$T_{av} = \frac{T_0}{m} \qquad (7-7)$$

实际工作中,各组成环的公称尺寸一般相差比较大,按等公差法分配,从加工工艺角度上讲不合理。为此,可采用等精度法。

等精度法分配封闭环公差于每一个组成环时,需要保证组成环尺寸具有相同的精度等级系数,根据第二章标准公差计算公式:

$$T = \alpha i$$

式中:i 为公差单位因子,每一个组成环尺寸的公差单位因子 i 取决于每一个已知的基本尺寸;α 为公差等级系数。

则可以得到公共精度等级系数 α_{av} 为:

$$\alpha_{av} = \frac{T_0}{\sum_{i=1}^{m} i_i} \qquad (7-8)$$

从而,可知道每一个组成环的计算公差为:

$$[T_i] = \alpha_{av} i_i \qquad (7-9)$$

最后调整时,还需要保证每一个组成环的公差为标准公差,且必须满足:

$$T_0 \geqslant \sum_{i=1}^{m} T_i \qquad (7-10)$$

式中:T_i 为依据计算公差查取国家标准公差表格得到的组成环公差。

为了计算方便,依据第二章的公差因子计算公式,常用尺寸段的部分公差等级系数和标准公差因子列于表 7-4 和表 7-5。

表 7-4 公差等级系数 α 值

公差等级	IT5	IT6	IT7	IT8	IT9	IT10	IT11	IT12	IT13	IT14	IT15	IT16	IT17	IT18
系数 α	7	10	16	25	40	64	100	160	250	400	640	1000	1600	2500

表 7-5 公差因子 i 值

尺寸分段	1~3	>3~6	>6~10	>10~15	>15~30	>30~50	>50~50	>50~120	>120~150	>150~250
$I / \mu m$	0.54	0.73	0.90	1.05	1.31	1.56	1.56	2.17	2.52	2.90

等公差法比较简单,下面仅以等精度法举例说明极值法求解尺寸链在反计算过程中的应用。

【例 7-2】图 7-7 所示的装配尺寸链中,设各组成环的公称尺寸为 $A_1 = 30mm$,$A_2 = 5mm$,$A_3 = 43mm$,$A_4 = 3_{-0.050}^{0}$,$A_5 = 5mm$,要求间隙为 $0.10 \sim 0.35mm$,即封闭环尺寸为 $A_0 = 0_{+0.10}^{+0.35}mm$。试以极值法计算各组成环的公差和极限偏差。

解：由等精度法计算，由式可得：

$$\alpha = \frac{(0.25 - 0.05) \times 1000}{1.31 + 0.73 + 1.56 + 0.73} \approx 46$$

查表，各组成环的公差等级可定为 IT9，又查标准公差数值表可得各组成环公差分别为 $T_1 = 0.052\text{mm}$，$T_2 = T_5 = 0.030\text{mm}$，$T_3 = 0.062\text{mm}$，$T_4 = 0.05\text{mm}$

由于 $\sum T_i = (0.052 + 0.030 + 0.062 + 0.05 + 0.030)\text{mm} = 0.224\text{mm} < 0.25\text{mm} = T_0$，所以满足使用要求。

根据"入体原则"，各组成环的极限偏差可定为：

$A_1 = 30^{0}_{-0.052}\text{mm}$，$A_2 = 5^{0}_{-0.030}\text{mm}$，$A_4 = 3^{0}_{-0.050}\text{mm}$，$A_5 = 5^{0}_{-0.030}\text{mm}$

调整尺寸 A_3 由式确定，有：

$$\text{ES}_3 = \text{ES}_0 + (\text{EI}_1 + \text{EI}_2 + \text{EI}_4 + \text{EI}_5) = +0.35 + (-0.052 - 0.030 - 0.05 - 0.030) = +0.188\text{mm}$$

$$\text{EI}_0 = \text{EI}_0 + (\text{ES}_1 + \text{ES}_2 + \text{ES}_4 + \text{ES}_5) = 0.1 + (0 + 0 + 0 + 0) = +0.1\text{mm}$$

所以 $A_3 = 43^{+0.188}_{+0.10}\text{mm}$，$T_0 \geq \sum_{i=1}^{m} T_i = T_1 + T_2 + T_3 + T_4 + T_5$ 满足使用要求，计算正确。

中间计算实例（工艺尺寸链计算）已知封闭环和某些组成环的公称尺寸和极限偏差，计算某一组成环的公称尺寸和极限偏差。

【例 7-3】 图 7-9 所示为轮毂孔和键槽尺寸标注，该孔和键槽的加工顺序如下：首先按工序尺寸 A_1 镗孔，再按工序尺寸 A_2 插键槽，淬火，然后按图 7-9 所示图样上标注的尺寸 A_3 磨孔。孔完工后要求键槽深度尺寸 A_0 符合图样上标注的尺寸的规定。试用完全互换法计算尺寸链，确定工序尺寸 A_2 的极限尺寸。

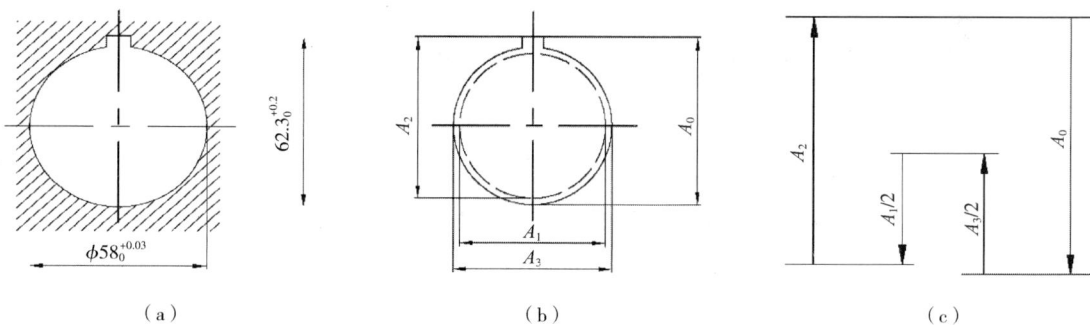

图 7-9　孔及其键槽加工的工艺尺寸链

解：（1）建立尺寸链。从加工过程可知，键槽深度尺寸 A_0 是加工过程中最后自然形成的尺寸，因此 A_0 是封闭环。建立尺寸链时，以孔的中心线作为查找组成环的连接线，因此镗孔尺寸 A_1 和磨孔尺寸 A_3 均取半值、尺寸链图如图 7-9（c）所示，封闭环 $A_0 = 62.3^{+0.2}_{0}\text{mm}$，组成环为 $A_3/2$（增环）、$A_1/2$（减环）和 A_2（增环）。$A_3/2 = 29^{+0.015}_{0}\text{mm}$，$A_1/2 = 28.9^{+0.037}_{0}\text{mm}$。

（2）计算组成环 A_2 的公称尺寸和极限偏差。按下式计算组成环 A_2 的公称尺寸，可得：

$$A_2 = A_0 - A_3/2 + A_1/2 = 62.3 - 29 + 28.9 = 62.2\text{mm}$$

按式分别计算组成环 A_2 的上极限尺寸和下极限尺寸，可得：

$$A_{2max} = A_{0max} - A_{3max}/2 + A_{1min}/2 = 62.5 - 29.015 + 28.9 = 62.385mm$$

$$A_{2min} = A_{0min} - A_{3min}/2 + A_{1max}/2 = 62.3 - 29 + 28.937 = 62.237mm$$

因此，插键槽工序尺寸为：

$$A_2 = 62.3^{+0.085}_{-0.063}mm$$

（3）大数互换法（概率法）。生产批量不同，其实际尺寸的分布规律也不相同。当尺寸链组成环数较多时，无论各组成环误差分布为什么分布（正态、非正态），其封闭环的分布都是一个非常接近正态的分布，这可以利用卷积从组成环的分布函数推导出。由概率理论可知，加工一批零件，其尺寸的实际值都等于极限值的概率很小，因此使用极值法解尺寸链，对零件尺寸要求过严，使加工困难、成本增高。

用概率法计算尺寸链，更符合具有一定生产批量的实际需要。所谓概率统计法，是根据零件实际尺寸的分布规律，应用概率论的原理，从零部件可以完全互换或大数互换的要求出发，依据各环尺寸的误差分布特性而求解的计算方法。采用概率法，不是在全部产品中，而是在绝大多数产品中，装配时不需要挑选或修配就能满足封闭环的公差要求，即保证大数互换。

在一定使用期、一定制造工艺水平下，实际尺寸的数学期望值是有一定趋向性的。在用概率统计法解尺寸链时，将尺寸链各环视为随机变量，其误差分布不同于正态分布时，采用两个系数即相对不对称系数 e 和相对分布系数 k 来修正。

相对不对称系数 e 是分布曲线的平均偏差对中间偏差的偏移量与公差值的一半的比值，即：

$$e = (\bar{x} - \Delta)/(T/2) \tag{7-11}$$

式中：$\bar{x}$ 为平均偏差。平均偏差是实际偏差的平均值，如图 7-10 所示，即所有实际尺寸 L_i 与公称尺寸 L 的差值的平均值：

$$\bar{x} = \frac{1}{n}\sum_{i=1}^{n} L_i - L \tag{7-12}$$

中间偏差 Δ 表示上偏差和下偏差之和的平均值，并且可以表示为：

$$\Delta = (ES + EI)/2 \tag{7-13}$$

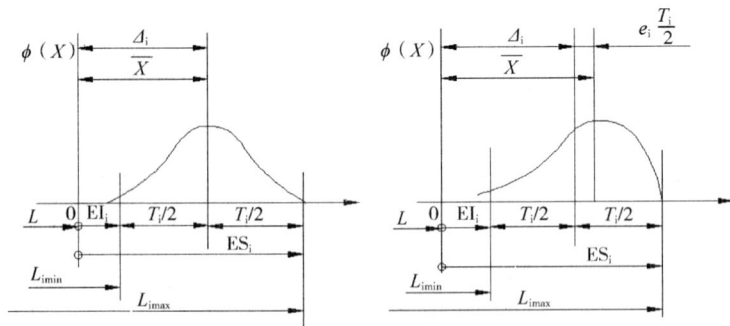

图 7-10　平均偏差

为方便计算，将常用分布的相对不对称系数列于表7-6。

表7-6　相对不对称系数 e 和相对分布系数 k

分布特征	正态分布	三角分布	均匀分布	瑞利分布	偏态分布	
					外尺寸	内尺寸
分布曲线						
e	0	0	0	-0.25	0.26	-0.26
k	1	1.22	1.73	1.14	1.17	1.17

标准偏差和基于一定置信度（通常为99.73%）下的半公差之比称为相对标准偏差，而任意分布相对标准偏差与正态分布时的相对标准偏差之比，称为相对分布系数，用 k 表示，为方便计算，列于表7-6中。

概率法计算基本公式：

（1）封闭环的公称尺寸。封闭环的公称尺寸仍按式（7-1）计算。

（2）封闭环的公差。可以按照随机函数的标准偏差求法得到封闭环的标准偏差为：

$$\sigma_0 = \sqrt{\sum_{i=1}^{m} \xi_i^2 \sigma_i^2} \tag{7-14}$$

若组成环和封闭环尺寸偏差均服从正态分布，且具有相同的置信概率，则各组成环公差 $T_i = 6\xi_i$，封闭环公差 $T_0 = 6\xi_i$，带入式中，得：

$$T_0 = \sqrt{\sum_{i=1}^{m} \xi_i^2 T_i^2} \tag{7-15}$$

实际计算时，引入相对分布系数修正其不同的分布状态，可以得到任意分布形式下封闭环的公差计算公式为：

$$T_0 = \sqrt{\sum_{i=1}^{m} \xi_i^2 k_i^2 T_i^2} \tag{7-16}$$

式中：k_i 为各组成环的相对分布系数。

（3）封闭环的中间偏差。当各组成环为对称分布时（如正态分布、三角分布等），各环的中间偏差等于其上极限偏差与下极限偏差的平均值；并且封闭环的中间偏差 Δ_0 还等于所有增环的中间偏差之和减去所有减环的中间偏差之和，即：

$$\Delta_i = 1/2(\mathrm{ES}_i + \mathrm{EI}_i) \tag{7-17}$$

$$\Delta_0 = 1/2(\mathrm{ES}_0 + \mathrm{EI}_0) \tag{7-18}$$

$$\Delta_0 = \sum_{z=1}^{n} \Delta_z - \sum_{j=n+1}^{m} \Delta_j \tag{7-19}$$

（4）封闭环的极限偏差。各环的上极限偏差等于其中间偏差加上该环公差的一半，各环的下极限偏差等于其中间偏差减去该环公差的一半，即：

$$ES_0 = \Delta_0 + \frac{T_0}{2}, \quad EI_0 = \Delta_0 - \frac{T_0}{2} \tag{7-20}$$

$$ES_i = \Delta_i + \frac{T_0}{2}, \quad EI_i = \Delta_i - \frac{T_i}{2} \tag{7-21}$$

【例 7-4】 如图 7-7 所示的装配关系，要求保证齿轮与挡圈之间的轴向间隙 A_0 为 0.10 ~ 0.35mm。已知：$A_1 = 30$mm、$A_2 = 5$mm、$A_3 = 43$mm、$A_4 = 3_{-0.05}^{0}$，$A_5 = 5$mm。组成环的分布皆服从正态分布，且分布中心与公差带中心重合，分布范围与公差范围相同。试采用概率法确定各组成环的公差和极限偏差。

（1）画出尺寸链图。按题意，本尺寸链共有 5 个组成环，其中 A_3 为增环，其传递系数，A_1、A_2、A_4、A_5 为减环，相应传递系数。尺寸链如图 7-8 所示。

封闭环的公称尺寸按式（7-1），可得：

$$A_0 = A_3 - (A_1 + A_2 + A_4 + A_5) = 43 - (30 + 5 + 3 + 5) = 0$$

（2）确定各组成环的公差。由题意可知，组成环的分布皆服从正态分布，按式（7-15）计算各组成环的平均公差，有：

$$T_{av} = \frac{T_0}{\sqrt{\sum_{i=1}^{m} \xi_i^2}} = \frac{0.25}{\sqrt{4 \times (+1)^2 + (-1)^2}} \approx 0.11 \text{mm}$$

然后调整各组成环公差，A_3 为轴类零件，与其他组成环相比加工难度较大，先选择较难加工的 A_3 为调整环，再根据各组成环基本尺寸和零件加工难易程度，以平均公差为基础，相对从严选取各组成环公差：$T_1 = 0.14$mm，$T_2 = T_5 = 0.08$mm，其公差等级约为 IT11。

$A_4 = 3_{-0.05}^{0}$mm，则 $T_4 = 0.05$mm。由式（7-15）可得：

$$T_3 = \sqrt{T_0^2 - (T_1^2 + T_2^2 + T_4^2 + T_5^2)} \approx 0.16 \text{mm}$$

（3）确定各组成环的极限偏差。A_1、A_2、A_5 皆为外尺寸，按入体原则（即包容尺寸的基本偏差为 H，被包容尺寸的基本偏差为 h），确定其极限偏差得 $A_1 = 30_{-0.14}^{0}$mm，$A_2 = A_5 = 5_{-0.08}^{0}$mm。

按式（7-17）和式（7-18）求得：封闭环 A_0 和组成环 A_1、A_2、A_4、A_5 的中间偏差分别为 $\Delta_0 = +0.225$mm，$\Delta_1 = -0.07$mm，$\Delta_2 = \Delta_5 = -0.04$mm，$\Delta_4 = -0.025$mm

由式（7-19）求得调整环 A_3 的中间偏差为：

$$\Delta_3 = \Delta_0 + (\Delta_1 + \Delta_2 + \Delta_4 + \Delta_5) = +0.05 \text{mm}$$

按式（7-20）和式（7-21）求得调整环的极限偏差为：

$$ES_3 = \Delta_3 + \frac{T_3}{2} = (+0.05 + 0.16/2) \text{ mm} = +0.13 \text{mm}$$

$$EI_3 = \Delta_3 - \frac{T_3}{2} = (+0.05 - 0.16/2) \text{ mm} = -0.03 \text{mm}$$

故 A_3 的极限偏差为 $A_3 = 43_{-0.03}^{+0.13}$mm。

三、解尺寸链的其他方法

在某些场合，为了获得更高的装配精度，而生产条件又不允许提高组成环的制造精度时，可采用分组互换法、修配法和调整法等来完成这一任务。用分组法、修配法和调整法保证装配精度的本质是通过挑选、修配和增加补偿环等手段，达到扩大组成环的制造公差，降低制造成本。

采用分组装配法时，需要将各组成环按实际尺寸大小等分成若干组，装配时根据大配大，小配小的原则，按对应组进行装配，以达到封闭环规定的技术要求。由此可见，这种方法装配的互换性只能在同组中进行。

当尺寸链的环数较多而封闭环精度又要求较高时，可采用修配法。在组成环中选择一个修配环，预先留出修配量，在装配时通过修配的方法改变修配量，以抵消各组成环的累积误差，达到封闭环的精度要求。

调整法装配是指各组成环按经济加工精度制造，在组成环中选择一个调整环，装配时用选择或调整的方法改变其尺寸大小或位置，使封闭环达到其公差与极限偏差要求。例如，在滚动轴承部件组合结构中，可以利用一个位置可以调整的螺钉来改变滚动轴承外圈相对于内圈的轴向位置，以使轴承外圈端面与端盖端面之间获得合适的轴向间隙。

从精度设计角度考虑，除了上述尺寸链计算方法之外，有许多新兴计算方法。统计公差方法主要是指方和根法与修正的方和根法，除此之外，田口试验法、卷积法、矩方法等基于概率统计理论的其他公差方法也都有文献报道与相关应用。统计公差法的主要思想在于考虑零件在机械加工过程中尺寸误差的实际分布，根据概率论与数理统计理论进行公差分析和计算，不要求装配过程中的100%成功率。实践表明，一批零件加工时其尺寸处于公差带范围的中间部分是多数，接近极限尺寸是极少数的，因此，按统计公差方法求解零件的尺寸公差，显然是合理的。

随着计算机应用技术的发展，计算机辅助尺寸精度设计在国内外已经获得越来越广泛的重视。现有的 AutoCAD 等计算机软件虽然能够实现手册查询、标准查询和公差标注等功能，然而随着工程设计对开发周期和经济效益的需求，二次开发工具也越来越多，例如，借助 AutoCAD 软件提供的二次开发工具 VisualBasic 作为基础开发环境，结合 Microsoft 开发相关查询数据库，最终实现相互连接互通的效果。

第三节　面向制造和装配的公差分配及优化

一、概述

公差分析是指在满足产品功能、性能、外观和可装配性等要求的前提下，合理地定义和分配零件和产品的公差，优化产品设计，从而以最小的成本和最高的质量制造产品。公差分析是面向制造和装配的产品设计中非常重要的一个环节，对于降低产品成本、提高产品质量具有重大影响。

公差分配又称为公差综合，它是指将已知产品装配公差值按照一定的规则或准则分配到各个零件公差中的过程。传统的公差分配方法有两类：一类为采用公差标准与手册，与已有设计类比，并依靠设计者经验，由于主要凭借设计人员的经验进行，因此需要多次反复试算才能获得公差分配结果。另一类为采用经验法的公差分配法，包括等公差法、等精度法、比例缩放法、精度因子法等，这些方法结合比例因子和经验法确定装配累积公差，并与给定装配公差比较来进行公差分配，不需要反复试算就可以得到公差分配。传统公差方法没有考虑公差对制造成本的影响，虽然在某种程度上能够满足产品的装配和功能需求，保证产品质量，但其设计精确性主要取决于设计人员在产品设计和制造方面经验的丰富程度，具有一定的主观性，往往会致使分配的公差过紧，从而致使制造成本过高。

为了合理分配公差，寻找产品质量性能和制造成本的最佳平衡点，许多研究者把产品公差分配作为一个优化问题。通常以装配组成环的公差为优化设计变量，以制造成本、制造成本与质量损失之和等最小为目标，以公差累积条件、装配成功率等为约束建立公差优化模型，然后根据目标函数和约束条件的复杂程度选择适当的优化算法进行优化。根据设计目标侧重点不同，有以制造成本、制造成本与质量损失之和等最小为单目标进行优化，也有以制造成本、质量损失、装配响应时间方差等分别最小为多目标进行优化，同时必须满足各种边界条件约束（如装配功能约束、加工能力约束等）。良好的公差优化分配不仅能提高产品质量，降低加工制造成本还能有效提高产品的装配成功率。而在实际生产中，产品质量、产品制造成本和装配成功率这三者是互相影响的，如何调整装配公差的分配使得产品在满足产品质量和装配成功率要求的条件下，还能尽量降低产品的加工制造成本是公差优化的主要任务。

零件的公差大小与制造成本之间有着直接的关系，所以能否在满足产品装配精度和使用要求的前提下，尽可能地提高制造经济性是生产厂家最为关心的问题。但是传统的公差优化模型如成本—公差模型，只考虑厂家的利益而忽略了用户的利益。这不符合积极、主动的现代质量观。在研究了传统的以最小制造成本为优化目标的公差—成本模型基础上，通过结合田口质量损失函数，提出了以统计公差法为约束条件，以制造成本最小和质量损失最小的多目标综合优化模型。

二、基于加工成本和质量损失的公差优化模型

1. 加工成本模型

加工成本是生产制造过程中一切成本的总和。一般来说，在设计时给零件较小的公差能保证设计功能要求和零件的可装配性，但因此也会导致成本的增加。由于零件的几何特征、结构尺寸的不同，影响因素很多，对于不同类型的加工成本与公差关系很难通过一个数学模型来精确描述。经过长期研究，研究者们已建立起不同类型的数学函数关系，见表7-7。

表7-7所列8种数学模型中，因变量均随自变量的增大而减小，且最终趋于常量，均呈下凹递减的趋势。其中，计算较复杂的是各种复合模型，精度最高的是多项式模型，最简便、适用的是指数模型。它们的共同点是：为了确定公差值与制造成本之间的确切关系，首先求出模型中的系数，进而得到公差与制造成本的模型表达式。通常先对实验数据进行曲线拟合，

再用最小二乘法求出模型中的系数。模型越复杂精度越高，但拟合的难度越大。

表 7-7　公差与制造成本的数学模型

数学模型	数学表达式	数学模型	数学表达式
指数	$c(T) = a_0\,e^{-a_1 T}$	指数和幂指数复合	$C(T) = a_0 e^{-aT} + T^{-a_2}$
负平方	$C(T) = a_0 + a_0 / T^2$	线性和指数复合	$C(T) = a_0 + a_1 T + a_2\,T^{-a_3}$
幂指数	$C(T) = a_0\,T^{-a_1}$	指数复合	$C(T) = a_0\,e^{-a_1 T} + a_2\,e^{-a_3/T}$
多项式	$c(T) = a_{0+a_1 T + a_2 T^2 + \cdots + a^n T^n}$	指数和分式复合	$C(T) = a_0\,e^{-a_1 T} + \dfrac{T\,a_1}{a_2 T + a_3}$

2. 质量损失模型

质量损失模型描述了预设质量目标与实际质量之间的对应关系，为了对它进行定量描述，引入了质量损失函数的概念。函数首先假设产品的质量特征值偏离目标值就会造成损失，并将质量特征分为三种：望目特征、望小特征和望大特征，并确定相应的损失函数。

设产品的质量特征值为 y，目标值为 m。可以认为当 $y=m$ 时，造成的损失为零，即不造成损失；而当 $y \neq m$ 时，则造成损失，$|y-m|$ 越大，损失也越大。用 $L(y)$ 来表示与质量特征值 y 对应的损失。若 $L(y)$ 在 $y=m$ 处存在高阶导数，根据泰勒级数展开式有：

$$L(y) = L(m) + \frac{L'(m)}{1!}(y-m) + \frac{L^n(m)}{2!}(y-m)^2 + \cdots \tag{7-22}$$

根据式（7-22）假定，当 $y=m$ 时 $L(y)=0$；同时由于 $L(y)$ 在 $y=m$ 处有最小值，因此 $L'(m)=0$，由此泰勒级数展开式省略高阶项可得到三种损失函数。

（1）望目特征质量损失函数。

$$L(y) = k(y-m)^2 \tag{7-23}$$

式中：k 为质量损失系数。当 $|y-m| \leq T$ 时，产品合格；当 $|y-m| > T$ 时，产品不合格。若产品不合格时的损失为 A，则在界限点上有 $A = kT^2$，故 $k = A/T^2$。

（2）望小特征质量损失函数。

$$L(y) = ky^2 \tag{7-24}$$

式中：k 为质量损失系数，$k = AT^2$，当 $0 < y \leq T$ 时，产品合格。

（3）望大特征质量损失函数。

$$L(y) = \frac{k}{y^2} \tag{7-25}$$

式中：k 为质量损失系数 $k = A\,T^2$，当 $y \geq T$ 时，产品合格。

在公差设计中，$(y-m)$ 代表公差带 T，则设计公差为 T_i 的尺寸造成的质量损失成本为：

$$L(T_i) = \frac{A}{T^2}T_i^2 \tag{7-26}$$

因此产品总的质量损失成本为：

$$C_1(T) = \sum_{i=1}^{n} L(T_i) \qquad (7-27)$$

式中：n 为产品中的公差数目。

3. 优化目标函数

公差的变动通常会引起产品的加工成本和装配精度的波动，目前的公差设计根据装配功能采用最小成本法进行公差分配，而没有考虑公差变动对加工成本和质量损失产生的影响。为解决加工成本与质量损失之间的矛盾关系，可以通过贡献度分析获得各几何特征的影响因子，根据加工精度要求给各个加工成本分配权重系数，综合考虑贡献度的影响因子，并建立以加工成本函数和质量损失函数为目标的优化模型，在公差变动的影响下使零件的加工成本和质量损失达到最小。因此，优化的目标函数为：

$$\min C = \sum_{i=1}^{n} \omega_i C_m(T_i) + \sum_{i=1}^{n} \omega_i C_1(T) \qquad (7-28)$$

式中：ω_i 为加权系数；$C_m(T_i)$ 为加工成本函数；$C_1(T)$ 为质量损失函数。

工序能力指数约束关系：工序能力指数是衡量产品的可制造性的指标之一，质量损失函数是评价产品质量的指标。工序能力指数的大小与产品的加工工序有关，对于不同的加工特征和不同公差要求 C_p 的值也不同。C_p 取值的基本原则是：既要考虑充足的加工工艺能力，又要考虑加工经济性。故工序能力指数的约束范围为：

$$C_{p\min} \leqslant c_{pi} = \frac{T_i}{6\sigma} \leqslant C_{p\max} \qquad (7-29)$$

式中：$C_{p\min}$ 为工序能力指数下限；$C_{p\max}$ 为工序能力指数上限。

通常根据实际加工情况考虑装配精度要求，根据指数约束范围，当 $1 < C_p < 1.33$ 时，加工处于正常范围，当 $C_p > 1.67$ 时工序能力过剩。因此在公差优化时 C_p 一般取 $1 \sim 1.67$。

公差累积约束关系：公差累积约束是装配工艺的技术要求，即对加工出的零件在装配后产生的公差累积进行约束，才能实现装配精度要求。由于不同零件在加工过程中都存在偏差，经过装配后偏差将会累积到装配间隙上，当公差累积超过设计公差要求时，就实现不了预期的装配精度。因此定义约束如下：

$$\sqrt{\sum_{i=1}^{n} \lambda_i T_i^2} \leqslant T_0 i \qquad (7-30)$$

式中：$T_0 i$ 为满足产品装配精度的公差累积；λ_i 为公差选择系数。

优化算法是公差优化设计的重要组成部分。优化的目的是在约束条件下，通过调整公差分配结果，使优化目标最小化。为了取得较优的公差分配结果，国内外学者在公差优化算法方面取得了大量的研究成果，总体可分为解析法和迭代法。解析法主要包括拉格朗日法、线性规划法和非线性规划法，适用于有明确表达式的线性模型，这类算法运算较简便、计算。

☞ **思考题**

1. 什么是尺寸链？如何确定封闭环、增环和减环？

2. 尺寸链在产品设计（装配图）中和在零件设计（零件图）中如何应用？怎样确定其

封闭环?

3. 解尺寸链的方法有几种? 分别用于什么场合?

4. 如题图 7-1 所示为曲轴部件, 经调试运转, 发现有的曲轴肩与轴承衬套端面有划伤现象。按设计要求, $A_0 = 0.1 \sim 0.2 \text{mm}$, $A_1 = 150^{+0.018}_{0} \text{mm}$, $A_2 = A_3 = 75^{-0.02}_{-0.08} \text{mm}$。试用完全互换法验算上述给定的零件尺寸的极限偏差是否合理。

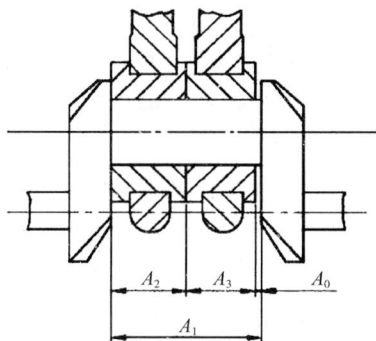

题图 7-1

5. 有一孔、轴配合, 装配前孔和轴均需镀铬, 镀层厚度均为 $(10 \pm 2) \mu \text{m}$, 镀后应满足 $\phi 30 \text{H8/f7}$ 的配合, 问孔、轴在镀前尺寸分别应为多少?

参考文献

[1] 王伯平. 互换性与测量技术基础 [M]. 北京：机械工业出版社，2019.

[2] 张卫，方峻. 互换性与测量技术 [M]. 北京：机械工业出版社，2020.

[3] 王益祥，陈安明，王雅. 互换性与测量技术 [M]. 北京：清华大学出版社，2012.

[4] 全国产品尺寸和几何技术规范标准化技术委员会. GB/T 20308—2020 产品几何技术规范（GPS）矩阵模型 [S]. 北京：中国标准出版社，2020.

[5] 全国产品尺寸和几何技术规范标准化技术委员会. GB/T 4249—2018 产品几何技术规范（GPS）基础概念、原则和规则 [S]. 北京：中国标准出版社，2020.

[6] 全国产品尺寸和几何技术规范标准化技术委员会. GB/T 38762.1—2020 产品几何技术规范（GPS）尺寸公差 第1部分：线性尺寸 [S]. 北京：中国标准出版社，2020.

[7] 全国产品尺寸和几何技术规范标准化技术委员会. GB/T 1800.1—2020 产品几何技术规范（GPS）线性尺寸公差 ISO 代号体系 第1部分：公差、偏差和配合的基础 [S]. 北京：中国标准出版社，2020.

[8] 全国产品尺寸和几何技术规范标准化技术委员会. GB/T 1800.2—2020 产品几何技术规范（GPS）线性尺寸公差 ISO 代号体系 第2部分：标准公差带代号和孔、轴的极限偏差表 [S]. 北京：中国标准出版社，2020.

[9] 全国产品尺寸和几何技术规范标准化技术委员会. GB/T 16671—2018 产品几何技术规范（GPS）几何公差 最大实体要求（MMR）、最小实体要求（LMR）和可逆要求（RPR）[S]. 北京：中国标准出版社，2018.

[10] 全国产品尺寸和几何技术规范标准化技术委员会. GB/T 1182—2018 产品几何技术规范（GPS）几何公差 形状、方向、位置和跳动公差标注 [S]. 北京：中国标准出版社，2018.

附录一

附表 1　基本尺寸 ≤ 500mm 轴的基本偏差数值（摘自 GB/T 1800.1—2020）

基本偏差：下偏差（上行）基本偏差数值（所有等级 a~h；标准公差等级 j、k；所有等级 m~zc）。js 偏差等于 ±IT/2。

基本尺寸 大于	至	a	b	c	cd	d	e	ef	f	fg	g	h	js	j 5,6	j 7	j 8	k 4~7	k ≤3,>7	m	n	p	r	s	t	u	v	x	y	z	za	zb	zc
—	3	-270	-140	-60	-34	-20	-14	-10	-6	-4	-2	0	±IT/2	-2	-4	-6	0	0	+2	+4	+6	+10	+14	—	+18	—	+20	—	+26	+32	+40	+60
3	6	-270	-140	-70	-46	-30	-20	-14	-10	-6	-4	0		-2	-4	—	+1	0	+4	+8	+12	+15	+19	—	+23	—	+28	—	+35	+42	+50	+80
6	10	-280	-150	-80	-56	-40	-25	-18	-13	-8	-5	0		-2	-5	—	+1	0	+6	+10	+15	+19	+23	—	+28	—	+34	—	+42	+52	+67	+97
10	14	-290	-150	-95	—	-50	-32	—	-16	—	-6	0		-3	-6	—	+1	0	+7	+12	+18	+23	+28	—	+33	—	+40	—	+50	+64	+90	+130
14	18	-290	-150	-95	—	-50	-32	—	-16	—	-6	0		-3	-6	—	+1	0	+7	+12	+18	+23	+28	—	+33	+39	+45	—	+60	+77	+108	+150
18	24	-300	-160	-110	—	-65	-40	—	-20	—	-7	0		-4	-8	—	+2	0	+8	+15	+22	+28	+35	—	+41	+47	+54	+63	+73	+98	+136	+188
24	30	-300	-160	-110	—	-65	-40	—	-20	—	-7	0		-4	-8	—	+2	0	+8	+15	+22	+28	+35	+41	+48	+55	+64	+75	+88	+118	+160	+218
30	40	-310	-170	-120	—	-80	-50	—	-25	—	-9	0		-5	-10	—	+2	0	+9	+17	+26	+34	+43	+48	+60	+68	+80	+94	+112	+148	+200	+274
40	50	-320	-180	-130	—	-80	-50	—	-25	—	-9	0		-5	-10	—	+2	0	+9	+17	+26	+34	+43	+54	+70	+81	+97	+114	+136	+180	+242	+325
50	65	-340	-190	-140	—	-100	-60	—	-30	—	-10	0		-7	-12	—	+2	0	+11	+20	+32	+41	+53	+66	+87	+102	+122	+144	+172	+226	+300	+405
65	80	-360	-200	-150	—	-100	-60	—	-30	—	-10	0		-7	-12	—	+2	0	+11	+20	+32	+43	+59	+75	+102	+120	+146	+174	+210	+274	+360	+480
80	100	-380	-220	-170	—	-120	-72	—	-36	—	-12	0		-9	-15	—	+3	0	+13	+23	+37	+51	+71	+91	+124	+146	+178	+214	+258	+335	+445	+585
100	120	-410	-240	-180	—	-120	-72	—	-36	—	-12	0		-9	-15	—	+3	0	+13	+23	+37	+54	+79	+104	+144	+172	+210	+254	+310	+400	+525	+690
120	140	-460	-260	-200	—	-145	-85	—	-43	—	-14	0		-11	-18	—	+3	0	+15	+27	+43	+63	+92	+122	+170	+202	+248	+300	+365	+470	+620	+800
140	160	-520	-280	-210	—	-145	-85	—	-43	—	-14	0		-11	-18	—	+3	0	+15	+27	+43	+65	+100	+134	+190	+228	+280	+340	+415	+535	+700	+900
160	180	-580	-310	-230	—	-145	-85	—	-43	—	-14	0		-11	-18	—	+3	0	+15	+27	+43	+68	+108	+146	+210	+252	+310	+380	+465	+600	+780	+1000
180	200	-660	-340	-240	—	-170	-100	—	-50	—	-15	0		-13	-21	—	+4	0	+17	+31	+50	+77	+122	+166	+236	+284	+350	+425	+520	+670	+880	+1150
200	225	-740	-380	-260	—	-170	-100	—	-50	—	-15	0		-13	-21	—	+4	0	+17	+31	+50	+80	+130	+180	+258	+310	+385	+470	+575	+740	+960	+1250
225	250	-820	-420	-280	—	-170	-100	—	-50	—	-15	0		-13	-21	—	+4	0	+17	+31	+50	+84	+140	+196	+284	+340	+425	+520	+640	+820	+1050	+1350
250	280	-920	-480	-300	—	-190	-110	—	-56	—	-17	0		-16	-26	—	+4	0	+20	+34	+56	+94	+158	+218	+315	+385	+475	+580	+710	+920	+1200	+1550
280	315	-1050	-540	-330	—	-190	-110	—	-56	—	-17	0		-16	-26	—	+4	0	+20	+34	+56	+98	+170	+240	+350	+425	+525	+650	+790	+1000	+1300	+1700
315	355	-1200	-600	-360	—	-210	-125	—	-62	—	-18	0		-18	-28	—	+4	0	+21	+37	+62	+108	+190	+268	+390	+475	+590	+730	+900	+1150	+1500	+1900
355	400	-1350	-680	-400	—	-210	-125	—	-62	—	-18	0		-18	-28	—	+4	0	+21	+37	+62	+114	+208	+294	+435	+530	+660	+820	+1000	+1300	+1650	+2100
400	450	-1500	-760	-440	—	-230	-135	—	-68	—	-20	0		-20	-32	—	+5	0	+23	+40	+68	+126	+232	+330	+490	+595	+740	+920	+1100	+1450	+1850	+2400
450	500	-1650	-840	-480	—	-230	-135	—	-68	—	-20	0		-20	-32	—	+5	0	+23	+40	+68	+132	+252	+360	+540	+660	+820	+1000	+1250	+1600	+2100	+2600

附录二

附表2　基本尺寸≤500mm孔的基本偏差数值（摘自 GB/T 1800.1—2020）

说明：JS 列偏差 = ±IT/2。P 到 ZC 列公差等级 ≤7 时，在大于 7 级的相应数值上增加一个 Δ 值。

基本尺寸/mm 大于	至	A[1]	B[1]	C	CD	D	E	EF	F	FG	G	H	J6	J7	J8	K≤8	K>8	M≤8	M>8	N≤8	N>8	P	R	S	T	U	V	X	Y	Z	ZA	ZB	ZC	Δ3	Δ4	Δ5	Δ6	Δ7	Δ8
—	3	+270	+140	+60	+34	+20	+14	+10	+6	+4	+2	0	+2	+4	+6	0	0	-2	-2	-4	-4	-6	-10	-14	—	-18	—	-20	—	-26	-32	-40	-60	0	0	0	0	0	0
3	6	+270	+140	+70	+46	+30	+20	+14	+10	+6	+4	0	+5	+6	+10	-1+Δ	0	-4+Δ	-4	-8+Δ	0	-12	-15	-19	—	-23	—	-28	—	-35	-42	-50	-80	1	1.5	1	3	4	6
6	10	+280	+150	+80	+56	+40	+25	+18	+13	+8	+5	0	+5	+8	+12	-1+Δ	0	-6+Δ	-6	-10+Δ	0	-15	-19	-23	—	-28	—	-34	—	-42	-52	-67	-97	1	1.5	2	3	6	7
10	14	+290	+150	+95	—	+50	+32	—	+16	—	+6	0	+6	+10	+15	-1+Δ	0	-7+Δ	-7	-12+Δ	0	-18	-23	-28	—	-33	—	-40	—	-50	-64	-90	-130	1	2	3	3	7	9
14	18	+290	+150	+95	—	+50	+32	—	+16	—	+6	0	+6	+10	+15	-1+Δ	0	-7+Δ	-7	-12+Δ	0	-18	-23	-28	—	-33	-39	-45	—	-60	-77	-108	-150	1	2	3	3	7	9
18	24	+300	+160	+110	—	+65	+40	—	+20	—	+7	0	+8	+12	+20	-2+Δ	0	-8+Δ	-8	-15+Δ	0	-22	-28	-35	—	-41	-47	-54	-63	-73	-98	-136	-188	1.5	2	3	4	8	12
24	30	+300	+160	+110	—	+65	+40	—	+20	—	+7	0	+8	+12	+20	-2+Δ	0	-8+Δ	-8	-15+Δ	0	-22	-28	-35	-41	-48	-55	-64	-75	-88	-118	-160	-218	1.5	2	3	4	8	12
30	40	+310	+170	+120	—	+80	+50	—	+25	—	+9	0	+10	+14	+24	-2+Δ	0	-9+Δ	-9	-17+Δ	0	-26	-34	-43	-48	-60	-68	-80	-94	-112	-148	-200	-274	1.5	3	4	5	9	14
40	50	+320	+180	+130	—	+80	+50	—	+25	—	+9	0	+10	+14	+24	-2+Δ	0	-9+Δ	-9	-17+Δ	0	-26	-34	-43	-54	-70	-81	-97	-114	-136	-180	-242	-325	1.5	3	4	5	9	14
50	65	+340	+190	+140	—	+100	+60	—	+30	—	+10	0	+13	+18	+28	-2+Δ	0	-11+Δ	-11	-20+Δ	0	-32	-41	-53	-66	-87	-102	-122	-144	-172	-226	-300	-405	2	3	5	6	11	16
65	80	+360	+200	+150	—	+100	+60	—	+30	—	+10	0	+13	+18	+28	-2+Δ	0	-11+Δ	-11	-20+Δ	0	-32	-43	-59	-75	-102	-120	-146	-174	-210	-274	-360	-480	2	3	5	6	11	16
80	100	+380	+220	+170	—	+120	+72	—	+36	—	+12	0	+16	+22	+34	-3+Δ	0	-13+Δ	-13	-23+Δ	0	-37	-51	-71	-91	-124	-146	-178	-214	-258	-335	-445	-585	2	4	5	7	13	19
100	120	+410	+240	+180	—	+120	+72	—	+36	—	+12	0	+16	+22	+34	-3+Δ	0	-13+Δ	-13	-23+Δ	0	-37	-54	-79	-104	-144	-172	-210	-254	-310	-400	-525	-690	2	4	5	7	13	19
120	140	+460	+260	+200	—	+145	+85	—	+43	—	+14	0	+18	+26	+41	-3+Δ	0	-15+Δ	-15	-27+Δ	0	-43	-63	-92	-122	-170	-202	-248	-300	-365	-470	-620	-800	3	4	5	7	15	23
140	160	+520	+280	+210	—	+145	+85	—	+43	—	+14	0	+18	+26	+41	-3+Δ	0	-15+Δ	-15	-27+Δ	0	-43	-65	-100	-134	-190	-228	-280	-340	-415	-535	-700	-900	3	4	5	7	15	23
160	180	+580	+310	+230	—	+145	+85	—	+43	—	+14	0	+18	+26	+41	-3+Δ	0	-15+Δ	-15	-27+Δ	0	-43	-68	-108	-146	-210	-252	-310	-380	-465	-600	-780	-1000	3	4	5	7	15	23
180	200	+660	+340	+240	—	+170	+100	—	+50	—	+15	0	+22	+30	+47	-4+Δ	0	-17+Δ	-17	-31+Δ	0	-50	-77	-122	-166	-236	-284	-350	-425	-520	-670	-880	-1150	3	4	6	9	17	26
200	225	+740	+380	+260	—	+170	+100	—	+50	—	+15	0	+22	+30	+47	-4+Δ	0	-17+Δ	-17	-31+Δ	0	-50	-80	-130	-180	-258	-310	-385	-470	-575	-740	-960	-1250	3	4	6	9	17	26
225	250	+820	+420	+280	—	+170	+100	—	+50	—	+15	0	+22	+30	+47	-4+Δ	0	-17+Δ	-17	-31+Δ	0	-50	-84	-140	-196	-284	-340	-425	-520	-640	-820	-1050	-1350	3	4	6	9	17	26
250	280	+920	+480	+300	—	+190	+110	—	+56	—	+17	0	+25	+36	+55	-4+Δ	0	-20+Δ	-20	-34+Δ	0	-56	-94	-158	-218	-315	-385	-475	-580	-710	-920	-1200	-1550	4	4	6	9	20	29
280	315	+1050	+540	+330	—	+190	+110	—	+56	—	+17	0	+25	+36	+55	-4+Δ	0	-20+Δ	-20	-34+Δ	0	-56	-98	-170	-240	-350	-425	-525	-650	-790	-1000	-1300	-1700	4	4	6	9	20	29
315	355	+1200	+600	+360	—	+210	+125	—	+62	—	+18	0	+29	+39	+60	-4+Δ	0	-21+Δ	-21	-37+Δ	0	-62	-108	-190	-268	-390	-475	-590	-730	-900	-1150	-1500	-1900	4	5	7	11	21	32
355	400	+1350	+680	+400	—	+210	+125	—	+62	—	+18	0	+29	+39	+60	-4+Δ	0	-21+Δ	-21	-37+Δ	0	-62	-114	-208	-294	-435	-530	-660	-820	-1000	-1300	-1650	-2100	4	5	7	11	21	32
400	450	+1500	+760	+440	—	+230	+135	—	+68	—	+20	0	+33	+43	+66	-5+Δ	0	-23+Δ	-23	-40+Δ	0	-68	-126	-232	-330	-490	-595	-740	-920	-1100	-1450	-1850	-2400	5	5	7	13	23	34
450	500	+1650	+840	+480	—	+230	+135	—	+68	—	+20	0	+33	+43	+66	-5+Δ	0	-23+Δ	-23	-40+Δ	0	-68	-132	-252	-360	-540	-660	-820	-1000	-1250	-1600	-2100	-2600	5	5	7	13	23	34

注：下极限偏差 EI 为 A～H 各列（所有的级）及 JS；上极限偏差 ES 为 J～ZC 各列。Δ[2] 为附加值。